Das Chaos im Karpfenteich *oder* Wie Mathematik
unsere Welt regiert

**Richard Elwes** hat sich – als Autor, Forscher und Lehrer – der Mathematik verschrieben. In öffentlichen Vorträgen und Radiosendungen zeigt er sich als versierter Vermittler des Faches, er schreibt Beiträge für New Scientist und Plus Magazine, arbeitet als Gastforscher an der University of Leeds und veröffentlicht Fachaufsätze zur Modelltheorie

Richard Elwes

# Das Chaos im Karpfenteich *oder* Wie Mathematik unsere Welt regiert

Aus dem Englischen übersetzt von Dr. Carl Freytag

Springer Spektrum

Richard Elwes
School of Mathematics
University of Leeds, Leeds, United Kingdom

Aus dem Englischen übersetzt von Dr. Carl Freytag.
Übersetzung der englischen Ausgabe „CHAOTIC FISHPONDS AND
MIRROR UNIVERSES" von Richard Elwes, erschienen bei Quercus
Editions Ltd (UK).
Copyright © Richard Elwes 2013.
Originally entitled CHAOTIC FISHPONDS AND MIRROR UNIVERSES
Published by arrangement with Quercus Editions Ltd (UK).
Alle Rechte vorbehalten.

ISBN 978-3-642-41792-4          ISBN 978-3-642-41793-1 (eBook)
DOI 10.1007/978-3-642-41793-1

Die Deutsche Nationalbibliothek verzeichnet diese Publikation in der
Deutschen Nationalbibliografie; detaillierte bibliografische Daten sind im
Internet über http://dnb.d-nb.de abrufbar.

Springer Spektrum
© Springer-Verlag Berlin Heidelberg 2014

*Planung und Lektorat:* Frank Wigger, Stella Schmoll
*Redaktion:* Bernhard Gerl
*Einbandentwurf:* deblik Berlin
*Einbandabbildung:*

Gedruckt auf säurefreiem und chlorfrei gebleichtem Papier

Springer Spektrum ist eine Marke von Springer DE. Springer DE ist Teil der
Fachverlagsgruppe Springer Science+Business Media
www.springer-spektrum.de

# Einleitung

Was wurde nicht schon alles in der Geschichte der Menschheit analysiert und diskutiert? Und was war nicht schon alles heiß umkämpft? Von all diesen umstrittenen Dingen ist meiner Ansicht nach die *Mathematik* am faszinierendsten. Das ist eine gewagte Behauptung, die vielleicht Leser, die in der Schule von dem Fach gelangweilt waren oder verwirrt wurden, nicht nachvollziehen können. Es ist natürlich richtig: Die Schönheit liegt im Auge des Betrachters, und sicher gibt es einige, die noch überzeugt werden müssen. Ich hoffe, dass dieses Buch ein wenig in diese Richtung leisten kann.

Ganz unbestreitbar ist, dass die Mathematik im modernen Leben *wichtig* ist und wir *überall* auf sie stoßen. Selbst der eingefleischteste Mathematik-Hasser merkt, dass sie in der heutigen Welt eine zentrale Rolle spielt und unser Leben in einer so vielfältigen Weise berührt wie nie zuvor. Aber das ist der Punkt, an dem die Einzelheiten etwas verschwimmen ... ja: Sie ist wichtig! Aber *wo genau* wird sie verwendet, und *wie genau* wird sie eingesetzt?

Um darauf eine Antwort zu geben, habe ich auf den folgenden Seiten 35 Anwendungen der Mathematik ausgewählt, die ich diskutieren will, um dabei einige der ma-

thematischen Prinzipien aufzudecken, die bestimmten As-
pekten unseres Lebens zugrunde liegen – aber auch solche,
die heute unsere kühnsten Denker bewegen.

Dabei werden wir mit vielen Wissenschaftszweigen in
Kontakt kommen. Wir werden sehen, wie man mit der
Chaostheorie das Bevölkerungswachstum erklären kann
und warum die Schwarzen Löcher entgegen allen Erwartungen reichlich Information enthalten.

Unser täglicher Umgang mit Zahlen richtet sich vor allem
auf das Geld: Wir wollen es in diesem Buch im Zusammenhang mit Optionen und Futures untersuchen und auf das
intime (wenn auch schwierige) Verhältnis der Glücksspieler
zur Wahrscheinlichkeit eingehen. Und natürlich liegt all
dem die Computerrevolution zugrunde, die das Informationszeitalter bestimmt und mit Diskussionen über „binäre
Codes" und „Algorithmen" auf Partys für Gesprächsstoff
sorgt.

Fast alle haben das Gefühl, dass die Mathematik tief in
diese Entwicklungen verstrickt ist. Mein Ziel ist, sie aus
dem Schatten zu holen, indem ich in die Innereien der
Suchmaschinen eintauche, die Strukturen der sozialen
Netzwerke aufdecke und die Ideen beleuchte, die hinter
den Programmiersprachen und der Bildbearbeitung durch
den Computer stehen.

Ich möchte zeigen, wie die Mathematik benützt werden
kann, um einige wichtige praktische Probleme zu lösen,
also beispielsweise, um Unternehmen effizienter zu machen, um auf Fehler in der Struktur unserer Demokrati-
en hinzuweisen, um wertvolle Munition zur Bekämpfung
von Krankheiten zu liefern und schließlich, um mit ihr die
Höhen und Tiefen unseres Wirtschaftssystems zu analysie-

ren. Die Mathematik kann sogar Licht in die Schwächen der menschlichen Psyche bringen, indem sie zeigt, wann wir dazu neigen, Entscheidungen gegen unsere Interessen zu treffen. Wir werden dabei Wege finden, wie wir Fiktion und Wirklichkeit unterscheiden können, indem wir Statistik betreiben und mit den viel benutzten und viel missbrauchten Zahlen arbeiten.

So außerordentlich nützlich die Mathematik heutzutage ist: Die Mathematiker gelten immer noch als versponnene Bewohner eines Elfenbeinturms. Damit will ich nicht sagen, dass sie ihre Fantasie verloren haben und nicht mehr nach den Sternen greifen. So war beispielsweise die Mondlandung von Apollo 11 im Jahre 1969 nur möglich, weil es ihnen gelungen war, ein ganz besonders teuflisches mathematisches Problem zu lösen. Gerade die Sterne und Planeten haben uns im Laufe der Jahrhunderte zahlreiche mathematische Einsichten geliefert, mit denen wir nun die bedeutendsten Fragen angehen können, nämlich die nach der Struktur der Materie und des Universums.

Ich hoffe, dass die Leser nach der Lektüre des Buches eine genauere Vorstellung davon haben, welche Rolle die Mathematik in unserem modernen Leben spielt – und dass, ganz nebenbei, aus einigen Zweiflern überzeugte Anhänger dieser Wissenschaft werden, die für mich so unerschöpflich, großartig und faszinierend ist.

# Inhalt

# 1

# Knowing me, knowing you
## *Die Stufen des Wissens*

Wir wollen uns die folgende Szene vorstellen: Sarah und Tom waren lange ein Paar. Heute treffen sie sich zum ersten Mal, nachdem ihre Beziehung in die Brüche gegangen ist. In der Zwischenzeit hat Sarah einen neuen Freund gefunden, jedoch beschlossen, Tom davon nichts zu sagen. Sie weiß aber nicht, dass Tom schon Bescheid weiß, weil David, ein gemeinsamer Freund, die beiden zusammen Hand in Hand gesehen und es brühwarm Tom erzählt hat.

Das klingt so, als hätten wir die Mathematik verlassen und seien in einem Groschenroman oder einer Soap gelandet. Beziehungsdramen sind aber wirklich schöne Beispiele dafür, wie eine mathematisch definierte Stufenleiter oder Hierarchie des Wissens ins Spiel kommt. Solche Gedankengebäude sind für die Philosophie und auch für die Spieltheorie, die ein Teilgebiet der Mathematik ist, ganz wesentlich. Die praktischen Folgen solcher Ideen werden insbesondere in der Ökonomie diskutiert. Auf dem Markt kann der Stand der Kenntnisse über die Rivalen den entscheidenden Unterschied ausmachen.

Aber zurück zu unserem Drama. Auf einer Stufenleiter des Wissens ist die Existenz von Sarahs neuem Partner ein Wissen erster Ordnung: Beide, Sarah und Tom, verfügen darüber. Auf einer höheren Stufe gibt es aber ein Ungleichgewicht: Weil Sarah nicht weiß, dass Tom von ihrer neuen Liebe weiß, hat Tom einen Vorteil. Er verfügt über ein Wissen zweiter Ordnung, das Sarah nicht hat. Um es mit anderen Worten zu sagen: „Knowing me, knowing you …" – er weiß, dass sie es weiß, aber sie weiß nicht, dass er das weiß …

Wir können nun das Drama noch weiter ausgestalten und uns ein noch kompliziertes Szenario vorstellen. Sarah hat schließlich doch herausgefunden, dass Tom von ihrem neuen Freund weiß, weil David ihr gegenüber inzwischen zugegeben hat, es Tom gesteckt zu haben. Jetzt weiß aber Tom nicht, dass Sarah weiß, dass er von dem neuen Freund weiß (und dass David das Versprechen gebrochen hat, Sarah nichts zu sagen). Es könnte nun sein, dass Tom versucht, Sarah mit Fangfragen aufs Eis zu locken, um herauszufinden, ob sie lügt oder unter Druck alles zugibt. In dieser neuen Version des Szenarios ist es unwahrscheinlich, dass sie lügt, weil sie weiß, dass sie überführt werden würde, wenn sie es versuchte. (Im realen Leben könnte sie natürlich doch lügen.) Jetzt ist Tom ins Hintertreffen geraten, weil Sarah über ein Stück Wissen dritter Ordnung verfügt und er nicht.

Können diese Stufen des Wissens bis ins Unendliche weitergehen? Im Prinzip ja, theoretisch *können* noch höhere Stufen existieren, aber man kann sie sich immer schwerer vorstellen. Selbst in der verschachteltsten Spionagegeschichte, in der (umgedrehte?) Doppelagenten andere Doppelagenten aufs (Doppel-)Kreuz legen, geht es kaum über die vierte Stufe des Wissens hinaus.

Wenn alle Personen einer Gruppe den gleichen Wissensstand haben, den wir $X$ nennen wollen, entspricht $X$ einem Wissen erster Ordnung. Und wenn alle Gruppenmitglieder wissen, dass sie dieses Wissen erster Ordnung teilen, haben sie auch alle Teil an einer zusätzlichen Stufe des Wissens, was $X$ zu einem Wissen zweiter Ordnung macht. Ganz allgemein gilt: Wenn die gesamte Gruppe weiß, dass $X$ ein Wissen $n$-ter Ordnung ist, wird daraus ein Wissen (n + 1)-ter Ordnung. Noch höhere Ordnungen des Wissens kommen gewöhnlich erst bei größeren Personengruppen ins Spiel.

## Bekleckerte Gäste und des Kaisers neue Kleider

Es gibt eine Reihe klassischer Geschichten, mit denen man die Stufen des Wissens veranschaulichen kann. Eine handelt von den bekleckerten Teilnehmern eines großen Banketts, das in einem Palast stattfindet. Das Personal konnte leider beim Eindecken der Tische keine Servietten auflegen, da sie noch in der Wäsche waren. Nach dem Essen entsteht eine höchst peinliche Situation: Einige der Gäste haben noch Essensreste im Gesicht. Keiner der Gäste kann das eigene Gesicht sehen, was zu einem Dilemma führt: Nach der Etikette des Palastes ist es höchst unhöflich, ja fast undenkbar, einem anderem zu sagen, er sei vollgekleckert. Es wäre auch gegen die Benimmregeln, sich das Gesicht mit dem Tischtuch abzuwischen. Dieses Risiko sollte der Gast nur eingehen, wenn er *sicher* sein kann, dass er beschmutzt ist, sonst aber nicht.

Nach dem Essen wird sich der Butler der Situation bewusst und findet eine geniale Lösung. „Verehrte Damen und Herren", verkündet er, „ich muss Sie leider davon informieren, dass zumindest einer oder eine von Ihnen noch Essensreste im Gesicht hat. Ich werde nun immer wieder auf den Gong schlagen. Bei jedem Schlag möge sich jeder Gast, der sicher ist, beschmutzt zu sein, das Gesicht abwischen." Mit dieser Ankündigung hat der Butler ein Stück Information preisgegeben und zum Teil des Wissens aller gemacht. Das hat nicht nur jeder Teilnehmer des Banketts gehört, es weiß auch jeder, dass es alle anderen gehört haben.

Das Finale des Banketts, das so unschön geendet hat, hängt von der Zahl der Gäste ab, die beschmutzt sind. Ist es nur einer, muss er, da er ja niemanden sonst mit Nudeln im Bart sieht, logischerweise annehmen, dass der Butler mit dem beschmutzten Gesicht seines gemeint hat. Gibt es zwei verschmutzte Gäste, sieht jeder von ihnen das unsaubere Gesicht des anderen, woraus er aber keine Rückschlüsse auf sich selbst ziehen kann. Auf der Stufe des Wissens erster Ordnung hat ihnen der Butler nichts mitgeteilt, was sie nicht schon wussten. Allerdings macht jeder der beiden beschmutzten Gäste auch die entscheidende Beobachtung, dass sich der andere nach dem ersten Gongschlag *nicht* das Gesicht abgewischt hat. Mit dieser Zusatzinformation leitet jeder der beiden logisch die Existenz eines zweiten Schmutzfinks ab. Für jeden der beiden ist klar: Der bin ich selbst, denn außer dem einen, den ich sehe, gibt es keine weiteren Gäste, die sich bekleckert haben. Beide werden sich also beim zweiten Gong das Gesicht abwischen. Es gibt tatsächlich eine Regel: Gibt es $n$ beschmutzte Gäste, werden sie sich alle nach dem $n$-ten Gongschlag das Gesicht abwischen.

Die Wirkung der Ankündigung des Butlers hat eine besser bekannte Parallele in der Kinderliteratur, nämlich in Hans Christian Andersens Märchen *Des Kaisers neue Kleider*. Dort werden einem prunksüchtigen Herrscher von zwei Schwindlern, die vorgeben, Schneider zu sein, für viel Geld wunderschöne neue Gewänder angeboten. Sie behaupten, dass alle, die dumm oder inkompetent sind, den neuen kostbaren Stoff nicht sehen können. Weil der Kaiser nicht für dumm gehalten werden will, lobt er seine neuen „Kleider", und auch seine Lakaien am Hof können deren Pracht gar nicht genug rühmen. Auch als sich der Kaiser, der annimmt prächtige neue Kleider zu tragen, in einer Parade dem Volk zeigt, begegnet man ihm mit ehrfürchtiger Bewunderung. Erst als ein Kind ausruft, was alle sehen, nämlich dass der Kaiser ja nackt ist, breitet sich Gelächter aus.

Andersens kluge Geschichte bewegt sich auf vielen Stufen des Wissens. Sie ist eine Parabel für die Tendenz der Menschen, Seifenblasen angesichts des Drucks und der Autorität von Höhergestellten nicht platzen zu lassen, so fantastisch sie auch sind. Die Parabel beruht auch auf der Tatsache, dass zwar jeder die Nacktheit des Kaisers sieht, aber nicht ganz sicher sein kann, ob die anderen sie auch sehen. Der Ausruf des Kindes zerschlägt wie die Ankündigung des Butlers nach dem Bankett alle Illusionen und macht aus der Wirklichkeit Teil des von allen geteilten Wissens, und zwar des Wissens jeder Stufe.

Der nackte Kaiser dient auch als Satire auf die Absurdität gesellschaftlicher Konventionen. In den späten 1960ern hat der Philosoph David Lewis (1941–2001) die Theorie des kollektiven Wissens entwickelt und als einer der ersten analysiert, wie soziale Konventionen entstehen. Seiner Ansicht nach entstehen die Konventionen als Resultat der Versuche, Gruppen zu koordinieren. Ein einfaches Beispiel ist die Vereinbarung, ob es Rechts- oder Linksverkehr gibt. Es gibt keinen besonderen Grund, das eine oder das andere zu bevorzugen, es gibt aber gute Gründe, darauf zu drängen, dass auf unseren Straßen alle der gleichen Regel folgen. Wenn auch die Entscheidung, die hinter einer solchen Konvention steht, im Grunde genommen willkürlich ist, wird man an ihr festhalten, wenn sie einmal gefallen ist. Wenn alle anderen rechts fahren, wird niemand links fahren wollen.

Damit eine Konvention Wurzeln fasst, muss sie für alle zum kollektiven Wissen gehören. Zu den tiefgründigeren Beispielen gehören die Sprache und das Geld. Es ist äußerst praktisch, Münzen zu haben, die man gegen eine Vielzahl von Gütern eintauschen kann. Das System funktioniert aber nur, wenn alle daran glauben, dass sie die Münzen, die sie sich verdienen, gegen alles eintauschen können, was sie sich wünschen. Jeder Bürger fordert von jedem Mitbürger, dass er die Münzen als gültige Währung anerkennt.

## Gibt es Leben auf dem Mars?

Einer der Ersten, der das Phänomen aus einer mathematischen Perspektive analysiert hat, war der 1930 in Frankfurt am Main geborene Robert Aumann. Er hat 1976 in einem Aufsatz mit dem Titel „Agreeing to Disagree" sein „Agreement-Theorem" aufgestellt, das etwas Erstaunliches besagt: Zwei „rationale Akteure" (die übliche Beschreibung idealisierter Personen, von denen man annimmt, dass sie perfekt logisch denken) können sich *nicht* darauf einigen, sich nicht einigen zu können, was die Wahrscheinlichkeit eines bestimmten auf Vermutungen beruhenden Ereignisses $X$ betrifft. $X$ könnte beispielsweise die Existenz von Leben auf dem Mars sein oder dass innerhalb der nächsten 25 Jahren in den USA eine Präsidentin gewählt wird. (Mehr über Wahrscheinlichkeiten siehe Kap. 15.)

Die Behauptung, die dieses Theorem aufstellt, ist eigentlich recht merkwürdig, weil die Menschen gewöhnlich in allen möglichen Fragen verschiedener Meinung sind. Wie kann man das erklären? Zunächst haben die zwei Akteure, die wir Agathe und Bernhard nennen wollen, eine gemeinsame Anfangsvermutung oder einen gemeinsamen „Prior". Das heißt, dass irgendwann in der Vergangenheit beide die gleiche Wahrscheinlichkeit für $X$ abgeschätzt haben. Wir wollen annehmen, dass sich die beiden mit 18 zum Abendessen getroffen haben und dabei beide zum Schluss kamen, dass es mit 10 % Wahrscheinlichkeit Leben auf dem Mars gibt.

Dann sind sie verschiedene Wege gegangen und haben verschiedene Erfahrungen gemacht, die dazu führten, dass sie ihre Abschätzung jeder für sich anpassten. Agathe hat die zehn Jahre nach dem Abendessen mit dem Studium von Astronomie und Biologie verbracht und schätzt nun aufgrund dieser Erfahrungen die Chance für Leben auf dem Mars auf nur noch 5 % ein. Bernhard hat dagegen unterdessen in der Sensationspresse Berichte über Entführungen durch Außerirdische gelesen, und obwohl er all diese Berichte als „rationaler Akteur" mit Skepsis beurteilt, ist doch seine Abschätzung auf 35 % geklettert.

Als die beiden sich nun nach zehn Jahren wieder treffen, teilen sie sich gegenseitig die neuen Schätzwerte mit. Es ist dabei nicht nötig, dass sie einander erklären, wie sie zu diesen neuen Werten gekommen sind, denn schon der bloße Akt des Austauschs der Zahlen hat bemerkenswerte Auswirkungen. Entscheidend ist, dass die beiden neuen Abschätzungen nun zu ihrem gemeinsamen, geteilten Wissen gehören: Agathe kennt Bernhards Abschätzung, und er weiß, dass sie sie kennt, und sie weiß, dass er weiß …

Unsere beiden Akteure führen angesichts des neuen Schätzwertes des jeweils anderen ein Update des eigenen Schätzwertes durch. Dann tauschen sie auch diese Werte aus. Dieser Prozess geht so lange wie nötig weiter. Aumann bewies nun die erstaunliche Tatsache, dass die zwei „rationalen Akteure" letzten Endes bei einem gemeinsamen Wert landen *müssen*.

Aumanns Theorem macht sich den Begriff des gemeinsamen oder kollektiven Wissens zu eigen. Es setzt auch voraus, dass sowohl Agathe wie auch Bernhard perfekt „rationale Akteure" sind und ehrliche Updates ihrer Prognosen machen, wenn es die Fakten erfordern. Sie machen das in einem bestimmten Prozess, der alle Erfahrungen aufnimmt, um zu neuen Abschätzungen der Wahrscheinlichkeit zu kommen. Diese einflussreiche Idee stammt von dem englischen Reverend Thomas Bayes (1702–1761) und wird „Bayesianisches Updaten" genannt. (Darüber mehr in dem Buch von Sharon Bertsch McGrayne, das soeben unter dem Titel *Die Theorie, die nicht sterben wollte*, übersetzt von Carl Freytag, bei Spektrum erschienen ist).

Ist der „Prior" der Wahrscheinlichkeit *(P)* von Leben auf dem Mars *(X)* bei beiden Akteuren 10 %, gilt $P(X) = 0,1$. Dann wird einer der beiden mit neuen Daten $D$ konfrontiert (vielleicht mit der Entdeckung von Wasser auf dem roten Planeten). Als rationaler Akteur muss er daraufhin ein Update seines Priors machen: Er erhält den neuen Wert

$P(X|D)$, das ist die Wahrscheinlichkeit von $X$ bei gegebenen Daten D.

Nun hat aber der Akteur auch eine Anfangswahrscheinlichkeit für $D$, nämlich *P(D)*, und eine Abschätzung für $X\&D$, also beide, nämlich *P(X&D)*. Die neue Wahrscheinlichkeit, die der Akteur für $X$ errechnet, wird dann seine Prior-Wahrscheinlichkeit für $X\&D$, also *P(X&D)*, dividiert durch die Prior-Wahrscheinlichkeit von $D$, also *P(D)*:

$$P(X|D) = \frac{P(X\ \&\ D)}{P(D)}$$

Wir wollen nun noch annehmen, dass der Akteur die Wahrscheinlichkeit von Wasser auf dem Mars mit 20 % abgeschätzt hat, also ist *P(D)* = 0,2. Die Wahrscheinlichkeit, dass Wasser *und* Leben auf dem Planeten existiert, schätzt er mit 9 % ein, also ist *P(X&D)* = 0,09. In diesem Fall wird die Entdeckung von Wasser den Akteur veranlassen, ein Update von *P(X)* machen, das zu folgendem Ergebnis führt:

$$P(X|D) = \frac{0,09}{0,2} = 0,45$$

Mit anderen Worten: Die Wahrscheinlichkeit für Leben auf dem Mars, wenn es dort Wasser gibt, schätzt er mit 45 % ab.

## Logik und Unlogik des Marktes

Handeln denn die Menschen immer streng logisch? Das ist eine Frage, die Philosophen und Psychologen heftig diskutieren. Anders als bei den „rationalen Akteuren" Aumanns können die Meinungsunterschiede bei realen Menschen über alle Grenzen wachsen, selbst wenn sie über exakt die gleichen vollständigen Informationen verfügen. Aus Aumanns Theorem kann man einige seltsame Schlüsse ziehen, nicht zuletzt ein Modell des ökonomischen Verhaltens, das, wenn man ihm logisch folgt, die Rationalität von Handelsbeziehungen infrage stellt.

In der modernen Finanzwelt, wo die Leute mit Waren eher spekulieren als einfach nur kaufen, was sie benötigen (siehe Kap. 25), erfordert ein Handel, dass sowohl der Käufer wie auch der Verkäufer davon ausgehen, von dem Geschäft zu profitieren. Hat aber der Käufer ein gutes Geschäft gemacht, also beispielsweise für eine Ware weniger gezahlt als sie wert ist, hätte der Verkäufer logischerweise besser nicht verkauft. In einem gut funktionierenden effizienten Markt folgt aus Aumanns Theorem, dass die beteiligten Parteien schließlich zu der gleichen Meinung darüber kommen, ob es besser ist, zu verkaufen oder nicht. Die Folge wäre, dass überhaupt kein Handel zustande kommt.

Wenn auch die Details sehr ausgetüftelt sind, ist der Grundgedanke hinter solchen Theoremen, die zu Nichthandeln führen, einfach nur, dass man mit jemandem, der gute Gründe zu der Annahme hat, bei dem Handel zu profitieren, besser keine Geschäfte macht. Unnötig zu sagen, dass das weit entfernt von der Funktionsweise der realen Märkte ist. Man könnte sogar sagen, dass solche Theoreme das Gegenteil eines gut funktionierenden Marktes beschreiben und man aus ihnen schließen kann, dass Finanzakteure nicht die perfekt rationalen Akteure sind, wie sie die klassische ökonomische Theorie voraussetzt.

Dieser Schluss ist vielleicht nicht überraschend, aber er ist sicher eine Warnung, die es wert ist, gehört zu werden. Erkennt man an, dass es Stufen des Wissens gibt, können das allen verfügbare Wissen und die Art, wie die Wahrscheinlichkeit im Lichte neuer Informationen ein Update erfährt, ein Licht auf unser rationales Verhalten werfen. Es ist aber so wie mit des Kaisers neuen Kleidern: Die Menschen neigen dazu, gerade in den unpassendsten Augenblicken ihre Rationalität beiseite zu schieben.

# 2
# Ein ganz durchschnittliches Kapitel

## Die mathematische Definition des „Typischen"

Gewöhnlich gebrauchen wir die Begriffe „Durchschnitt" oder „Mittelwert" ganz locker, und wir wissen bis zu einem bestimmten Grad, was wir damit meinen. Wir beziehen uns auf etwas, was der „Norm" entspricht bzw. „typisch" ist und für die Mehrheit der Leute gilt. Oder wir denken an den gesunden Menschenverstand und an mittlere, ausgewogene Umstände und Erwartungen. Wir können Mittelwerte auch in einer etwas geringschätzigen Weise auffassen wie in den Formulierungen „nur Durchschnitt" oder „nur Mittelmaß". Sagt man von einem Sportler, er zeige durchschnittliche Leistungen, so ist das nicht gerade eine Schande, aber auch kein Grund, die Korken knallen zu lassen.

Aber inwieweit bringt uns dieser Gebrauch der Begriffe in der Alltagssprache weiter? Was passiert, wenn wir eine Zahl für den Mittelwert angeben müssen? In vielen Bereichen des modernen Lebens müssen wir aus einem Berg von Daten einen „typischen" Wert heraussuchen. An diesem Wert können wichtige Entscheidungen hängen (siehe Kap. 15). Das ist insbesondere in der Statistik und Ökonomie wichtig, wo die Analysten nach einfachen Wegen suchen, um komplizierte Zusammenhänge zu beschreiben. Angefangen bei den immensen staatlichen Sozialausgaben bis zur Kündigung und Einstellung von Mitarbeitern werden Prioritäten oft aufgrund von Forschungen und Trends gesetzt, die von der Definition eines „Mittelwertes" abhängig sind. Überall um uns herum hören wir im politischen und wirtschaftlichen Diskurs Argumente, in denen von „Durchschnittseinkommen", „durchschnittlicher Lebenserwartung", „durchschnittlicher Rückfallrate" oder vom „Notendurchschnitt" in der Schule die Rede ist.

Natürlich ist hier die Mathematik die Grundlage für alles. Die mathematischen Methoden, um einen „typischen" Wert zu definieren, gehen bis auf Pythagoras und seine Nachfolger im alten Griechenland zurück. Seit damals wurde eine ganze Reihe von Methoden entwickelt, zu einem „Mittelwert" zu kommen. Wie es aussieht, ist der Oberbegriff „Mittelwert" (oder auch „Durchschnitt") zu verschwommen, und man sollte besser von Bereichsmittel, Median, Modus und von arithmetischem oder geometrischem Mittel sprechen.

## Zwischen den Extremen: das Bereichsmittel

Die schnellste und einfachste Methode, um zu einem Mittelwert zu kommen, ist die Berechnung der Mitte zwischen den Extremen. Der kleinste erwachsene Mensch, den es je gab, ist Chandra Bahadur Dangi mit ganzen 54,6 cm, der größte war Robert Wadlow mit 272 cm. Um einen Mittelwert der Größe des Menschen unserer Tage zu berechnen, addiert man also die beiden Extremwerte, dividiert durch 2 und erhält 163,3 cm.

Offensichtlich ist dieser Mittelwert, das sogenannte Bereichsmittel, ein allzu grobes Maß. Seine Vor- und Nachteile können wir auch an unserem Beispiel erkennen: Der Vorteil ist, dass der Wert schnell und einfach zu bestimmen ist. Der Nachteil ist, dass er auf den Extremwerten beruht und damit auf den *untypischsten* Werten.

1890 fand man in einem Grab aus der Bronzezeit im französischen Castelnau-le-Lez einen riesigen menschlichen Armknochen und einige Beinknochen. Sie schienen von einem Menschen zu stammen, der ungefähr 3,5 m groß war. Hätte der Fund bestätigt werden können, wäre der „Riese von Castelnau" sicher eine bemerkenswerte Entdeckung gewesen. Der Fund hätte aber auch die Schwächen des Bereichsmittels unterstrichen, denn die Durchschnittsgröße des Menschen wäre plötzlich auf 202,3 cm angewachsen.

Trotz dieser Mängel war diese Mittelwertbestimmung lange Zeit die gängigste Methode. So wollte beispielsweise der Astronom und Mathematiker Ptolemäus den durchschnittlichen Stand der Sonne über dem Horizont zur Mittagszeit wissen. Um diesen Wert zu erhalten, nahm er den Minimalwert am längsten Tag des Jahres, addierte ihn zu dem Maximalwert am kürzesten Tag und erhielt als Mittelwert des Abstands vom Zenit etwa 23,5° und damit den Wert, der die Neigung der Erdachse angibt.

# Der große Auftritt in der Mitte: der Median

Eine andere Art von Mittel, dessen Grundprinzip ähnlich leicht zu begreifen ist, stellt der Median dar. Seit dem späten 19. Jahrhundert wurde er in zunehmenden Maß in der Naturwissenschaft verwendet. Man reiht alle fraglichen Daten der Größe nach auf und erhält als Median den Wert, der in der Mitte der Reihe steht. Hat man beispielsweise fünf Hunde, die 1, 2, 4, 8 und 13 Jahre alt sind, ist der Median 4. 50 % der Hunde sind jünger, 50 % älter.

Obwohl das ein vernünftiger Ansatz zu sein scheint, wird der Median erst seit relativ kurzer Zeit ernsthaft in wissenschaftlichen Kreisen verwendet. Der Psychologe Gustav Fechner (1801–1887) war einer der Ersten, der mit ihm arbeitete, als er in der Mitte des 19. Jahrhunderts eine Analyse der Farbinterpretation des Menschen anstellte. Fechner fand heraus, dass eine bestimmte Eigenschaft des Medians sehr nützlich ist: Er vermindert den Abstand zu den einzelnen Datenpunkten. Um das zu demonstrieren, gehen wir zu den fünf Hunden zurück, deren Median 4 ist. Berechnen wir nun die Differenz zwischen dem Alter von jedem Hund und dem Median, erhalten wir 3, 2, 0, 4 und 9. Die Summe dieser Differenzen ist 18.

Führen wir diese Rechnung mit irgendeinem anderen Wert anstelle des Medians durch, etwa mit 5, erhalten wir die Differenzen 4, 3, 1, 3 und 8 und die Summe 19. Es ist kein Zufall, dass die Summe größer ist als die in Bezug zum Median: Mathematische Überlegungen zeigen, dass das *immer* so ist.

## Der häufigste Wert: der Modus

Der Modus ist eine weitere klare und einfache Definition von „Mittelwert". In diesem Fall ist Mittelwert mit „häufigster Wert" gleichbedeutend. In einer Schulklasse sind sieben Kinder 8 Jahre alt, fünfzehn sind 9 und zwei sind 10. In diesem Fall ist der Modus 9. Der Modus funktioniert nur gut, wenn die Zahl der möglichen Werte begrenzt ist. So kann der Modus beispielsweise dazu dienen, das Ergebnis von Wahlen zu bestimmen, bei denen die Wähler unter einer kleinen Zahl von Kandidaten wählen können (siehe Kap. 10). Anders als die übrigen Mittelwerte kann man den Modus auch bei Problemen bestimmen, bei denen es nicht um Zahlen geht.

Der Statistiker Wilson Allen Wallis (1912–1998) hat von einem Beispiel für den Gebrauch des Modus bei dem Historiker Thukydides im 5. Jahrhundert vor unserer Zeitrechnung berichtet. Er beschreibt den Peloponnesischen Krieg zwischen Athen und Sparta. Die Verbündeten der Athener wurden in Plataiai von den Spartanern belagert und wollten die Höhe der Befestigungsanlagen wissen, die diese um ihre Stadt herum aufgebaut hatten, denn sie planten, sie zu übersteigen und zu entkommen. Um dafür Leitern der richtigen Länge bauen zu können, zählten sie die Zahl der Ziegelschichten der Befestigungsbauten. Ihnen war klar, dass jeder, der die Schichten zählte, einen Fehler machen konnte, deshalb ordnete der Befehlshaber an, dass viele Menschen gleichzeitig zählten. Sie verglichen dann ihre Ergebnisse und wählten die häufigste Zahl, also den Modus, als die richtige Antwort aus.

Die Idee des Kommandeurs von Plataiai ist ein Beispiel für etwas, was wir heute „Schwarmintelligenz" nennen würden. Solche Verfahren bewähren sich auch in weit weniger lebensbedrohenden Situationen. Ein Beispiel ist, die Anzahl der Bonbons in einem großen Glas zu schätzen. Vermutlich ist jede Einzelschätzung falsch, aber Tests haben gezeigt, dass die Abfrage einer großen Anzahl individueller Schätzungen zu einem vernünftigen, mittlere Wert führt, weil sich Über- und Unterschätzungen gegenseitig aufheben. Es kann sich dabei um den Median handeln, aber auch der Modus und das arithmetische Mittel erfüllen ihren Zweck.

## Der moderne Mittelwert: das arithmetische Mittel

Der bekannteste Mittelwert der modernen Zeit ist das arithmetische Mittel. (Zur „Regression zur Mitte" siehe Kap. 18.) Auch dieses Mittel ist klar definiert und umfasst Additionen und eine Division. Wollen wir das mittlere Gewicht (genauer gesagt: die mittlere Masse) von sechs verschieden großen Eiern wissen, addieren wir die jeweiligen Gewichte – 50, 52, 58, 61, 63 und 70 g – und dividieren die Summe (354 g) durch die Zahl der Eier, also sechs. Wir erhalten den Mittelwert 59 g.

Redet heute jemand vom Mittelwert, meint er höchstwahrscheinlich das arithmetische Mittel. Diese Vorherrschaft reicht bis in das frühe 17. Jahrhundert zurück. Das arithmetische Mittel wurde wie zuvor der Modus verwendet, um die Abweichungen der einzelnen Werte vom Mittel möglichst klein zu halten. Diesmal ging es um die Seefahrt. Um die Fahrtrichtung zu bestimmen, benützte der Steuermann einen Kompass, der die Nordrichtung angab. Die frühen Modelle dieses Instruments wiesen aber große Fehler auf, insbesondere bei stürmischer See. So entwickelte sich als Standardverfahren, mehrere Ablesungen zu machen und dann den Mittelwert als den „wahren" Wert zu nehmen – vielleicht, nachdem man zuvor alle Werte verworfen hatte, die allzu weit abwichen.

Für unsere Augen erscheint es seltsam, dass das arithmetische Mittel so lange brauchte, um anerkannt zu werden, nachdem es schon 2000 Jahre zuvor von den pythagoreischen Mathematikern sorgfältig studiert worden war. Die Pythagoreer sahen in ihm aber weniger ein statistisches Werkzeug, sondern schätzten seine „reinen" mathematischen Eigenschaften und seine Anwendungsmöglichkeit in der Musiktheorie. Das berühmteste Ergebnis der Untersuchungen der Pythagoreer war die Beziehung zwischen dem arithmetischen Mittel und einer anderen wichtigen Art von Mittelwert: dem geometrischen Mittel.

## Durchschnittlich interessant: das geometrische Mittel

Ein Ausflug ins Reich der Zinssätze hilft uns, die Beziehung zwischen arithmetischem und geometrischem Mittel zu verstehen. Angenommen, wir investieren Geld, und die Anlage entwickelt sich gut. Im ersten Jahr steigt der Wert um 50 %, im zweiten um 10 % und im dritten um 15 %. Wie berechnen wir die durchschnittliche Wertsteigerung in den drei Jahren? Hier sind weder Bereichsmittel noch Modus noch Median geeignet, deshalb versuchen wir es mit dem arithmetischen Mittel. Wir addieren die Prozentzahlen, teilen die Summe durch die Zahl der Jahre (3) und erhalten 25 %.

Damit *scheint* alles klar, aber wenn wir genauer hinschauen, ist die Antwort doch nicht in Ordnung. Angenommen, unser Startkapital war 100 €. Nach dem ersten Jahr ist es auf 150 € angewachsen. Nach dem zweiten Jahr hat es um 10 % der 150 € zugenommen, also um 15 € auf 165 €, nach dem dritten Jahr dann um 15 % der 165 €, also um $0,15 \cdot 165\ € = 24,75\ €$, sodass der Endbetrag nun 189,75 € beträgt.

Wenn nun unsere Rechnung mit dem arithmetischen Mittel richtig ist, müssten wir zum gleichen Endbetrag kommen. Aber 25 % auf die anfänglichen 100 € bringen im ersten Jahr 125 €, im zweiten dann mit 25 % der 125 € den Betrag 156,25 € und im dritten Jahr weitere 25 % dieses Betrags, also schließlich 195,31 €. Das ist also deutlich mehr.

Unser Beispiel einer Geldanlage unterscheidet sich in einem Kriterium deutlich von unseren Eiern. Bei den Eiern machte es Sinn, einfach die Einzelgewichte zu addieren. Bei den Prozentzahlen der Geldanlage macht das dagegen wenig Sinn, da sich Prozentzahlen auf Multiplikationen stützen und nicht auf Additionen. Einen Geldbetrag um 15 % zu steigern bedeutet, ihn mit 1,15 zu multiplizieren. Um also die Steigerung nach drei Jahren zu berechnen, müssen wir die 100 € nacheinander mit den drei Prozentzahlen multiplizieren: $100\ € \cdot 1,5 \cdot 1,1 \cdot 1,15 = 189,75\ €$. Wir müssen also den ursprünglichen Betrag mit 1,8975 multiplizieren, um zum richtigen Resultat zu kommen.

In unserem Beispiel mit den drei Jahren erhält man den Durchschnittszins a, indem man die Kubikwurzel aus 1,8975 zieht, mathematisch formuliert: $\sqrt[3]{1,8975}$. Das Ergebnis ist 1,23802. Jetzt haben wir die richtige Lösung. Ein Anfangskapital von 100 €, das mit 23,802 % verzinst wird, liefert nach drei Jahren 189,75 €.

Wenn wir unser Beispiel verallgemeinern, ist das *arithmetische* Mittel von $n$ Zahlen deren Summe, dividiert durch die Anzahl $n$. Das *geometrische* Mittel ist hingegen die $n$-te Wurzel aus dem Produkt der $n$ Zahlen. Wenn $y$ das geometrische Mittel und $x$ das Produkt der $n$ Zahlen ist, gilt $y = \sqrt[n]{x}$ und umgekehrt $x = y^n$, was voll ausgeschrieben so aussieht:

$$x = \underbrace{y \cdot y \cdot \ldots \cdot y}_{n \; Mal}.$$

So ist beispielsweise $\sqrt[4]{16} = 2$, weil $2^4 = 2 \cdot 2 \cdot 2 \cdot 2 = 16$ ist, während $\sqrt[3]{125} = 5$ ist.

## Andere Fragen, andere Antworten

Für Ökonomen, deren Aufgabe es ist, Inflationsraten und mittlere Preissteigerungen abzuschätzen, kann das Theorem des Pythagoras über den Unterschied der beiden Mittelwerte (siehe Kasten) ganz wesentliche Auswirkungen haben. An erster Stelle stehen bei den Ökonomen oft Preisindizes oder Indizes der Lebenshaltungskosten, bei denen es darum geht, in bestimmten zeitlichen Abständen einen typischen „Warenkorb" zu beobachten und zu analysieren, ob die Preise steigen oder fallen. In Großbritannien gibt es zwei derartige Indizes, den Preisindex (RPI: Retail Price Index) und den Lebenshaltungsindex (CPI: Consumer Price Index). Der RPI enthält die Wohnkosten, der CPI nicht. Der wesentliche *mathematische* Unterschied ist aber, dass der RPI auf dem arithmetischen Mittel basiert, der CPI auf dem geometrischen. Jeder Vergleich der beiden Indizes führt zu dem nüchternen mathematischen Resultat, dass das arithmetische Mittel von Daten immer größer ist als das geometrische Mittel. Jede Art von Ausgabe oder jede Investition, die mit dem einen oder anderen Index verbunden ist, spiegelt diesen Unterschied wider.

Die meisten Briten hätten es lieber, wenn ihre Rente oder Pension an den RPI geknüpft wäre. Inhaber einer Firma würden jedoch ihre Entscheidungen über Lohnerhöhungen lieber an den CPI knüpfen. Wenn Regierungen und Organisationen vom einen zum anderen Index wechseln, ist das stets ein Grund für Misstrauen. Man sollte dann die Motive hinterfragen, denn meistens wird zu dem anderen Index gewechselt, um bestimmte statistische Aussagen zu erhalten. (Der deutsche Verbraucherpreisindex VPI enthält auch die Wohnkosten und basiert auf dem arithmetischen Mittel.)

Das alles soll nur zeigen, dass es bei den Mittelwerten (wie auch in der Wissenschaft, ja wie im Leben überhaupt) nicht nur um die richtigen Antworten geht, sondern vor allem um die richtigen Fragen. Die Wahrheit ist, dass es für einen Datensatz nicht *den* einen und einzigen Mittelwert gibt. Bevor wir also den geeignetsten Mittelwert wählen, müssen wir überlegen, was wir mit dieser Zahl anfangen wollen, was für das aktuelle Szenario wichtig ist (und was nicht) und wie andere den Mittelwert interpretieren werden. Ganz allgemein gesagt kann uns die Mathematik sehr viel über die Welt sagen, aber man darf ihre Formeln nicht blind anwenden, ohne dabei den Kontext zu berücksichtigen.

### Der Wettstreit zwischen arithmetischem und geometrischem Mittel

Die Mathematiker der Sekte der Pythagoreer haben eine grundlegende Beziehung zwischen arithmetischem und geometrischem Mittel entdeckt: Ganz unabhängig von den Daten ist das arithmetische Mittel immer größer als das geometrische (oder gleich groß).

Man versteht diese Aussage am besten, wenn man sich auf nur zwei Zahlen beschränkt, die wir a und b nennen wollen. Das arithmetische Mittel ist als $(a + b)/2$ definiert, das geometrische Mittel als $\sqrt{ab}$.

Multipliziert man eine Zahl, sei sie positiv oder negativ, mit sich selbst, erhält man ein positives Ergebnis, während $\sqrt{a} - \sqrt{b}$ positiv sein kann (wenn a größer ist als b) oder negativ (wenn *a* kleiner als b ist). Aber immer gilt:

$$\left(\sqrt{a} - \sqrt{b}\right)^2 \geq 0$$

(wobei ≥ „größer oder gleich" bedeutet). Mit ein paar kleinen algebraischen Manipulationen wird daraus

$$a - 2\sqrt{ab} + b \geq 0$$

und

$$a + b \geq 2\sqrt{ab}.$$

Dividiert man beide Seiten durch 2, zeigt sich, dass das arithmetische Mittel größer oder gleich dem geometrischen Mittel ist – unabhängig davon, welchen Wert *a* und b haben:

$$(a + b)/2 \geq \sqrt{ab}$$

Das Gleichheitszeichen gilt im Übrigen nur, wenn auch *a* und *b* gleich sind.

# 3

# Atomare Netze und chemische Bäume

## *Die Moleküle und ihr Beziehungsgeflecht*

Es ist noch nicht so lange her, da dachte jeder, wenn von einem „Netzwerk" die Rede war, an das Eisenbahnnetz oder vielleicht ein Netz von Filialen oder sogar an einen Spionagering. Für die Facebook-Generation ist aber das Erste, was ihr in den Sinn kommt, eher ein Computernetzwerk oder ein soziales Online-Netzwerk. Das Konzept von Netzwerken ist tief in die Wissenschaft und die Gesellschaft eingedrungen. Wir werden in diesem Buch noch auf viele Netzwerke stoßen (siehe Kap. 21 und 30).

Es ist aber nicht nur die moderne Technik, die diesen Begriff ins Feld führt. Netzwerke oder Anordnungen untereinander verknüpfter Knoten sind auch für Chemiker und Physiker von Interesse, wenn sie ihre Mikroskope auf einzelne Moleküle und deren Atome richten, um die Natur der Materie zu erforschen. In einem Molekül bestimmt die jeweilige Anordnung der Atome die chemischen Eigenschaften. Die Eigenschaften einer Substanz ändern sich, wenn die gleichen Moleküle anders aufgebaut sind. Deshalb gehört das Wissen um die Formen im atomaren Bereich zum Kern der Molekülwissenschaft.

Wenn wir Wasser mit $H_2O$ bezeichnen, besagt das, dass ein Wassermolekül aus zwei Wasserstoffatomen (H) und einem Sauerstoffatom (O) besteht. 1824 hat Justus von Liebig (1803–1873) die Fulmin- oder Knallsäure entdeckt, deren Molekül aus je einem Wasserstoff-, Kohlenstoff-, Stickstoff- und Sauerstoffatom besteht und die chemische Formel HCNO hat. Im Jahr darauf entdeckte Friedrich Wöhler (1800–1882) ein anderes Molekül mit genau den gleichen Bestandteilen, aber der Formel HNCO, die Isocyansäure. Experimente zeigten sehr schnell, dass beide Säuren völlig unterschiedliche Eigenschaften haben. Knallsilber und Knallquecksilber, Salze der Knallsäure, werden als Zünder verwendet, während die entsprechenden Verbindungen der Isocyansäure vergleichsweise harmlos sind.

Es handelte sich um die ersten Beispiele von Isomeren, von Stoffen, deren Moleküle aus den gleichen Atomen bestehen, die aber unterschiedlich angeordnet sind. Inzwischen kennen wir noch weitere Anordnungen der vier Atome, u. a. die Cyansäure HOCN und die Isoknall- oder Isofulminsäure HONC.

## Bäume im mathematischen Dschungel

Es war der englische Mathematiker Arthur Cayley (1821–1895), der auch eine Neigung zur Chemie hatte, der als Erster in den 1870ern dieses Szenario untersuchte. Heute ist die Graphentheorie in der Chemie ein sich schnell weiterentwickelnder Forschungszweig, der davon profitiert, ein Molekül von zwei Seiten zu betrachten: der chemischen und der mathematischen. („Graph" und „Netzwerk" sind

Synonyme.) Mehr noch: Chemische Daten wie Siede- und Schmelzpunkt eines Stoffes können oft aus der geometrischen Struktur seiner Moleküle vorhergesagt werden.

Cayley übernahm Begriffe aus der Natur und erforschte die Fähigkeiten von „Bäumen", die eine ganz besondere Art von mathematischem Netzwerk darstellen. Seine Untersuchungen zielten auf das mathematische Herzstück der chemischen Analyse und nahmen Anwendungen wie Internet-Suchmaschinen (siehe Kap. 30) und hochkomplexe Zeitmanagementsysteme vorweg (siehe Kap. 26).

Ein Netzwerk entsteht immer, wenn einige Knoten verbunden werden. Bei Anwendungen in der Chemie entsprechen die Netzwerkknoten den Atomen in einem Molekül, während die Verbindung zwischen zwei Knoten die chemische Bindung repräsentiert. Auf diese Weise kann jedes Molekül dargestellt werden, und eines kann man über das entstehende Netzwerk mit Gewissheit sagen: Es besteht aus einem Stück, ist also *verbunden,* weil von jedem Knoten ein – wenn auch nicht unbedingt direkter – Weg zu jedem anderen Knoten führt.

Im Gegensatz zu einem gewöhnlichen Netzwerk ist ein Baum – wie sein botanisches Gegenstück in der Baumschule – durch die Tatsache definiert, dass er zwar Äste und Zweige hat, aber keine geschlossenen Maschen. (Wir haben beispielsweise eine Masche aus den vier Knoten A, B, C und D, wenn A mit B, B mit C, C mit D und D wieder mit A verbunden ist). Netzwerke in Form von Bäumen gehören zu den einfachsten Objekten und tauchen in der Naturwissenschaft in allen möglichen Zusammenhängen auf. Wie aber Cayley entdecken sollte, ist diese Einfachheit höchst irreführend. Bäume verblüffen auch heute noch die Mathematiker, so einfach sie zu sein scheinen.

Cayley stellte sich als erste Aufgabe die Beantwortung folgender Frage: Wie viele *verschiedene* Bäume gibt es, wenn die Zahl der Knoten festliegt? Die Antwort ist sehr davon abhängig, wie wir die Frage formulieren. Dabei ist noch der entscheidende Unterschied zwischen bezeichneten und nicht bezeichneten Bäumen zu beachten. Bei bezeichneten Bäumen hat jeder Knoten einen Namen. Nehmen wir an, es gibt die drei Knoten A, B und C. Ist der bezeichnete Baum A-B-C mit dem Baum B-A-C identisch? Sie haben sicher die gleiche Form, wenn uns also nur die Form interessiert, können wir die beiden Varianten gleichsetzen. Andererseits gibt es einen Unterschied: Während im Mittelpunkt des ersten Baums B steht, ist es beim zweiten Baum A.

Cayley begann seine Analyse bei bezeichneten Bäumen, er unterschied also auch Bäume, die die gleiche Form hatten. Bei chemischen Bäumen spielt das eine Rolle, wenn jeder Knoten ein anderes chemisches Element repräsentiert. So war es in unserem Beispiel mit der Cyansäure. Der Chemiker würde also die mathematische Frage so formulieren: Was ist die größtmögliche Zahl von Isomeren eines nichtzyklischen Moleküls, wenn alle Atome verschieden sind?

Die Zahl der Bäume mit nur einem Knoten ist selbstverständlich eins. Ganz ähnlich gibt es nur eine Möglichkeit, zwei Knoten zu verbinden. Die Zahl der zweiknotigen Bäume ist also auch eins. (Wir gehen davon aus, dass A-B gleich B-A ist, denn eine Drehung um 180° ist nur vordergründig ein Wechsel.) Bei drei Knoten haben wir aber schon drei bezeichnete Bäume: A-B-C, B-C-A und C-A-B.

Bei vier Knoten entsteht etwas ganz Neues: Der Baum kann zwei grundsätzlich verschiedene Formen annehmen. Bei Bäumen, bei denen die vier Knoten in einer einzelnen Reihe angeordnet sind, gibt es 12 Möglichkeiten (A-B-C-D, B-A-C-D usw.). Dazu gibt es aber noch vier Möglichkeiten, bei denen ein Knoten in der Mitte liegt und die Verbindungen zu den anderen drei Knoten von ihm abgehen. Die Verbindungen ähneln den Speichen eines Rades. Insgesamt haben wir bei 4 Knoten 16 bezeichnete Gebilde.

Cayley dachte darüber nach, wie die Zahl der bezeichneten Bäume anwächst, wenn die Zahl der Knoten zunimmt. Die Reihe beginnt mit 1, 1, 3, 16 … Aber dann? Er fand eine einfache mathematische Formel. Ist $T_n$ die Gesamtzahl der bezeichneten Bäume und $n$ die Zahl der Knoten, gilt

$$T_n = n^{n-2}$$

Bei 5 Knoten erhält man mit dieser Formel $5^3 = 125$ Bäume, bei 6 sind es schon $6^4 = 1296$. Eine solch schöne Formel verkürzt die Rechenarbeit, was dringend nötig ist, da die Zahl der Bäume rasant anwächst: Bei 50 Knoten zählen wir $50^{48}$ Bäume – das ist aber schon die Zahl aller Atome im uns bekannten Universum.

# Bei den Alkanen zu Hause

Lassen Sie uns in die Welt der Chemie zurückkehren. Die Formel $C_4H_{10}$ steht für die vier Kohlenstoffatome (C) und 10 Wasserstoffatome (H) des Gases Butan, das zu den Chemikalien gehört, die man Alkane nennt. Sie sind alle aus

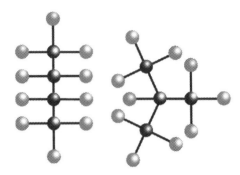

**Abb. 3.1**    Struktur von n-Butan (*links*) und Isobutan (*rechts*). (© Patrick Nugent)

Kohlenstoff und Wasserstoff aufgebaut. Die Alkane gehören zu den Hauptbestandteilen von Erdgas und Rohöl und sind daher von größter Bedeutung für die Herstellung von Treibstoff, Pestiziden, Medikamenten und vielen anderen Industrieprodukten.

Die Formel $C_4H_{10}$ sagt uns natürlich noch nichts darüber, wie die Kohlenstoff- und Wasserstoffatome verbunden sind, und erklärt nicht, warum es zwei Isomere von Butan gibt: Beim gewöhnlichen Butan, auch n-Butan genannt (n steht für „normal"), liegen die vier Kohlenstoffatome in einer Reihe, während beim Isobutan ein Kohlenstoffatom in der Mitte liegt und die Bindungen zu den drei anderen von ihm abgehen (Abb. 3.1). Die zwei Butanarten haben unterschiedliche Eigenschaften: n-Butan wird bei Temperaturen um 0 °C flüssig, Isobutan erst bei – 12 °C.

Das erste Mitglied der Alkan-Familie ist Methan ($CH_4$), das den Hauptbestandteil von Erdgas bildet, dann folgen Äthan ($C_2H_6$) und Propan ($C_3H_8$). Diese drei Gase haben keine Isomere, aber sie illustrieren ein weiteres wichtiges Bauprinzip: Ein Alkan mit $n$ Kohlenstoffatome besitzt $2n + 2$ Wasserstoffatome. Wie der Mathematiker William Clifford (1845–1879) herausgefunden hat, kann man mit der Formel $C_nH_{2n+2}$ die gesamte Familie der Alkane definieren (siehe Kasten).

Die bisher erwähnten Alkane sind allesamt bei Zimmertemperatur Gase, das auf das Butan folgende Pentan mit der Formel $C_5H_{12}$ ist dagegen eine flüchtige Flüssigkeit, die oft als Lösungsmittel verwendet wird – beispielsweise als Farbverdünner. Pentan hat drei Isomere: Bei der Standardversion, dem n-Pentan, liegen die fünf Kohlenstoffatome wieder in einer Reihe, während beim Isopentan ein Ast aus der Hauptreihe wächst und beim Neopentan ein Kohlenstoffatom in der Mitte eines Rings aus vier Kohlenstoffatomen sitzt.

Für den Wert von $n$ in der Alkanformel gibt es keine Obergrenze. Kerosin enthält Alkane bis zum Hexadekan ($C_{16}H_{34}$). Jenseits dieses Punkts sind die Alkane bei Zimmertemperatur feste Stoffe. Ab $C_{20}H_{42}$ bilden die Alkane Paraffine und werden zur Herstellung von Kerzen und anderen Wachsobjekten benützt (wobei „Wachs" eine irreführende Bezeichnung ist). Alkane jenseits von $C_{30}H_{62}$ kommen in Asphalt vor, der gewöhnlich in der Bauindustrie verwendet wird, während Alkane mit Tausenden von Atomen synthetisch im Labor hergestellt wurden.

Aber wie viele Isomere kann ein Alkan haben? Wie schon erwähnt, kommen Methan und Äthan nur in einer Form vor, Butan hat zwei, Pentan drei Isomere. Das nächste Alkan, Hexan ($C_6H_{14}$) hat fünf Isomere, das Heptan ($C_7H_{16}$)

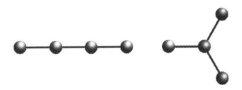

**Abb. 3.2**  Die zwei möglichen nicht bezeichneten Bäume mit vier Knoten. (© Patrick Nugent)

neun. Diese beiden Alkane sind die Hauptbestandteile von Benzin. Oktan ($C_8H_{18}$) hat 18 Isomere.

Wieder hat sich Cayley bemüht, ein Muster zu finden, wobei er nun mit der Kategorie der *nicht* bezeichneten Bäume fertigwerden musste.

## Das ewige Geheimnis der nicht bezeichneten Bäume

Die Struktur eines Alkanmoleküls ist ganz und gar durch die Anordnung der Kohlenstoffatome bestimmt. Die Wasserstoffatome, die die Außenseite besetzen, kann man in diesem Zusammenhang ignorieren. Da nun aber alle Knoten mit Kohlenstoffatomen besetzt sind, muss man sie nicht unterscheiden. Die Bäume sind daher nicht bezeichnet, es zählt nur die Gesamtform des Baums (Abb. 3.2).

Cayley hat eine elegante Formel für die bezeichneten Bäume gefunden, aber die Geschichte der nicht bezeichneten Bäume verlief ganz anders. Das Rätsel ist in der Tat bis heute ungelöst, und die Suche nach der genauen Formel geht weiter. Das Fehlen dieser Formel ist fatal. Wir kennen nur den Anfang der Folge: 1, 1, 1, 1, 2, 3, 6, 11, 23, 47, 106, 235, 551, 1301, 3159, 7741, 19320, 48629 …

Die bisher beste Näherungsformel wurde 1948 von Richard Otter entdeckt. Die Zahl der möglichen Bäume bei $n$ Knoten beträgt demnach ungefähr $a \cdot b^n \cdot n^{-5/2}$, wobei $a = 0{,}5349$ und $b = 2{,}9557$ ist.

Die Chemie sorgt hier für noch eine weitere Feinheit, da bei den Alkanen, wie erwähnt, ein Kohlenstoffatom an maximal vier andere gebunden werden kann. Das heißt, dass Alkan-Bäume begrenzt sind und an jedem Knoten höchstens vier Äste haben können. Die Mathematiker nennen das „Bäume mit Knoten der Valenz $\leq 4$". Diese Begrenzung macht die mathematische Analyse einfacher, wobei sie aber weit davon entfernt ist, problemlos zu sein.

Wenn auch eine Lösung noch aussteht, so hat doch das Werk Cayleys über nicht bezeichnete Bäume zu der folgenden Analyse der Zahl der Alkan-Isomere in Abhängigkeit von der Zahl der Kohlenstoffatome geführt (Tab. 3.1).

In die Tabelle sind noch einige Ergänzungen und Korrekturen eingearbeitet, die von späteren Theoretikern stammen, darunter von dem ungarischen Mathematiker George Pólya (1887–1985) in den 1930ern. Die Analyse stellt den größten Erfolg auf dem Gebiet der chemischen Graphentheorie dar, einem Gebiet, das immer noch sowohl die Chemiker als auch die Mathematiker inspiriert.

**Tab. 3.1** Zahl der Kohlenstoffatome und der Isomere der Alkane

| Kohlenstoffatome | Isomere |
| --- | --- |
| 1 | 1 |
| 2 | 1 |
| 3 | 1 |
| 4 | 2 |
| 5 | 3 |
| 6 | 5 |
| 7 | 9 |
| 8 | 18 |
| 9 | 35 |
| 10 | 75 |
| 11 | 150 |
| 12 | 355 |
| 13 | 802 |
| 14 | 1858 |
| 15 | 4347 |
| 16 | 10.359 |
| 17 | 24.894 |
| 18 | 60.523 |
| 19 | 148.284 |
| 20 | 366.319 |

### Definition der Familie der Alkane – Cliffords Beweis

1875 hat William Clifford die Alkan-Formel mathematisch bewiesen. Es lohnt sich, diesen eleganten Beweis etwas näher zu betrachten. Angenommen ein Alkan hat die

Formel $C_nH_m$, was heißt, dass es aus $n$ Kohlenstoffatomen und m Wasserstoffatomen besteht. Clifford hat gezeigt, dass $m = 2n + 2$ gilt.

Die entscheidende chemische Tatsache ist, dass in einem Alkan-Molekül jedes Kohlenstoffatom mit exakt vier anderen Atomen verbunden ist, weil die äußere Schale des Kohlenstoffatoms genau vier Elektronen enthält, mit denen eine Bindung zu anderen Atomen hergestellt werden kann – sofern wir von Doppelbindungen absehen. Jedes Wasserstoffatom ist mit nur einem anderen Atom verbunden. Addieren wir alle Bindungen für die $n$ Kohlenstoff- und m Wasserstoffatome, erhalten wir $4n + m$. Was bedeutet das? Es ist die Zahl der Äste im Netzwerk, wobei aber jeder Ast doppelt gezählt wird, nämlich einmal von jedem Ende her.

Eine grundlegende Eigenschaft von Bäumen ist nun aber, dass die Zahl der Äste, die aus den Knoten kommen, um eins kleiner sein muss als die Knotenzahl. Es gibt also $n + m - 1$ Äste. Nachdem nun aber die doppelte Zahl der Äste $4n + m$ ist, müsste die Verdopplung der Zahl der Äste (also der Übergang von $n + m - 1$ zu $2n + 2m - 2$) zum gleichen Ergebnis kommen. Es gilt also die Gleichung

$$2n + 2m - 2 = 4n + m.$$

Vereinfachen wir die Gleichung auf algebraische Weise, erhalten wir

$$m = 2n + 2$$

für das Verhältnis der m Wasserstoffatome zu den $n$ Kohlenstoffatomen. Damit haben wir die gewünschte Formel für die Anzahl der beiden Atome in einem Alkan-Molekül.

# 4
# Siegeszug der Algorithmen
## *Das Rückgrat des Computerzeitalters*

Im 21. Jahrhundert sind selbst Menschen im fortgeschrittenen Alter mit geringen technischen Kenntnissen schon einmal mit dem Begriff „Algorithmus" konfrontiert worden. Der Begriff ist in den Entwicklungsabteilungen der Software-Firmen und den Schlafzimmern der Computerfreaks entstanden, und die Autoren und Kommentatoren setzen in ihren Texten voraus, dass man weiß, was das ist.

Ganz einfach gesagt ist ein Algorithmus eine To-do-Liste: eine präzise Folge von Anweisungen, die zur Abwicklung einer Aufgabe befolgt werden müssen. Die Theorie der Algorithmen ist die wohl allerwichtigste wissenschaftliche Entwicklung des 20. Jahrhunderts. Heute ist der Begriff Algorithmus ein Synonym für ein Computerprogramm, und es ist ein Ergebnis der Theorie der Algorithmen, dass in der Mitte des 20. Jahrhunderts der Computer entwickelt werden konnte, der Programme speichert.

Die Ursprünge der Algorithmen liegen jedoch weit vor den Anfängen des Informationszeitalters. Wir müssen bis in das 9. Jahrhundert zurückgehen, in das Goldene Zeitalter der intellektuellen Blüte im Mittleren Osten und dort vor allem nach Persien.

# Von der quadratischen Gleichung zur Turing-Maschine

Weniger bekannt als seine Bedeutung ist die Herkunft des Begriffes „Algorithmus": Er ist vom Namen des persischen Gelehrten Ja'far Muhammad ibn Musa Al-Chwarizmi abgeleitet, der im Lateinischen kurz „Algoritmi" genannt wurde. Um das Jahr 820 gelangen ihm bei der Untersuchung von Gleichungen einige Durchbrüche, insbesondere ist Al-Chwarizmi für eine der berühmtesten (und bei Millionen von Schulkindern verhasstesten) Entdeckungen verantwortlich, der Formel zur Lösung quadratischer Gleichungen. In einer quadratischen Gleichung wird eine unbekannte Größe $x$ mit ihrem Quadrat $x^2$ verknüpft – was beispielsweise so aussehen kann: $x^2 + 3x + 2 = 0$.

Das mathematische Grundproblem, das Al-Chwarizmi anpackte, war die Bestimmung des Wertes $x$, der eine derartige quadratische Gleichung erfüllt. Eine Möglichkeit wäre, alle denkbaren Werte von $x$ auszuprobieren und dabei die vielen Fehlschläge wegzustecken. Al-Chwarizmi kam aber auf eine weit effizientere Methode. Er konnte zeigen, wie man die zwei Lösungen einer Gleichung für $x$ mit der allgemeinen Form $ax^2 + bx + c = 0$ finden kann. Die Lösung wurde über Generationen von Mathematikern (ja, und von Schulkindern) weitergegeben:

$$x = \frac{-b \pm \sqrt{b^2 - 4ac}}{2a}$$

Wie man sieht, hat die Gleichung *zwei* Lösungen, die durch die Alternative $\pm$ nach dem Term $-b$ gekennzeichnet sind.

Mit unseren Werten für *a, b* und *c* erhält man als Lösungen $x = -1$ und $x = -2$.

Al-Chwarizmi verfügte noch nicht über die Segnungen unserer knappen mathematischen Schreibweise, sondern musste seine Methode in Prosa erklären: „Zuerst multipliziere die Zahl b mit sich selbst. Dann ziehe viermal das Produkt von *a* und *c* ab und ziehe aus dem Ergebnis die Wurzel. Für die erste Lösung ziehe *b* von der Wurzel ab, bevor Du alles durch zweimal *a* dividierst. Für die zweite Lösung ziehe *b* von der negativen Wurzel ab und dividiere alles ebenfalls durch zweimal *a*.“

Man könnte die quadratische Gleichung auch als „quadratischen Algorithmus" bezeichnen. Mit Al-Chwarizmis Verfahren kann man sich Erfindungsreichtum oder ein gewisses Verständnis der Sache, um die es geht, eigentlich sparen: Man muss zum Lösen einer quadratischen Gleichung nur blind den angegeben Schritten folgen.

Während blinde Gefolgstreue im Rahmen der Wissenschaften nicht nach einer guten Sache klingt, wurden so präzise Handlungsanweisungen wie die Al-Chwarizmis dringend benötigt, als es um die Automatisierung des Rechnens ging. Es ist diese Präzision, die einen echten Algorithmus von einer fantasievolleren To-do-Liste der Art „Heile zuerst alle bekannten Krankheiten, dann fliege zu Alpha Centauri" unterscheidet.

In den 1930er Jahren hatte Alan Turing (1912–1954) eine Idee, bevor er im britischen Bletchley Park auf heldenhafte Weise die deutschen Geheimcodes knackte: Man muss die Handlungsanweisungen so sehr zerstückeln, dass man die Stücke automatisch abarbeiten kann, ohne dass der Mensch noch eingreifen muss. Diese sogenannten Turing-

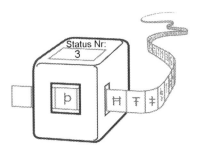

**Abb. 4.1** Skizze einer Turing-Maschine, die einen langen Streifen einliest und beschreibt. (© Patrick Nugent)

Maschinen (Abb. 4.1), die dazu in der Lage sind, waren theoretische Gebilde, die man eigentlich nicht real bauen wollte. Sie arbeiteten ganz mechanisch die Symbole irgendeines Alphabets ab, die auf langen Papierstreifen standen – wobei im Prinzip zwei Symbole (0 und 1) ausreichten. Die Maschinen konnten auch zwischen einer endlichen Zahl interner Einstellungen wechseln. Die Idee war, dass sich die Maschine den Streifen entlangarbeitet, dabei die Symbole liest, sie eventuell löscht oder ändert und dabei die internen Einstellungen nach einfachen Gesetzen wechselt. Ein solches Gesetz konnte beispielsweise so aussehen: „Liest Du 1, lösche den Eintrag, ersetze ihn durch 0, und gehe weiter. Liest Du 0, halte an." Das Potential, das in diesem seltsamen Gerät steckt, ist nicht auf Anhieb zu erkennen. Aber mit ein wenig Herumspielen ist es nicht allzu schwer, Turing-Maschinen zu konstruieren, die in der Lage sind, einfache Aufgaben zu lösen, darunter auch einfache mathematische Aufgaben. In den Turing-Maschinen wurden die ersten Modelle moderner digitaler Computer realisiert. Dieser technische Fortschritt stand für Turing aber nicht an erster Stelle, als er die Idee entwickelte. Er war wie sein Zeitgenosse Alonzo Church (1903–1995) in erster Linie an mathematischen Problemen interessiert, wozu die Lösung einfacher arithmetischer und quadratischer Gleichungen gehörte und die Frage, welche mathematischen Aufgaben mit Algorithmen gelöst werden konnten. Und, sogar noch wichtiger, welche *nicht* gelöst werden konnten.

Beim genaueren Hinsehen erweist sich die Fülle von Aufgaben, die von Turing-Maschinen gelöst werden können, als gewaltig. Durch die Arbeiten von Turing, Church und anderen Logikern wurde später klar, dass jede Frage, die mit irgendeinem Algorithmus oder in einem automatischen Prozess beantwortet werden kann, auch mit einer passenden Turing-Maschine beantwortbar ist. Mit anderen Worten: Turing-Maschinen sind die vollkommene Verkörperung für Berechenbarkeit.

## Rechnen bis in alle Ewigkeit

Die schwerwiegendste Frage für Turing und Church war, ob Algorithmen mächtig genug sind, um die gesamte Mathematik zu übernehmen und die menschliche Kreativität auszuschalten. Vielleicht konnten *alle* mathematischen Aufgaben auf einen Algorithmus reduziert werden? In den 1920ern befasste sich der herausragende deutsche Mathematiker David Hilbert (1862–1943) mit dieser Frage.

Schon im 18. Jahrhundert hatte der deutsche Mathematiker Christian Goldbach (1690–1764) vermutet, man könne jede gerade Zahl größer als 2 als die Summe zweier Primzahlen darstellen, also etwa $12 = 5 + 7$. Es ist sehr einfach, ein kleines Goldbach-Programm zu schreiben, das alle gerade Zahlen abfragt und anhält, wenn es eine findet, für die Goldbachs Aussage nicht gilt. Inzwischen ist Goldbachs Vermutung bis zur Zahl 4.000.000.000.000.000.000 bestätigt worden. Ist die Vermutung *richtig*, wird dieses Programm auf immer und ewig weiterlaufen. Ist sie *falsch*, wird es irgendwann anhalten. Mit einem Instrument, das man auch Orakel nennen könnte und das Vorhersagen erlaubt, ob irgendein Algorithmus ewig weiterläuft oder irgendwann anhält, hätte man eine mathematische Waffe von unschätzbarer Macht in der Hand: Die Richtigkeit von Goldbachs Vermutung wäre sofort geklärt – und damit auch eine Menge anderer wichtiger ungelöster mathematischer Fragen.

Turing konnte 1936, als er sich mit dem sogenannten „Halteproblem" befasste, allerdings zeigen, dass ein solcher Algorithmus nicht existieren kann: Keine Turing-Maschine (und damit sicher auch keine andere Prozedur) wird jemals in der Lage sein, ihre Aufgabe mit *allen* möglichen Algorithmen durchzuführen. Turing bewies das auf geniale Weise (siehe Kasten). Turing und Church kamen unabhängig voneinander zu dem Ergebnis, dass es einige Probleme gibt, die unentscheidbar sind und bleiben. Das Halteproblem ist eines der ersten Probleme, dessen Unentscheidbarkeit erkannt wurde.

Seit Turing wurde es immer klarer, dass unentscheidbare Probleme die gesamte Mathematik durchdringen. Das weit ausufernde Gebiet der Topologie liefert einige schöne Beispiele (siehe Kap. 16). Dort werden zwei Formen als „gleich" bezeichnet, wenn man die eine durch Ziehen oder Drücken (wenn nötig, auch ganz heftig) in die andere überführen kann, wobei es aber nicht erlaubt ist, die Form zu zerschneiden oder irgendwelche Teile aneinanderzukleben. Auf dieser Grundlage können einige überraschende Schlüsse gezogen werden. So sind beispielsweise eine Teekanne und eine Handschuh „gleich", während ein Pfannkuchen und ein Donut verschieden sind. Nun drängt sich eine Frage auf: Gibt es einen Algorithmus, der bestimmen kann, ob die Formen *irgendeines* Paars gleich sind – so wie Al-Chwarizmis Formel *jede* quadratische Gleichung lösen kann? Bemerkenswerterweise stellt sich heraus, dass keine Turing-Maschine diese Aufgabe jemals lösen kann – und dass wir daher darauf vertrauen können, dass es auch keine andere Möglichkeit gibt, um an dieses Ziel zu kommen. Das heißt nun nicht, dass es auf solche Fragen keine Antworten gibt. Im Gegenteil: Bei zwei Formen kann immer entschieden werden, ob sie gleich sind oder nicht. Der springende Punkt ist, dass es keine Methode gibt, um zu entscheiden, für welche Paare das gilt.

# Z3 und ENIAC: die ersten Computer

Bevor wir zu negativ über die Grenzen der Algorithmen denken, sollten wir uns daran erinnern, wie sehr die modernen Computer unsere Welt verändert haben. Ihre Stärke resultiert aus ihrer Fähigkeit, programmierbar zu sein, was sie wesentlich vom Taschenrechner unterscheidet.

Die theoretischen Grundlagen der heutigen programmierbaren Computer basieren auf Turings Arbeiten über die universellen Turing-Maschinen. Dass es sie gibt, war eine der größten Entdeckungen Turings, wobei der Beweis für ihre Existenz gar nicht so schwer ist, wie man denken könnte. Während das Reich aller möglichen Turing-Maschinen riesig ist, wäre eine universelle Turing-Maschine in der Lage, alle anderen nachzubilden, wenn man sie nur mit den richtigen Anweisungen in Form einer passenden Folge von Symbolen füttert. Einfach gesagt: Alles, was in irgendeiner Weise mit irgendwelchen mechanischen Mitteln berechnet werden kann, kann auch von einer universellen Turing-Maschine berechnet werden.

Rechenmaschinen haben natürlich einen weit zurückreichenden Stammbaum. Eine bemerkenswerte Entwicklungsstufe war die „Staffelwalzenmaschine", die Gottfried Leibniz (1646–1716) im Jahr 1672 erfand. Es war ein Gerät, das alle vier Grundrechenarten beherrschte. In der Mitte des 19. Jahrhunderts folgte Charles Babbage (1791–1871) mit seiner „Differenzmaschine", die noch viel weiter ging. Im frühen 20. Jahrhundert setzte sich der Fortschritt fort, wobei aber das Ziel der Entwicklung nicht ganz klar war. Erst mit Turings Beschreibung einer universellen Maschine war der Standard für alles Berechnen schließlich gesetzt, und Forschergruppen überall auf der Welt wussten nun, auf was sie zusteuern sollten: auf ein physikalisches Gerät, das genau dazu in der Lage war.

Die Hürden lagen hoch. Die Turing-Maschine war als theoretischer Durchbruch von größter Bedeutung, aber die Umsetzung in die Praxis ging nicht voran: Die Maschine konnte mit dem Benutzer nur über endlos lange Lochstreifen kommunizieren, die zweifellos irgendwann zerrissen oder sich verknäulten. Zudem musste sie drucken, einlesen und gedruckte Symbole interpretieren, was eine mühsame, langsame, teure und fehleranfällige Angelegenheit ist. Alles in allem war dieses Gerät wohl nicht mehr als ein wenig versprechender Prototyp. Doch die Aussichten, die mit ihm verbunden waren, nämlich alles berechnen zu können, waren es wert, dafür zu kämpfen.

Eine der ersten funktionierenden Maschinen dieser Art war der ENIAC (Electronic Numerical Integrator and Computer), den das US Ballistics Research Laboratory in Maryland gebaut hatte. Der ENIAC wurde 1946 zum ersten Mal gestartet und war ein so großes Monster, dass er ein Appartement füllen konnte. Er wog 27 Tonnen, bestand aus mehr als 17.000 Vakuumröhren und erhielt seine Information nicht durch Lochstreifen, sondern durch Lochkarten, diese speicherte er dann intern mit „Flip-Flops" ab, also mit elektronischen Schaltern, die eine von zwei verschiedenen Positionen einnehmen können. Den ENIAC zu programmieren war ein mühsames Geschäft, das erforderte, wochenlang Kabelverbindungen zu stecken und Schalter an den richtigen Stellen anzubringen. Wie auch immer: Irgendwann arbeitete das „Riesengehirn", wie es bald genannt wurde. Einmal korrekt eingerichtet, konnte es bis zu 5000 Rechenoperationen pro Sekunde durchführen. Trotzdem blieb noch reichlich viel zu verbessern.

Die universelle Turing-Maschine bot einen Hinweis auf ein wichtiges Prinzip der Computerkonstruktion. Jeder Algorithmus (oder jede Turing-Maschine) bekommt einen Input, mit dem er startet. Um beispielsweise eine quadratische Gleichung lösen zu können, benötigt er als Input die Werte von *a, b* und *c*. Darüber hinaus benötigt eine universelle Turing-Maschine aber einen ganz speziellen Input, der den Algorithmus beschreibt, der durchgeführt werden soll. Der eine Input besteht also aus den Daten, der zweite ist das Programm. Es ist dabei bemerkenswert, dass eine universelle Turing-Maschine zwischen beiden nicht unterscheidet: Beide Inputs sind nur Symbole auf einem Lochstreifen oder auf Lochkarten. Der ENIAC *machte* aber einen Unterschied: Während er die Daten von Lochkarten einlas, war das Programm im Gerät in Form jener mühsam installierten Kabel und Schalter eingebaut. Wie der Mathematiker und Computerpionier John von Neumann (1903–1957) feststellte, war dieser unterschiedliche Umgang mit Daten und Programmen aber unnötig: Turing hatte ja schon gezeigt, dass man auch Programme als Daten behandeln und speichern kann.

Der Traum von einem Computer mit eingespeichertem Programm ging mit den Nachfolgegeräten des ENIAC in Erfüllung, wie etwa dem EDVAC (Electronic Discrete Variable Automatic Computer). Er ging 1951 an den Start und verwendete seinen Speicher wie eine Turing-Maschine einen Lochstreifen: sowohl zum Lesen und Verarbeiten von Daten wie auch, um ein Programm einzuspeichern, das ablaufen sollte. In Deutschland war es Konrad Zuse (1910–1995), der schon 1936 eine ähnliche Idee hatte. Seine Z3, die 1941 in Betrieb ging, nahm viele der Entwicklungen in den USA vorweg, blieb aber wegen der Isolation Deutschlands in der NS-Zeit weitgehend unbemerkt.

Der EDVAC war gegenüber dem ENIAC auch in anderer Hinsicht eine Verbesserung. Während der ältere Computer mit dem üblichen Dezimalsystem arbeitete, beruhte der EDVAC auf dem Binärsystem, das mit nur zwei Ziffern auskommt. Während also der ENIAC Wege finden musste, die Ziffern 0 bis 9 zu bearbeiten und zu speichern, waren es beim EDVAC nur 0 und 1. Diese Binärzahlen (besser bekannt als „Bits", siehe Kap. 32) können leicht als die

Stellung eines einzigen Schalters gespeichert werden – oder, wie auf heutigen Festplatten, in der Magnetisierung kleiner Einheiten.

Der Computer, oder genauer gesagt, der binäre Computer mit einem eingespeicherten Programm, ist zweifellos eine der größten Erfindungen in der Geschichte der Menschheit und hat auf die heutige Welt einen unermesslichen Einfluss. Und der Computer hat viele Eltern! Charles Babbage wurde wegen seiner „analytischen Maschine" (Analytical Engine), der Nachfolgerin der „Differenzmaschine" (Difference Engine), zum „Vater des Computer" erhoben, während Ada Lovelace (1815–1852), die mit dem Gerät arbeitete, manchmal als die „Mutter der Programmierung" bezeichnet wird. Mit gutem Grund wird jedoch Alan Turing als der Vater der Computerrevolution des 20. Jahrhunderts gerühmt. Die tieferen Grundlagen dieser Entwicklung sind aber die auf den ersten Blick trockenen und praxisfernen Abwägungen der mathematischen Logik – und die Neugier eines Persers im 9. Jahrhundert.

---

### Turings geniale Lösung des Halteproblems

Das Halteproblem, mit dem Turing kämpfte, besteht in der Frage, ob ein Algorithmus A, der mit bestimmten Inputdaten I abläuft, irgendwann zum Halt kommt oder nicht.

Zur Lösung stellen wir uns ein Orakel O vor, das immer die Antwort weiß. Wenn wir ihm den Algorithmus A und den Input I mitteilen, erhalten wir die Antwort: O wird „Halt" ausdrucken, wenn A bei einer Eingabe I zum

Halten kommt, oder „Schleife", wenn der Algorithmus endlos weiterläuft.

An diesem Punkt werden die Dinge etwas seltsam. Turing hatte die Idee, den Algorithmus mit seinem *eigenen* Quellcode laufen zu lassen. Wie seltsam das auch klingt: Das Orakel O sollte trotzdem entsprechend „Halt" oder „Schleife" ausdrucken.

Turing brütete dazu ein paradoxes neues Programm P aus. Mit einem Input A fragt das Programm P, wie O auf A reagiert und macht dann eines von zwei Dingen: Ist der Output von O „Schleife", druckt P die Zahlen 1, 2 und 3, und hält dann an. Ist aber der Output von O „Halt", fängt P an zu zählen (1, 2, 3, 4, 5 ...) und hört nie mehr damit auf.

Mit anderen Worten: Wenn O beim Input von A anhält, läuft P ewig weiter – und umgekehrt. Mit einem letzten Trick wird dann P mit seinem eigenen Code gefüttert. Zählt P dann bis 3 oder läuft das Programm ewig weiter? Im ersten Fall ist nach Definition der Output von O „Schleife" – das passiert aber nur, wenn P beim Input P nie anhält.

Umgekehrt wird P aber nur dann ewig weiterlaufen, wenn der Output von O „Halt" ist, was aber heißt, dass P beim Input P anhält. Dieser Schluss ist ein Widerspruch in sich: P hält beim Input P genau dann an, wenn es das nicht tut. Die einzige Lösung dieses Dilemmas ist, dass es jenes allwissende Orakel-Programm O nicht geben kann. Damit wird das Halteproblem zur „Mutter" aller unentscheidbaren Probleme.

# 5

# Was ist die richtige Perspektive?

## Die projektive Geometrie und die Welt der Kunst

Wird eine Eisenbahnlinie geplant, weiß jeder Ingenieur, der sein Geld wert ist, dass es ein fundamentales Gesetz gibt, das unbedingt eingehalten werden muss: Die beiden Schienen müssen parallel verlaufen, also überall den gleichen Abstand haben. Jede Abweichung von diesem Grundprinzip – jenseits enger Toleranzgrenzen – führt zur Entgleisung des Zuges und zur Katastrophe. Mit dem Bild der Schienen, das ein Künstler auf die Leinwand bannt, ist es ganz anders. Fällt der Blick auf die Gleise nicht senkrecht von oben, muss der Maler seine Fähigkeiten einsetzen, um die Illusion paralleler Schienen herzustellen. Verlaufen die Gleise zum Horizont hin, wird er ihren Abstand mit wachsender Entfernung immer kleiner werden lassen, bis sie sich dann in einem Punkt am Horizont, dem Fluchtpunkt, treffen. Auf diese Weise wird eine dreidimensionale Perspektive erzeugt.

Überall auf der Welt gab und gibt es Kunstrichtungen, die die Perspektive meiden, und Kinder treiben in ihren Bildern ihr Spiel mit Perspektive und Größenverhältnissen. Die Kunst des Mittelalters entwickelte Annäherungen an die Perspektive. Mit einer sorgfältigen Analyse von Fluchtpunkten, die dem Künstler eine realistische Darstellung von Tiefe erlaubte, begann aber die westliche Kunst erst mit der Renaissance. Der Kunsthistoriker Ernst H. Gombrich hat es in seinem 1953 in deutscher Sprache erschienenen Klassiker *Geschichte der Kunst* so dargestellt: „Erst Brunelleschi gab den Künstlern die mathematischen Hilfsmittel an die Hand, dieses Problem zu lösen, und die Aufregung, mit der seine Malerfreunde die Erfindung begrüßten, muss ungeheuer gewesen sein."

Dieser Pionier unter den Malern von Florenz, der 1377 bis 1446 lebte, zeichnete sich zuerst in der Architektur und nicht in der Kunst aus, zum Beispiel entwarf er den berühmten Dom von Florenz. Seine Versuche auf dem Gebiet der Perspektive erwiesen sich aber als höchst einflussreich, insbesondere, nachdem sie sein Malerkollege Leon Battista Alberti (1404–1472) in seiner Abhandlung *De pictura* (in deutscher Übersetzung: *Über die Malkunst*) weiter ausgearbeitet hatte.

Hinter den Erfindungen der Renaissancekünstler des 15. Jahrhunderts und der realistischen Künstler des 19. Jahrhunderts steht, wie auch hinter den Bildtechniken des Computerzeitalters, die mathematische Grundlage der Perspektive: die „projektive Geometrie".

## Horizonte und Dualität

Die ersten Maler, die mit der Perspektive experimentierten, wählten nur *einen* Fluchtpunkt, der genau in der Mitte des Bildes lag. Zu diesem Punkt erstreckten sich Alleen oder Häuserreihen, um dann dort zu verschwinden und den

Blick des Betrachters dabei mit sich zu ziehen. Es gab aber keinen Grund, sich so zu beschränken. Die Künstler begriffen sehr schnell, dass auch mehrere Fluchtpunkte möglich waren. Wenn, um unser Beispiel noch einmal aufzugreifen, das Bild der Bahngleise eine Gablung zeigt, können die zwei Schienenpaare in verschiedener Richtung in der Entfernung verschwinden und damit zwei Fluchtpunkte produzieren.

Man könnte nun fragen, wie viele Fluchtpunkte möglich sind. Die Antwort ist: Es gibt keine Grenzen, es gibt einen in jede Richtung, in die ein Schienenpaar verlaufen kann. Alle möglichen Fluchtpunkte liegen auf einer Linie, die man als Horizont bezeichnet.

Als sich die Mathematiker an die Untersuchung der Eigenschaften der Perspektive machten, entdeckten sie die fundamentale Tatsache der Dualität, dass nämlich viele geometrische Objekte und Theoreme paarweise auftreten. Dieses nützliche Prinzip hat sich zuerst in der Theorie dreidimensionaler Körper herauskristallisiert. Stellen wir uns beispielsweise einen Würfel vor. Markiert man in der Mitte jeder Fläche einen Punkt, verbindet jeweils die benachbarten Punkte mit Geraden und vergisst den ursprünglichen Würfel, wird durch die Geraden ein neues dreidimensionales Gebilde aufgespannt: ein Oktaeder. Die Mathematiker sehen in diesen beiden Formen duale Gegenstücke: Die acht Ecken des Würfels entsprechen den acht Flächen des Oktaeders und umgekehrt (Abb. 5.1). Führt man die gleiche Prozedur mit dem Oktaeder aus, erhält man den Würfel. Diese Verwandtschaft spiegelt sich in den Zahlenverhältnissen der beiden Formen wieder: Während der Würfel sechs Flächen und acht Ecken hat, hat der Okta-

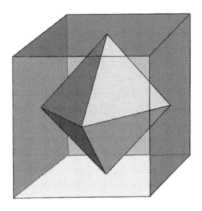

**Abb. 5.1**    Würfel und Oktaeder sind duale Formen. (© Patrick Nugent)

eder acht Flächen und sechs Ecken. Mehr noch: In jeder Ecke des Oktaeders treffen sich vier Flächen, was sich in der Eigenschaft des Würfels widerspiegelt, dass er Flächen mit vier Ecken hat (also Quadrate). Umgekehrt treffen sich beim Würfel jeweils drei Flächen in einem Eck. Es ist kein Zufall, dass der Oktaeder aus Dreiecksflächen aufgebaut ist.

Ganz ähnlich ist es mit dem Dodekaeder: Er hat 20 Ecken und 12 fünfeckige Flächen, von denen jeweils drei in einem Eck aufeinandertreffen. Der duale Partner des Dodekaeders ist der Ikosaeder mit 12 Ecken, 20 dreieckigen Flächen, die sich jeweils zu fünft in einer Ecke treffen.

Die genannten höchst symmetrischen Gebilde sind als Platonische Körper bekannt. Sie bestehen aus gleichen Flächen, nämlich regelmäßigen Polygonen. Der fünfte und letzte der Platonischen Körper ist der Tetraeder, der aus vier dreieckigen Flächen besteht, die sich in den vier Ecken jeweils zu dreien treffen. Der Tetraeder ist selbst-dual: Vertauscht man Flächen und Ecken, erhält man wieder einen Tetraeder.

Dualität tritt in der Geometrie immer wieder auf, selbst schon im ersten geometrischen Gebilde, das intensiv untersucht wurde: der unendlich großen zweidimensionalen Ebene. Sie hat Euklid in seinem berühmten Buch Τα Στοιχεια (in deutscher Übersetzung u. a. unter dem Titel *Die Elemente*) ca. 300 v. Chr. analysiert. Er beschäftigte sich zuerst mit den einfachsten Objekten auf einer Ebene, mit einzelnen Punkten und geraden Linien.

Das erste der Axiome Euklids für die Ebene lautet: „Man kann eine gerade Strecke von einem Punkt zu einem anderen Punkt ziehen." So wie zwei Punkte verbunden werden können, um eine Gerade zu definieren, können sich zwei Geraden kreuzen, um einen Punkt zu definieren: Die duale Behauptung von Euklids Axiom ist das Gesetz: „Zwei Geraden schneiden sich exakt in einem Punkt". Diese Dualität wurde im Lauf der Zeit ausgenützt, um eine Reihe weit komplizierterer geometrischer Theoreme zu beweisen, es verblieb aber ein quälendes Problem: Die Dualität war nicht total, denn Parallelen verletzen unbequemerweise das duale Gesetz, weil sie sich nie schneiden.

# Unendlich ferne Punkte: die Welt als Projektion

Hier lieferte wieder die Welt der Kunst einen Diskussionsbeitrag. Girard Desargues (1591–1661) hat im 17. Jahrhundert zu diesem geometrischen Hindernis festgestellt, dass es *doch* eine Welt gibt, in der sich Parallelen schneiden: die Leinwand des Künstlers. Seine geniale Idee war, die euklidische Ebene in der gleichen Weise zu behandeln wie den Malhintergrund einer Leinwand. Er fügte in die Fläche Fernpunkte ein, wie sie die Mathematiker nennen. Das Bild eines Fernpunkts auf der Leinwand ist dann ein Fluchtpunkt.

Dieser erweiterte Raum wird *projektiver Raum* genannt. Er besteht aus der gewöhnlichen ebenen Fläche und einer zusätzlichen Geraden, auf der die Fernpunkte liegen. Das Ganze ist nicht ganz so leicht zu erklären wie die originale Ebene Euklids. Das Lohnende ist, dass nun die Dualität zwischen Punkten und Geraden perfekt funktioniert und total ist: *Jedes* Punktepaar kann mit genau einer Geraden verbunden werden, und *jedes* Geradepaar schneidet sich in genau einem Punkt. Es gibt nun keine Parallelen mehr, die sich nicht schneiden.

Diese Entdeckung führte zu vielen schönen geometrischen Resultaten, zur Verfeinerung eines schon lange hoch verehrten Theorems aus der Antike sowie zur Entwicklung eines neuen Theorems.

Das erste der genannten beiden Theoreme wurde schon lange vor der Entdeckung der projektiven Geometrie von Pappos von Alexandria im 4. Jahrhundert bewiesen und zählte zu den bekanntesten Resultaten auf diesem Gebiet. Wir wollen uns zwei beliebige Geraden vorstellen und auf jeder drei beliebige Punkte (A, B und C; a, b und c). Dann ziehen wir sechs Geraden: von A nach b und c, dann von B nach a und c und zuletzt von C nach a und b (Abb. 5.2). Nun richten wir unser Augenmerk auf drei besondere Stellen: Die erste ist der Schnittpunkt der Geraden Ab und Ba (1), die zweite der Schnittpunkt von Bc und Cb (2), der

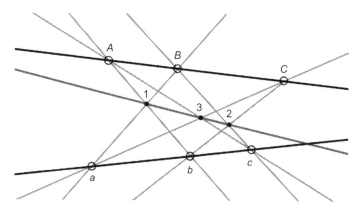

**Abb. 5.2**  Das Theorem von Pappos besagt, dass die Punkte 1, 2 und 3 auf einer Geraden liegen müssen. (© Patrick Nugent)

dritte der Schnittpunkt von Ac und Ca (3). Pappus kam zu dem wunderschönen und unerwarteten Ergebnis, dass auch diese drei Schnittpunkte auf einer Geraden liegen müssen.

Die projektive Welt liefert uns eine Lösung für die eine missliche Ausnahme von Pappos' Regel, wenn nämlich die Geraden Ab und Ba parallel sind. Das Problem verschwindet, weil wir mit der projektiven Geometrie sicher sein können, dass sich auch diese Geraden irgendwo schneiden.

Kehren wir nun wieder in die Welt der Kunst zurück, beispielsweise zu einer realistischen Abbildung eines Hauses. Einige Merkmale erscheinen dem Betrachter näher und entsprechend größer, während andere weiter entfernt und kleiner aussehen. Wir sind alle mit diesem Effekt vertraut, den die Künstler als perspektivische Verkürzung bezeichnen. Um diese Illusion überzeugend zu gestalten, muss man zu guten Tricks greifen.

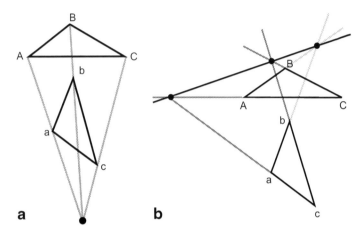

**Abb. 5.3** Das Theorem von Desargues liefert ein Kriterium, mit dem man bestimmen kann, ob zwei Dreiecke in Perspektive sind. (© Patrick Nugent)

Geometrisch bedeutet die Forderung, dass das reale Haus mit dem gemalten Haus in *Perspektive* ist, dass also ein Lichtstrahl von einer bestimmten Stelle des realen Hauses auf seinem Weg in das Auge des Betrachters durch die gleiche Stelle des gemalten Hauses geht, wenn die Bildfläche zwischen realem Haus und Auge liegt. Aber wie kann man das abschätzen? Girard Desargues hat mit der neuen projektiven Geometrie ein unerwartetes Kriterium gefunden, um herauszufinden, ob zwei Dreiecke in Perspektive sind. Wir stellen uns zwei Dreiecke mit den Ecken ABC und abc vor, die in Perspektive sind (Abb. 5.3a). Dann verbinden wir A mit a, B mit b und C mit c. Verlängern wir diese Linien über abc hinaus, treffen sie sich alle in einem Punkt, der in der Kunst als „Auge des Betrachters" bezeichnet wird.

Desargues bewies nun, dass diese zwei Dreiecke nur dann genau in Perspektive sind, wenn noch ein zweites, dem Anschein nach ganz andersartiges Kriterium erfüllt ist. Wenn wir die jeweils auf einander bezogenen *Seiten* der Dreiecke (AB und ab usw.) nehmen und verlängern, garantiert die projektive Geometrie, dass sie sich irgendwo schneiden. Verfahren wir mit den anderen Seitenpaaren (AC und ac; BC und bc) ebenso, erhalten wir drei neue Punkte (Abb. 5.3b). Desargues' Theorem besagt, dass diese drei Punkte genau dann auf einer Geraden liegen, wenn die zwei Dreiecke in Perspektive sind.

# Wie orientieren sich Roboter?

Desargues' Beobachtung war ein großer Schritt in Richtung eines besseren Verständnisses der Geometrie der Perspektive und öffnete ein weites Feld neuer Techniken für malende Künstler, weil diese durch sie nun mit einer größeren Zahl von Perspektiven umgehen konnten.

Nehmen wir jetzt an, ein Künstler will ein Gebäude skizzieren und dabei einen Eindruck von Tiefe vermitteln. Zeigt er das Haus von vorn, wird er die linken und rechten Wände, die in Wirklichkeit parallel sind, so zeichnen, dass ihre Verlängerungen in einem Fluchtpunkt weit hinter dem Haus zusammenlaufen (Abb. 5.4a). Er kann auch alle vier Seitenwände des Hauses so zeichnen, dass ihre Verlängerungen in zwei Fluchtpunkten zusammenlaufen, die auf dem Horizont liegen (Abb. 5.4b). Hat der Künstler nun noch den Wunsch, die Szenerie aus der Vogelperspektive darzustellen, lässt er die senkrechten Wände in einem

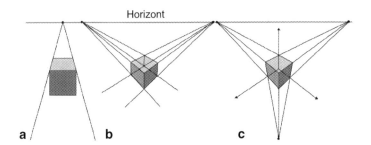

**Abb. 5.4** Perspektiven mit 1, 2 und 3 Fluchtpunkten. (© Patrick Nugent)

dritten Fluchtpunkt zusammenlaufen, der tief unter der Grundfläche liegt (Abb. 5.4c).

Diese Technik einer Perspektive mit drei Fluchtpunkten erzeugt sehr eindrucksvolle Illusionen von Dreidimensionalität. Sie zeigt auch, dass die Leistungen der projektiven Geometrie nicht auf eine zweidimensionale Ebene beschränkt sind. Mathematisch gesehen kann auch der gesamte dreidimensionale Raum in einen projektiven Raum ausgedehnt werden: Im dreidimensionalen Raum gibt es in jeder möglichen Richtung einen neuen Fluchtpunkt, das heißt, dass die Gesamtheit der zusätzlichen Fluchtpunkte in unendlicher Ferne nun nicht auf einer Geraden, sondern auf einer zweidimensionalen Ebene liegt.

In den Augen der Geometer liegt die Schönheit projektiver Räume darin, dass sie lästige Sonderfälle wie parallele Geraden oder Flächen vermeiden. Im 21. Jahrhundert spielt das Konzept der projektiven Räume aber auch eine zentrale Rolle bei technologischen Entwicklungen wie der automatischen Bilderkennung (oder „Computervision"). Blickt ein menschlicher Betrachter auf ein zweidimensionales Bild, das perspektivisch gezeichnet ist, kann er automatisch in seinem Kopf die dreidimensionale Szenerie rekonstruieren. Die Technologen kennen diesen Prozess als „Bildentstehung". Im digitalen Zeitalter ist es immer wichtiger geworden, zu verstehen, wie diese Bildentstehung funktioniert. Die Idee bei der Darstellung von Bildern im Computer ist, eine Software zu entwickeln, die das Gleiche zu tun vermag wie ein menschlicher Betrachter. Die projektive Geometrie ist bei diesen Anstrengungen ganz wesentlich. Sie findet inzwischen beispielsweise Anwendung in der Robotik (siehe Kap. 33). Das ist eine ganz natürliche Entwicklung, da für einen mit einer Kamera bewaffneten Roboter, der längs eines Schienenpaars blickt, die Schienen wie für einen Menschen in einem Fluchtpunkt am Horizont zusammenlaufen.

Die projektive Geometrie ist auch bei ausgeklügelten Versuchen beteiligt, das Orientierungsvermögen und das räumliche Gedächtnis zu verstehen. Stellen wir uns beispielsweise einen Roboter vor, der zu einer offenen Zimmertür kommt und die Szenerie im Inneren des Zimmers betrachtet. Später wird er dann in dieses Zimmer gestellt. Die Herausforderung für den Roboter ist, seine aktuellen Eindrücke und seine Erinnerung zu verarbeiten und herauszufinden, wo er sich nun relativ zur Tür befindet. Er nimmt jetzt vielleicht einige vertraute Gegenstände wahr: die Uhr auf der Garderobe, die grüne Tasse auf dem Tischchen usw. Der Roboter hat also mit seinen aktuellen und früheren Bildausschnitten eine Sammlung zweidimensionaler Bilder, mit denen er arbeiten und die er vergleichen kann. Er wird sie alle durchforsten und versuchen, Punkte im einen Bild auf Punkte im anderen Bild zu beziehen. Die Frage ist: Wie viele Punktpaare sind nötig, um das Problem zu lösen? Es ist klar, dass ein oder zwei Paare nicht ausreichen.

1997 haben die beiden Forscher Oliver Faugeras und Steve Maybank mit schlüssigen Argumenten aus dem Bereich der projektiven Geometrie gezeigt, dass es für einen Roboter genügt, fünf Punkte aufeinander zu beziehen, damit er seinen neuen Ort exakt feststellen kann. Es dürfen aber nicht irgendwelche fünf Punkte sein. Sind die Punkte ungünstig gewählt, beträgt die Chance, dass der Roboter seine neue Position richtig bestimmt, nur zehn Prozent. Maybank kam außerdem zu dem überraschenden Ergebnis, dass es auch mit unendlich vielen Punkten unmöglich ist, die Position genau zu bestimmen, wenn die Punkte unpassend ausgewählt sind.

Aus einer ganz anderen Perspektive, der Perspektive der Geschichte, hat uns eine lange, aber sehr produktive Reise vom Blick Brunelleschis bis zum Blick eines modernen Roboters geführt – eine Reise, die von den Anstrengungen von Mathematikern, Künstlern, Computerwissenschaftlern und anderen begleitet wurde. Mehr noch: Es gab interessante Episoden in der Vergangenheit, die heute wieder Konjunktur haben. Vor Jahrhunderten haben byzantinische Ikonographen in ihrer Kunst die „inverse" Perspektive verwendet, indem sie ihren Fluchtpunkt nicht auf den fernen Horizont, sondern in den Vordergrund des Bildes setzten, sodass die Figuren und Objekte im Hintergrund des Bildes größer statt kleiner wurden. Für die orthodoxen Christen im Byzantinischen Reich verkörperte das vermutlich die Natur Gottes, der alles sieht. Die gleiche Technik wurde von modernen digitalen Künstlern wiederentdeckt, die von deren ungewöhnlichen visuellen Resultaten fasziniert sind.

# 6

# Der gepixelte Planet
## Die Mathematik der Digitalfotografie

In der Welt der Fotografie hat sich seit der Daguerreotypie und den steifen Portraits mit viktorianischer Pose in Studios, die von der obligaten Säule und der Topfpflanze geprägt waren, viel verändert. Einiges ist aber gleich geblieben: Jeder gute Fotograf weiß, dass die Qualität eines Fotos von der Komposition, der Belichtungszeit und natürlich von der Art des Objekts abhängt. Jeder Fotograf wünscht sich eine Spitzenkamera mit den besten Linsen, die er sich leisten kann. Und die Fotografen haben immer mit den impressionistischen Malern die Besessenheit für die Natur und Qualität des Lichts geteilt – denn was enthält ein Bild anderes als Licht und Farbe?

Abgesehen davon hat es aber eine Revolution gegeben. Wenn wir auf der ästhetischen Ebene immer noch das Endresultat der Kunst eines Fotografen nach den üblichen Kriterien beurteilen, ist es höchst wahrscheinlich – und heute fast unvermeidlich –, dass diese Resultate mit den digitalen Mitteln des 21. Jahrhunderts erzeugt wurden. Dieser Übergang von der Ära der Dunkelkammer, der Filme und der Chemikalien zur neuen Welt der Computerbildschirme und der binären Information hat den technischen Prozess der Herstellung des endgültigen Bildes grundlegend verändert. Dabei hat sich auch verändert, was wir unter „endgültig" zu verstehen haben: Während man früher vorsichtig retuschiert hat, legen wir uns heute mit Photoshop ins Zeug.

Im Mittelpunkt der digitalen Revolution stehen die Pixel: Einzelpunkte, die eine bestimmte Farbe repräsentieren und millionenfach die digitalen Fotografien bevölkern. Wie man diese Informationen (und in der digitalen Welt müssen wir daran erinnern, dass es sich um „Informationen" handelt) am besten speichert und bearbeitet, ist eine fundamentale mathematische Frage. Die Fortschritte der Theorie haben zu großen ständigen Verbesserungen der Technik beigetragen.

## Die Pixel und ihre Eigenschaften

Alle wissen, dass ein digitales Bild umso höher aufgelöst ist, je mehr Pixel es hat. Eine hohe Auflösung bedeutet, dass wir ein Bild sehr stark vergrößern können, ohne dass es merklich in seine Einzelpunkte zerfällt. Heute produzieren Digitalkameras typischerweise Bilder mit 3 bis 16 Megapixeln (1 Megapixel = 1 Mio. Pixel), es gibt inzwischen auch Spezialkameras mit bis zu 200 Megapixeln. Wenn wir aber nicht vorhaben, ein Bild in der Größe eines Fußballfeldes auszudrucken, nützt uns so etwas wenig.

Digital gesprochen ist die Pixeldichte eine der Größen, die die Qualität eines Bildes bestimmen. Ein zweiter Faktor ist das Spektrum der Farben, die ein Pixel annehmen kann. Das Minimum an Farbwerten ist zwei: Schwarz und Weiß. Ein Computer wird das in seinem Binärcode so ausdrücken, dass er jedem Pixel ein „binary digit" oder kurz Bit zuweist: 0 für Schwarz, 1 für Weiß.

Mit dem Binärcode kann man auch Bilder mit einer größeren Farbpalette beschreiben. Einige der ersten Computer, wie der berühmte Acorn-BBC-Microcomputer, benützten drei Bits zur Beschreibung des Zustands eines Pixels, die den drei Grundfarben entsprachen: Rot, Grün und Blau. Das erste Bit gab an, ob die rote Komponente ein- oder ausgeschaltet war, das zweite und dritte bestimmte die anderen beiden Grundfarben. Schwarz entsprach 000 (alle drei Komponenten waren ausgeschaltet), 100 war Rot, 010 Grün und 001 Blau. Die Kombination der drei Bits ermöglichte weitere Farben, so war 110 eine Mischung von Rot und Grün (Gelb), während 101 für Rot und Blau stand (Magenta) und 011 für Blau und Grün (Cyan). Alle drei Grundfarben (111) ergaben zusammen Weiß.

Mit diesem Ansatz waren also insgesamt acht Farben möglich, weil jeder der drei Bits nur die Werte 0 oder 1 annehmen konnte. Mathematisch ausgedrückt gilt $8 = 2^3 = 2 \cdot 2 \cdot 2$. Natürlich haben die modernen Bilder weit mehr als acht Farbmöglichkeiten. Der TrueColor-Standard weist jedem Pixel einen Code mit 24 Bits zu, also beispielsweise 10011001 00000000 00110011. Wie bei dem simplen RGB-System (Rot-Grün-Blau) werden die 24 Bits in drei Bytes gegliedert, in diesem Fall in drei Bytes zu je 8 Bits, die dann wieder für Rot, Grün und Blau stehen. Unser Beispiel steht für ein Pixel in rötlichem Pink. Jedes Pixel kann im TrueColor-System $2^{24}$ verschiedene Farben annehmen, das sind 16.777.216 Möglichkeiten! Das scheint selbst für unsere wählerischsten Bedürfnisse auszureichen, weil man davon ausgehen kann, dass diese Zahl die Zahl der Farben übertrifft, die das menschliche Auge unterscheiden kann.

Aus diesen farbigen Pixeln wird das Gesamtbild aufgebaut. Digital gesprochen haben wir „nur" eine Liste von
Informationen, die jedes Pixel beschreiben. Als Beispiel
stellen wir uns ein einfaches Bild vor, das aus einem quadratischen Gitter von $8 \times 8$ Pixeln, also 64 Pixeln besteht.
Wir wollen die Pixel mit $p_1, p_2, \ldots p_{64}$ bezeichnen. Der Einfachheit halber wollen wir nur Grautöne zulassen, die von 0
(Weiß) bis 100 (Schwarz) reichen. Wir können nun jedem
Pixel $p$ eine „Farbe" aus dieser Auswahl zuweisen, die wir
$c$ nennen wollen. Damit wird das gesamte Bild durch den
folgenden algebraischen Ausdruck beschrieben:

$$c_1 p_1 + c_2 p_2 + c_3 p_3 + \cdots + c_{64} p_{64}.$$

Wir wollen nun ein Bild annehmen, in dem alle „Farben"
ein mittleres Grau sind ($c = 50$ auf der Skala von 1 bis 100)
– ausgenommen das erste Pixel, das weiß ist ($c = 0$). Damit
erhält man:

$$0 p_1 + 50 p_2 + 50 p_3 + \cdots + 50 p_{64}.$$

Das durch alle Farbcodes ($c_1 = 0$ usw.) definierte Bild wird
nun gespeichert.

Das wesentliche hinter dieser Idee ist ziemlich klar. Aber
unser 64-Pixelbild mit einer Grauskala ist in Zeiten von
10-Megapixel-Kameras reichlich rückständig. Würde man
die TrueColor-Skala nützen, müsste man weit mehr Speicherplatz zur Verfügung stellen. Ein 10-Megapixel-Bild
mit TrueColor frisst 30 MB Speicherplatz, was dazu führt,
dass die Übertragung von der Kamera in den Computer
sehr viel Zeit braucht, dass die Festplatte möglicherweise

zu schnell voll wird und dass es Schwierigkeiten macht, die Bilder per Mail zu verschicken.

Glücklicherweise gibt es Tricks, das Bild zu schrumpfen und ein kleineres File zu erzeugen, ohne dass die Qualität merklich leidet. Das ist aber ein Problem, zu dessen Lösung ein wenig mehr ernsthafte Mathematik herangezogen werden muss. Die Strategie beruht darauf, wiederkehrende Muster in den Daten auszunützen. So kann beispielsweise auf einem Urlaubsschnappschuss vom Strand ein großer Teil des Bildes aus blauem Himmel bestehen, und es wäre reine Verschwendung, die endlos vielen Informationen „$p_1$ ist helles Blau, $p_2$ ist helles Blau ….“ zu speichern. Erstrahlt das oberste Drittel des Bildes in hellem Blau, genügt *eine* platzsparende Angabe: „Die ersten 2 Mio. Pixel sind helles Blau“. Fassen wir unsere Informationen auf diese Weise zusammen, wird aus der Beschreibung des obigen 64-Pixelbildes in Mittelgrau das Folgende:

$$c_1 = 0;\ c_2 = c_3 = \cdots = c_{64} = 50$$

Aktuelle Standardcodierungen von Bildern wie JPEG (benannt nach den Entwicklern, der Joint Photographic Experts Group) gehen auf eine etwas andere Weise vor. Statt jedem Punkt oder einer bestimmten Fläche einen genauen Farbwert zuzuweisen, drücken sie das Gesamtbild als die Summe von Basisbildern aus. Für unser $8 \times 8$-Gitter in Grau (Abb. 6.1) gibt es eine Bibliothek von 64 solchen Basisbildern, die im Fachjargon als „diskrete Kosinustransformationen“ (2D-DCT oder two-dimensional discrete cosine transformations, Spektralkoeffizienten) bezeichnet werden. Für sich allein gesehen sind diese Basisbilder von begrenz-

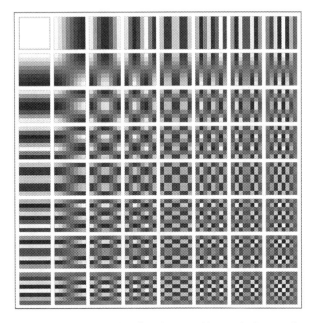

**Abb. 6.1**  Die 64 Basisbilder für ein 8 × 8-Gitter mit Graustufen. (© Patrick Nugent)

tem Nutzen, aber wenn man sie gewichtet und kombiniert, können wunderbare Dinge passieren.

Wir wollen das zeigen, indem wir zu unserem 8 × 8-Gitter zurückkehren und die 64 Basisbilder mit $B_1$, $B_2$, …., $B_{64}$ bezeichnen. Nun können wir jedem ein Gewicht zwischen 0 und 100 geben, wobei 0 heißt, dass das Bild überhaupt nicht verwendet wird, und 100, dass es in voller Stärke auftritt. Das Gesamtbild wird nun in unserem Beispiel durch $95\,B_1 + 5\,B_2$ ausgedrückt, das heißt, dass $B_1$ mit 95 % Stärke gezeigt und von $B_2$ mit nur 5 % Stärke überlagert wird.

Das entscheidende mathematische Theorem sagt hier, dass *jedes nur denkbare* Bild in unserem 8 × 8-Gitter (es sei P genannt) durch die Summe der entsprechend gewichteten Basisbilder ausgedrückt werden kann. Gewichtet man also die Basisbilder ($B_1$, $B_2$, ..., $B_{64}$) mit den entsprechenden Werten ($w_1$, $w_2$, ..., $w_{64}$), ergibt die Kombination unser Bild P. Mathematisch kann man das so ausdrücken:

$$P = w_1 B_1 + w_2 B_2 + w_3 B_3 + \cdots + w_{64} B_{64}.$$

Das sieht elegant aus, aber spart es auch Speicherplatz? Es scheint nicht so. Wir hatten in unserem Beispiel 64 Pixel mit Grauwerten zwischen 0 und 100 – nun haben wir 64 Basisbilder, die jeweils mit einem Wert zwischen 0 und 100 gewichtet werden. Die Gesamtzahl der zu speichernden Daten bleibt 64. Fragt man aber nach dem Bild-Management, gibt es gute Gründe, den Ansatz mit der Spektralzerlegung zu bevorzugen. Insbesondere passt diese Methode besser, wenn es bestimmte Muster im Gesamtbild gibt. Merkmale wie ein einfarbiger Himmel oder eine gleichmäßig gemusterte Tapete heben sich in den Daten besser hervor.

Es gibt auch eine kleine Mogelei, mit der man den Speicherplatzbedarf bei der Variante mit den Basisbildern verringern kann. Wenn wir uns schon auf eine Methode der Datenkompression einlassen, die auch grundsätzlich zu einem Verlust an Qualität führt, ist es viel leichter, das auf eine Weise zu machen, die das menschliche Auge wahrscheinlich nicht wahrnimmt. Die Erfahrung sagt uns, dass kleinere Unterschiede im Gewicht eines hochaufgelösten Basisbilds (unten rechts in Abb. 6.1) vom menschlichen Auge nicht so leicht erkannt werden, wie Unterschiede im Gewicht der gröberen Basisbilder (oben links). Daraus folgt, dass wir hohe Qualität dort einsetzen sollten, wo sie wichtig ist, während wir dort Speicherplatz sparen können, wo eine Einbuße der Qualität nicht auffällt. Man kann also die hochaufgelösten Basisbilder mit einer gröberen, beschnittenen Skala von 1 bis 10 statt mit der vollen Skala von 1 bis 100 bewerten.

Noch mehr Speicherplatz kann man außerdem sparen, wenn man einfach alle Basisbilder weglässt, deren Gewicht kleiner als ein vorgegebener Schwellenwert ist, der beispielsweise 3/100 betragen könnte. Das führt zu einer drastischen Verkleinerung der Datenmenge, ohne dass das menschliche Auge Änderungen wahrnimmt.

## Alle Bilder dieser Welt

Wie viele Bilder gibt es überhaupt? Das klingt nach einer tiefen philosophischen Frage, auf die es keine Antwort gibt. In der digitalen Welt ist diese Frage aber nicht so abstrakt. Denken wir wieder an unser Gitter mit seinen Grautönen. Es hat 64 Pixel mit Werten von 0 bis 100. Die Gesamtzahl der Möglichkeiten beträgt in diesem Fall $101^{64}$. Mit anderen Worten: Es gibt mehr Möglichkeiten als Atome im sichtbaren Universum – und das, obwohl wir uns auf Grautöne beschränkt haben! Für ein 10 Megapixel-Bild mit TrueColor-Farben gibt es gar atemberaubende $10^{117.440.512}$ Möglichkeiten. In dieser Zahl sind alle Digital-Bilder enthalten, die irgendein Mensch mit einer 10 Megapixel-Kamera je gemacht hat oder je machen wird.

Aber die Zahl dieser vielleicht ganz interessanten Bilder wird noch bei Weitem von der Zahl derer überboten, die *nie* gemacht werden. Das Reich *dieser* Bilder könnten wir mit Pixelwüste bezeichnen. Gibt es eine Möglichkeit, die kleinere Zahl der interessanten Bilder von diesem visuellen Rauschen zu trennen? Könnte man den Pool der interessanten Pixelkombinationen isolieren, wäre es viel einfacher, irgendeine bestimmte Fotografie in diesem Teilgebiet zu finden als in dem Reich *aller* Möglichkeiten. Natürlich hat man sich mit dieser Frage schon längst auseinandergesetzt.

Wie schon erwähnt, werden die Basisbilder als „diskrete Kosinustransformationen" bezeichnet. In jeder Transformation folgt das Grau einer Kosinuswelle – wobei im Unterschied zu einer gewöhnlichen Welle, die ganz glatt verläuft, das gepixelte Bild Sprünge von Pixel zu Pixel aufweist: Es ist also nicht kontinuierlich, sondern *diskret.* In den oberen Basisbildern läuft die Welle von links nach rechts, in den Basisbildern der linken Spalten von oben nach unten. Darüber hinaus ändert sich die Frequenz von Basisbild zu Basisbild: Sie ist in der oberen linken Ecke klein, in der unteren rechten Ecke aber groß. (Mehr zu den Wellenformen siehe Kap. 29.)

Es gibt aber noch andere Verfahren, um ein Bild aufzulösen. Das Format JPEG 2000 bezieht mehr als das gewöhnliche JPEG zweidimensionale „Wavelets" (kleine Wellen – der Schweizer würde vielleicht „Wellili" sagen) mit ein, wobei aber die Grundidee die gleiche ist. In einem 10-Megapixel-Bild beträgt die Zahl der Gewichte für ein Bild 10 Mio. anstelle der 64 bei unserem kleinen Gitter. Es gibt aber tatsächlich ein Kriterium, nach dem man interessante Bilder von Rauschen unterscheiden kann: Bei einem interessanten Bild sind um die 99 % der Gewichte 0 oder so nahe 0, dass die entsprechenden Basisbilder weggelassen werden können. Das heißt, dass nur 1 % oder 100.000 der 10 Mio. Werte wirklich benötigt werden.

Wenn wir im Voraus wissen, welche der Basisbilder dieses entscheidende eine Prozent bilden werden, wäre die ganze Prozedur viel leichter. Die Lösung des Problems schien ausgeschlossen, aber 2004 haben Emmanuel Candès und Terence Tao einen Weg gefunden. Ihre Technik, auf die sie völlig unerwartet und gegen alle Vermutungen stießen, wird „komprimierte Abtastung" (compressed sensing) genannt. Statt das Bild bezüglich der Intensität der einzelnen Pixel oder des Gewichts der Wavelets zu vermessen, analysierten sie, wie gut es mit einem völlig zufällig gewählten Bild aus einer Sammlung von 300.000 Zufallsbildern übereinstimmte. (Sie verdreifachten die vermutlich nötige Zahl der Zufallsbilder, um sicherzugehen.)

Entscheidend ist, dass in einem Zufallsbild jedes Wavelet seine eigene Markierung hat, die man den Daten entnehmen kann. Aus diesen Beobachtungen kann man abschätzen, welche Wavelets involviert sind und wie hoch ihr Gewicht ist. Das Verfahren funktioniert nicht für *alle* Bilder, aber das Theorem von Candès und Tao zeigt, dass es mit hoher Wahrscheinlichkeit funktioniert, solange nicht allzu viele Wavelets im Originalbild vorkommen. Nachdem das aber genau das Kriterium ist, das von „interessanten" Bildern erfüllt wird, erwies sich der Prozess als erstaunlich effektiv. Der Beweis der Effizienz des Konzepts wurde in Form einer „1-Pixel-Kamera" erbracht, die von Richard Baraniuk und Kevin Kelly konstruiert wurde. Mit nur einem visuellen Detektor, der die Szene mit einer Reihe von Zufallsbildern vergleicht, kann die Kamera aus ihrer Wavelet-Basis Bilder mit unerwartet hoher Präzision rekonstruieren.

Der Vorteil der komprimierten Abtastung besteht darin, dass sie 97 % der Informationsflut verwirft, die die Kamera aufnehmen und speichern müsste. Das mag für unsere Fotoapparate nicht besonders sinnvoll sein, wohl aber für selbständige Sensoren, die ortsfest angebracht sind und über lange Zeit Informationen sammeln.

Die komprimierte Abtastung beruht auf der Tatsache, dass interessante Bilder vergleichsweise sparsam aufgebaut sind: Nur ein kleiner Teil der Wavelets taucht in einem Bild auf. Ähnliche Techniken, wie beispielsweise die „sparsame Repräsentation" (sparse representation), werden in vielen anderen Gebieten angewandt, vor allem auch bei der Gesichtserkennung. Ein menschliches Gesicht, das man zuvor noch nicht gesehen hat, kann beschrieben werden, indem man seine Ähnlichkeit mit anderen, schon bekannten Gesichtern angibt. Wieder wird es so sein, dass das Gesicht einigen anderen Gesichtern stark ähnelt (Menschen von gleichem Alter, Geschlecht, von gleicher Hautfarbe usw.), aber sehr vielen anderen äußerst unähnlich ist. Diese Einsicht lässt eine sparsame Abbildung zu und beschleunigt die Analyse und das Erkennen.

Die Anwendung der komprimierten Abtastung und der sparsamen Repräsentation kennt keine Grenzen. Weitere Möglichkeiten für den Einsatz dieser aufregenden neuen Technik umfassen Sensoren auf Satelliten und in der unbemannten Raumfahrt. Das alles ist das Resultat des Blicks mit einem mathematischen Auge auf die ehrwürdige Kunst der Fotografie.

# 7

# Die Dynamik des Sonnensystems

## Die Mathematik der Planetenbewegung

Die Astronomen im antiken Griechenland machten am Nachthimmel eine erstaunliche Beobachtung: Unter den Tausenden von leuchtenden Nadelstichen gab es ein paar Lichtpunkte, die sich bewegten. Sie nannten sie πλανη της, also „Wanderer" (oder auch „Streuner"). Die Beziehung zwischen unserer Welt, dem Mond, den Fixsternen und jenen mysteriösen wandernden Planeten war Jahrtausende lang ein Ansporn für wissenschaftliche Untersuchungen. Es ging dabei nicht nur um Neugier. Im Zeitalter der Seefahrt war vielmehr ein tiefes Verständnis des Nachthimmels wesentlich für die Navigation, deren Resultate für das Leben vieler Tausender und das Schicksal ganzer Nationen entscheidend waren.

Über einige Jahrhunderte hinweg war daher die Entzifferung der Geometrie des Himmels die wohl wichtigste praktische Anwendung der Mathematik. Diese Wissenschaft wurde dann schließlich im 16. und 17. Jahrhundert durch die Arbeiten einiger der größten europäischen Gelehrten auf solide Füße gestellt.

Die ersten Kosmologen waren mit einem verwirrenden Bild konfrontiert. Schon 250 v. Chr. schlug der griechische Astronom Aristarch ein heliozentrisches Sonnensystem vor, also ein System mit der Sonne im Zentrum. Die Idee war nicht sehr populär. Man war der Ansicht, dass der Anblick der Sterne ständig wechseln müsste, wenn sich die Erde wirklich über so große Entfernungen im Weltall bewegte. Aristarch machte eine bedeutende Beobachtung, mit der er diesen Einwand entkräften konnte: Die Sterne mussten viel weiter entfernt sein, als man zuvor annahm. Aber ohne einen soliden Beweis reichte das nicht aus, um gegen die Skeptiker zu gewinnen.

Es wurden auch andere Modelle des Kosmos vorgeschlagen. Der pythagoreische Philosoph Philolaos hatte schon zuvor behauptet, die Erde, die Sonne, die Planten und die Sterne würden alle auf festen Sphären um ein „Zentralfeuer" kreisen, und jenseits der Erde gebe es eine Gegenerde, deren Anblick uns aber verborgen sei.

Es war aber das geozentrische Modell mit der Erde im Mittelpunkt, das zum Standardmodell wurde. In der Version, die im 2. Jahrhundert von Ptolemäus beschrieben wurde, beherrschte es für mehr als tausend Jahre die Kosmologie. Im ptolemäischen Modell liegt die Erde im Zentrum, und die anderen Himmelskörper kreisen in ineinander gefügten Sphären um sie: zuerst der Mond, dann Merkur, Venus, die Sonne, Mars, Jupiter, Saturn und die Fixsterne – und in der letzten Sphäre der „erste Beweger", der das gesamte System in Rotation versetzt.

# Der Erfolg der Heliozentriker

Fast eineinhalb Jahrtausend später war es dann Nikolaus Kopernikus (1473–1543), der die Sonne wieder ins Zentrum des Planetensystems rückte, eine Idee, die letzten Endes den Konsens über das ptolemäische System ablöste. Das Modell, das Kopernikus 1543 in seinem Buch *De revolutionibus orbium coelestium* (in deutscher Übersetzung 1879 mit dem Titel *Über die Kreisbewegung der Weltkörper*) vorstellte, erklärte weit ausholend die beobachteten Bewegungen der Himmelskörper. Kopernikus war klar, dass die Erde ein Planet wie alle anderen ist. Er stellte auch fest, dass zwar der Mond die Erde umkreist, dass uns aber die Sonne am Himmel ihre Bewegung um die Erde nur vorspielt. Ihr morgendlicher Aufgang und der Sonnenuntergang am Abend und die Jahreszeiten sind lediglich die Folge der eigenen Bewegung der Erde, also ihrer Drehung um die Erdachse, und der Tatsache, dass sie sich gleichzeitig auf einer Bahn um die Sonne bewegt.

Kopernikus' Ergebnisse wurden bald durch experimentelle Befunde unterstützt, die Galileo Galilei (1564–1642) mit einem selbstentworfenen Fernrohr machte. Als sich aber die Beweise für die neue Theorie häuften, nahmen auch die Kontroversen um sie zu. Kopernikus war selbst ein katholischer Geistlicher, und die katholische Kirche ignorierte anfangs weitgehend seine Schriften. Die offizielle Lehre stützte weiterhin voll und ganz das geozentrische Modell und sah den Heliozentrismus in vollkommenem Gegensatz zur Heiligen Schrift. Es schien unannehmbar, dass der Mensch, ein Ebenbild Gottes, auf einem Himmelskörper am Rande und nicht im Zentrum des Kosmos lebte. Wie man weiß, wurde Galileis Unterstützung des kopernikanischen Systems zur Quelle eines großen Konflikts – insbesondere 1632 nach dem Erscheinen seines *Dialogo... sopra i due massimi sistemi del mondo, tolemaico e copernicano* (in deutscher Übersetzung 1891 unter dem Titel *Dialog über die beiden hauptsächlichen Weltsysteme, das ptolemäische und das kopernikanische*). Galilei wurde im folgenden Jahr der Ketzerei angeklagt und zum Widerruf gezwungen. Den Rest seines Lebens stand er unter Hausarrest. Trotzdem drangen seine Ideen in das zeitgenössische Denken ein, und Ausgaben seines Werks erschienen in Teilen des protestantischen Europas. Die Struktur des Kosmos begann schließlich in den Köpfen der Menschen eine neue Gestalt anzunehmen.

Während sich Galilei in Italien darum bemühte, die Grundwahrheiten des kopernikanischen Systems zu etablieren, war der in Weil der Stadt geborene Johannes Kepler (1571–1630) schon dabei, die nächste Frage zu stellen: Wie sehen die Bahnen der Erde und der Planeten aus, wenn diese sich wirklich um die Sonne bewegen? Der Schluss, dass es Kreisbahnen sein mussten, wurde sowohl von Kopernikus wie auch von Galilei geteilt. Er war naheliegend und nachvollziehbar – aber er war falsch. Die richtige Lösung wurde in den ersten Jahren des 17. Jahrhunderts gefunden und war auf die Daten gestützt, die im Jahrhundert davor der dänische Astronom Tycho Brahe (1546–1601) gesammelt hatte. Anders als Galilei machte Brahe seine nächtlichen Beobachtungen lieber mit dem bloßen Auge als mit dem Fernrohr. Trotzdem gelang es ihm, in 38 Jahren einen Schatz an astronomischen Daten anzuhäufen, wie ihn die

Welt in dieser Genauigkeit zuvor nicht gesehen hatte. Brahe vertrat die Ansicht, dass seine Daten sein eigenes „tychonischen" Modells des Kosmos stützten, das eine Mischung aus ptolemäischem und kopernikanischem Modell darstellt: Die Sonne und der Mond umkreisen die Erde, während die Planeten um die Sonne kreisen. Der wirkliche Durchbruch gelang aber erst Brahes Assistenten Johannes Kepler.

Wie Galilei kam auch Kepler in Konflikt mit den kirchlichen Autoritäten. Für den gläubigen Christen, der studiert hatte, um evangelischer Geistlicher zu werden, stellte seine heliozentrische Überzeugung ein großes Problem dar, stand sie doch auch im Gegensatz zu den Ansichten Luthers in dieser Sache. Seine Auseinandersetzungen mit dem Katholizismus verliefen auch nicht glücklicher, und 1600 floh er mit seiner Familie aus dem katholischen Österreich nach Prag, um dort bei Brahe zu arbeiten, der dort unter dem Schutz von Kaiser Rudolf II. forschte. Nur ein Jahr später starb Brahe.

Kepler war schon ein Anhänger der Theorie von Kopernikus, doch als er die Daten Brahes genauer analysierte, musste er feststellen, dass insbesondere die Bahn des Mars mit einer Kreisbahn unvereinbar war. Dagegen passte eine ähnliche Form perfekt: die Ellipse.

Die Ellipse ähnelt dem Kreis, ist aber etwas gestaucht und gestreckt. Auch ihre mathematische Definition ist der des Kreises sehr ähnlich. Ein Kreis ist durch zwei Größen definiert: seinen Mittelpunkt C und den Abstand von ihm, nämlich den Radius $r$. Der Kreis ist als der Ort aller Punkte definiert, die genau den Abstand $r$ vom Punkt C haben. Algebraisch formuliert ist der Kreis die Gesamtheit aller Punkte mit den Koordinaten $(x, y)$, für die $x^2 + y^2 = r^2$ gilt.

Das kann man umordnen in:

$$\frac{x^2}{r^2} + \frac{y^2}{r^2} = 1.$$

Eine Ellipse kann ähnlich definiert werden, aber der Mittelpunkt muss durch zwei besondere Punkte, die Brennpunkte ersetzt werden. Ob ein Punkt auf einer Ellipse liegt, hängt nicht vom Abstand von einem Mittelpunkt ab, sondern von der Summe der beiden Abstände von den Brennpunkten. Diese Summe ist für alle Punkte der Ellipse gleich.

Die Gleichung einer Ellipse sieht ganz ähnlich wie die eines Kreises aus, enthält aber die zwei Größen $a$ und $b$, die auch Halbachsen genannt werden und den Radius r ersetzen. Die Ellipse hat dann die Gleichung:

$$\frac{x^2}{a^2} + \frac{y^2}{b^2} = 1.$$

Hier repräsentiert $a$ (die große Halbachse) den maximalen Abstand, den ein Ellipsenpunkt vom Zentrum haben kann, $b$ (die kleine Halbachse) den minimalen Abstand.

Diese Gleichung zeigt, dass der Kreis nicht mehr als ein Spezialfall einer Ellipse mit $a = b = r$ ist. Die beiden Brennpunkte fallen im Mittelpunkt des Kreises zusammen. Diese kleinen algebraischen Tricksereien rechtfertigen die Annahme, die Ellipse sei ein gestauchter Kreis. Die Ähnlichkeit hat zur Folge, dass viele der bei Kreisen mit Erfolg angewandten Techniken auch für Ellipsen brauchbar sind.

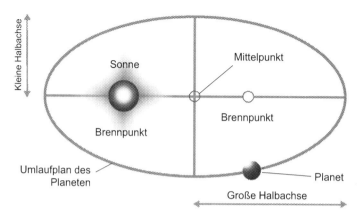

**Abb. 7.1** Keplers erstes Gesetz gibt an, dass sich Planeten auf elliptischen Bahnen um die Sonne bewegen. (© Patrick Nugent)

# Bewegungen in Raum und Zeit

Kepler unternahm seine Ellipsenstudien in den ersten Jahrzehnten des 17. Jahrhunderts und stellte seine drei berühmten Gesetze der Planetenbewegung auf – die ersten beiden im Jahre 1609.

In Keplers erstem Gesetz sind die Umlaufbahnen der Planeten Ellipsen, und die Sonne steht in einem der Brennpunkte (Abb. 7.1). Im Fall der Erde ist die Ellipse fast kreisförmig, was man mit einer Maßzahl angeben kann, die Exzentrizität genannt wird. Sie gibt an, wie gestreckt bzw. gestaucht eine Ellipse ist. Die Exzentrizität beträgt

$$\sqrt{1 - \frac{b^2}{a^2}}$$

wobei *a* und *b* die beiden Halbachsen sind. Im Fall des Kreises gilt *a* = *b*, und die Exzentrizität beträgt 0. Der Wert für die Erdumlaufbahn ist nahe 0, nämlich genau 0,02. Die entsprechenden Halbachsen sind a = 149,60 Mio. km und b = 149,58 Mio. km. Wenn man nicht genau misst, sieht die Umlaufbahn der Erde wie ein Kreis aus.

Im Gegensatz dazu beträgt die Exzentrizität der Bahn des Kometen Halley etwa 0,97. Die Bahn entspricht überhaupt nicht einem Kreis, sondern ist sehr langgestreckt. Entsprechend unterschiedlich sind die Halbachsen: a = 2663 Mio. km, b = 623 Mio. km.

Die größtmögliche Exzentrizität einer Ellipse beträgt 1, und je näher sie diesem Wert kommt, umso langgestreckter ist sie. Unter den Planeten des Sonnensystems hat der Merkur die größte Exzentrizität (0, 21). Bei Pluto ist dieser Wert mit 0,25 zwar größer, doch wurde ihm 2006 der Planetenstatus aberkannt. Mars, der im Mittelpunkt des Interesses Keplers stand, hat eine Exzentrizität von etwa 0,09.

Keplers erstes Gesetz war zwar ein großen Durchbruch beim Verständnis der Geometrie unseres Universums, aber nur ein Schritt, denn noch sagte es nichts über die *Geschwindigkeit* des umlaufenden Planeten aus. Brahes astronomische Beobachtungen überzeugten Kepler, dass die Planeten nicht mit konstanter Geschwindigkeit umliefen. Sie sind tatsächlich nahe der Sonne schneller unterwegs als in größerer Entfernung von ihr. Dieses Verhalten formulierte Kepler in seinem zweiten Gesetz (Abb. 7.2). Er stellte sich vor, dass der Planet über eine große Stange mit der Sonne verbunden war und nahm an, dass die Fläche, die von dieser Stange in jeder Minute überstrichen wird, immer gleich ist, unabhängig davon, wo sich der Planet auf seiner Um-

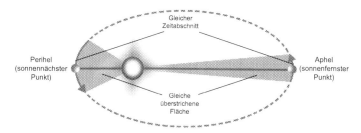

**Abb. 7.2** Keplers zweites Gesetz besagt, dass die Fläche, die eine Verbindungslinie von der Sonne zum Planeten in einer bestimmten Zeit überstreicht, immer gleich und vom jeweiligen Ort des Planeten unabhängig ist. (© Patrick Nugent)

laufbahn befindet. Das Gesetz gilt natürlich für jeden Zeitabschnitt, nicht nur für eine Minute.

Keplers drittes Gesetz wurde aus den ersten zwei abgeleitet und folgte ein Jahrzehnt später im Jahre 1619. Es verknüpft die Länge der Umlaufbahn mit der Zeit, die nötig ist, um sie zu durchlaufen. Jeder wird annehmen, dass ein Planet umso mehr Zeit für einen Umlauf braucht, je länger die Umlaufbahn ist, einfach wegen der zusätzlichen Strecke, die er durchlaufen muss. Andererseits bewegen sich aber Planeten mit kleineren Umlaufbahnen schneller als die mit größeren. Deshalb ist das genaue Verhältnis nicht auf Anhieb klar. Kepler formulierte die Antwort in einem scharfsinnigen Gesetz. Ist die Umlaufzeit des Planeten (also die Dauer seines Jahres) $T$ und die Länge der großen Halbachse (also die maximale Distanz von der Sonne) $a$, dann ist $T^2$ proportional zu $a^3$.

Die Werte von $T$ und $a$ variieren natürlich von Planet zu Planet. Kepler nahm an, dass es eine bestimmte Zahl $K$ gibt, die von der Sonnenmasse abhängt, sodass für jeden Planeten $T^2 = K \cdot a^3$ gilt. In unserem Sonnensystem beträgt

$K = 2{,}97 \cdot 10^{-19}$, wenn $T$ in Sekunden und a in Meter angegeben wird. Das ist aber nur eine Näherungslösung, für einen exakten Wert muss man auch noch die Masse des Planeten berücksichtigen. Da aber die Masse der Sonne tausendmal größer ist als selbst die des Jupiter, des größten Planeten im Sonnensystem, kann man für die meisten Anwendungen die Planetenmasse ignorieren. In sogenannten binären Sternsystemen jedoch, in denen zwei Sterne oder Schwarze Löcher im All aneinandergekettet sind und einander umkreisen, muss Keplers Gesetz angepasst werden, um die Masse *beider* beteiligter Himmelskörper zu berücksichtigen.

Im Fall der Erde verknüpft das dritte Gesetz Keplers die längere Bahnachse (a = 149,6 Mio. km) mit der Dauer des Jahres ($T$ = 31.536.000 s). Beim Mars ist hingegen $a$ = 228 Mio. km. Mit Keplers Formel kann man nun die Länge des Marsjahres berechnen. Es dauert

$$T = \sqrt{2{,}97 \cdot 10^{-19} \cdot \left(228 \cdot 10^{9}\right)^{3}}\ s,$$

was rund 687 Erdentagen entspricht.

## Newton und die Schwerkraft

Mit seinen drei Gesetzen hat Kepler die Bewegungen der Planeten genau beschrieben und damit einen wesentlichen Beitrag zur Astronomie geliefert. Er hat allerdings nicht erklärt, *warum* die Planeten auf Ellipsenbahnen um die Sonne laufen und warum sie gerade diese Geschwindigkeit haben. Die Erklärung dieser Phänomene musste auf Isaac Newton (1643–1727) warten.

Während Kopernikus, Galilei und Kepler unter den Konflikten mit den Autoritäten litten, gehörte Newton selbst zum Establishment – trotz seiner unorthodoxen religiösen Ansichten. Im Laufe seines Lebens hatte er den Lucasischen Lehrstuhl für Mathematik der University of Oxford inne, war Parlamentsmitglied, „Master" der königlichen Münzanstalt und Präsident der Royal Society. Für seine Dienste wurde er von Queen Anne zum Ritter geschlagen. Newton zeigte auch ein tiefes Interesse für Optik und Teleskope (siehe Kap. 27).

1687 lieferte Newton mit dem universellen Gravitationsgesetz, das in seiner *Philosophiae Naturalis Principia Mathematica* (meist kurz mit *Principia* bezeichnet; in deutscher Übersetzung u. a. 1872 als *Mathematische Prinzipien der Naturlehre*) formuliert wurde, einen maßgebenden Beitrag zu unserem Verständnis des Sonnensystems. Das Gesetz besagt, dass alle Körper mit Masse einander anziehen. Das gilt für die Planeten, Monde und Sterne ebenso, wie für den legendären Apfel Newtons. Diese Schwerkraft oder Gravitation nimmt mit wachsendem Abstand der Körper ab.

Genauer gesagt: Die Schwerkraft zwischen zwei Körpern ist *proportional* zu jeder der beiden Massen ($m$ und $M$) und nimmt proportional zum Quadrat ihres Abstands ($r^2$) ab. Sie ist also proportional zum Produkt der beiden Massen und umgekehrt proportional zum Quadrat ihres Abstands.

Um die Schwerkraft von $m$ auf $M$ bei einem Abstand $r$ zu bestimmen, benötigt man noch eine weitere Größe, die sogenannte Gravitationskonstante $G$, die ein Maß für die Proportionalität ist. Ihr Wert beträgt $6{,}67 \cdot 10^{-11} \mathrm{m}^3\,\mathrm{kg}^{-1}\mathrm{s}^{-2}$.

Mit dieser zusätzlichen Information erhält man nun die Schwerkraft als

$$F_G = \frac{G \cdot M \cdot m}{r^2}.$$

Im Fall von Erde und Sonne ist die Sonnenmasse $M = 1{,}99 \cdot 10^{30}$ kg, die Erdmasse $m = 5{,}97 \cdot 10^{24}$ kg und der mittlere Abstand $r = 1{,}49 \cdot 10^{8}$ km. Damit beträgt die Schwerkraft etwa $4 \cdot 10^{22}$ Newton (die Einheit der Kraft ist nach Newton benannt, es gilt $N = kg \cdot m/s^2$). Diese Zahlen sind „astronomisch" groß – und das nicht nur im wörtlichen Sinn. Wie aber der amerikanische Quantenphysiker Richard Feynman sagte, ist das Prinzip der Schwerkraft, wie es Newton formuliert hat, „einfach, und daher schön".

Newton gelang es auch, mit den mathematischen Techniken seiner Entdeckung das dritte Kepler'sche Gesetz abzuleiten. Mit diesem Schritt war die lange Reise von der geozentrischen Sicht auf die Himmelskörper, die die Erde umkreisen, bei einem eindrucksvollen wissenschaftlichen Verständnis der Umlaufbahnen und der Zusammenhänge von Sonne, Planeten und Monden angelangt. Das war aber noch nicht alles: Newton konnte beispielsweise nicht angeben, was die Schwerkraft verursacht. Zum anderen blieb noch das Problem, das Zusammenspiel von mehr als zwei Körpern im All zu beschreiben, also etwa von Sonne, Mond und Erde (siehe Kap. 24). Das Wichtigste aber war, dass nun die Erde ihren richtigen Platz im Sonnensystem gefunden hatte. Das war vielleicht eine demütigende Erkenntnis, sie beruhte aber auf Ehrfurcht einflößenden Beobachtungen in der Kombination mit eindrucksvollen mathematischen Einsichten.

# 8

# Denkmaschinen
## Die Mathematik des maschinellen Lernens

Intelligenz in Maschinen zu erzeugen, ist eine gewaltige Aufgabe und, wenn wir Hollywood glauben, auch ein verhängnisvolles Vorhaben. Wollen wir denn wirklich ein Gerät aus Metall, Plastik und Elektronik zusammenbauen, das *denken* kann wie wir? Kein Wunder, das Science-Fiction-Autoren und Drehbuchschreiber das Thema immer wieder aufgegriffen haben und unglückselige Menschen gegen bösartige, kluge Maschinen antreten ließen. Gewöhnlich siegen die Menschen, weil in ihre mechanischen Hilfsknechte noch irgendwelche fatalen Fehler eingebaut sind. Aber das ganze Genre beweist ein bleibendes Unbehagen, das von den kühnen Aussagen nicht besänftigt wird, die in den 1950ern auf einer Konferenz am Dartmouth College fielen, auf der die Künstliche Intelligenz (KI) als Forschungsgebiet aus der Taufe gehoben wurde: „Jede Art von Lernen oder jede andere Form von Intelligenz kann im Prinzip so präzise beschrieben werden, dass man eine Maschine bauen kann, die alles simuliert."

Damit haben sich die Forscher viel vorgenommen, schließlich ist das menschliche Gehirn ein erstaunlich kompliziertes Gebilde, das in der Lage ist, Aufgaben zu bewältigen, wie es kein anderes Lebewesen oder System vermag, das wir kennen. Forscher, die sich mit der Künstlichen Intelligenz beschäftigen, müssen sich also einiges einfallen lassen. Andererseits ist es vielleicht überraschend, in welchem Ausmaß die Künstliche Intelligenz bereits in dem halben Jahrhundert ihrer Existenz in unser Leben eingedrungen ist, ohne uns bis jetzt Angst einzujagen.

Die Wahrheit ist, dass es bei niemand auf der Wunschliste steht, den Menschen zu verdrängen. Es gibt viele Aufgaben bei der Erforschung der Künstlichen Intelligenz, aber die meisten richten sich auf die eher unmittelbar praktischen Ziele, als dass sie die Grundlage für irgendwelche Zukunfts-Antiutopien liefern wollen. Ein Bereich der Künstlichen Intelligenz, der „maschinelles Lernen" genannt wird, ist die Kunst, einem Computer beizubringen, menschliche Fähigkeiten zu beherrschen, wie ein Gesicht zu erkennen und gesprochene Worte aufzuschreiben. Von der Aufgabe, für ein Bauwerk die richtige Betonmischung zu berechnen bis zu personalisierten Online-Werbung, die eine Internet-Suchmaschine ausspuckt, gibt es eine Fülle von Beweisen, dass die Maschinen von heute bereits ihre tägliche Hausarbeit erledigen und, ja, lernen.

## Die Anfänge der Künstlichen Intelligenz

Das menschliche Lernen hat viel mit Erfahrung zu tun: Ein Kind erkennt das Gesicht seiner Mutter unter vielen in einer Menge heraus, ein Ornithologe identifiziert den Gesang eines Vogels, ein Parfümkenner benennt einen Geruch, und wir alle identifizieren unsere Alltagsobjekte wie Stühle, Tassen und Telefone – eine scheinbar simple Aufgabe. Das Wunder des menschlichen Gehirns ist, dass wir aus unseren Erfahrungen Kategorien bilden: In der Regel können wir ein Objekt ohne große Mühe als Stuhl, Tasse oder Telefon einordnen, selbst wenn wir dieses bestimmte Objekt noch nie zuvor gesehen haben.

Diese Art von Lernen gehört zu den Dingen, die ein Computer nicht auf natürliche Weise beherrscht. Computer sind Spitze, wenn es um das Abarbeiten langer Listen von Befehlen geht, der Algorithmen, aber für viele Arten des Lernens sind solche wörtlichen Prozeduren nicht der richtige Ansatz. Wenn wir eine Software entwickeln wollen, die beispielsweise ein menschliches Gesicht erkennen kann, werden wir solche Instruktionen formulieren: „So sieht ein Auge aus. Es sollte zwei von ihnen geben. Ihr Abstand sollte etwa $x$ betragen. So sieht eine Nase aus. Sie sollte vertikal zwischen den Augen liegen und einen Abstand $y$ haben …" Kinder lernen aber *nicht* auf diese Weise, menschliche Gesichter zu erkennen, und zum großen Teil sind solche Anweisungen nicht der Weg, den ein Programmierer einschlagen würde – auch, weil Fehlentscheidungen äußerst wahrscheinlich sind. Die Instruktionen würden für Verblüffung sorgen, wenn ein ungewöhnliches Gesicht auftaucht, etwa ein sehr junges oder sehr altes oder eines mit geschlossenen Augen oder mit einem Muttermal oder einer Augenklappe oder einfach die Ansicht eines Gesichts aus einem ungewöhnlichen Winkel oder bei schlechter Beleuchtung. All diese Bedingungen können das Programm abstürzen lassen. Auf irgendeine Weise muss die Maschine in der Lage sein, selbst zu lernen und die Lernergebnisse dann anzuwenden.

Ein Ausdruck dessen ist die Gesichtserkennung, die heute viele Digitalkameras anbieten. Es ist eine Technik, die mit dem Menschen gleichzieht.

Es gibt noch eine andere Seite der Geschichte der Künstlichen Intelligenz, bei der es nicht um die Entwicklung von Geräten geht, die unsere Fähigkeiten nachmachen, sondern die sich Aufgaben widmen, für die wir nicht besonders gut ausgestattet sind. Die beste Mischung der Bestandteile von Beton für einen ganz bestimmten Zweck zu finden entpuppt sich als eine außerordentlich schwierige Aufgabe. In der Bauindustrie hat das maschinelle Lernen bereits zu wirklichen Fortschritten geführt, die für die Ingenieure höchst praktisch und zeitsparend sind.

## Ordnung in der Sternenwelt

Eines der einfachsten und ältesten Instrumente des maschinellen Lernens ist das Perzeptron. Das ist kein Gerät, sondern ein Programm, das 1958 von Frank Rosenblatt erfunden wurde. Es verwendet ein binäres Prinzip, indem es Objekte in eine von zwei Kategorien einordnet. Ein Beispiel: Auf einem Foto des Nachthimmels sieht man einerseits nahegelegene Sterne, andererseits ferne Galaxien. Es ist nicht ganz einfach, diese Objekte voneinander zu unterscheiden, aber es gibt bestimmte Merkmale. Sterne erscheinen runder, während Galaxien meist länger und dünner aussehen. Die Aufgabe ist schwer zu lösen, da die Kriterien nicht exakt sind. Es gibt einige fast kreisrunde Galaxien, während sogenannte Gravitationslinsen das Bild von Sternen verzerren können und sie abgeplattet erscheinen lassen.

Um solche Unterschiede zu interpretieren, kann eine Maschine nicht bei null anfangen. Sie benötigt vielmehr eine Menge Übungsdaten. Das kann in unserem Fall eine Sammlung von Lichtflecken sein, die mit jeweils drei Informationen versehen sind: ihrem größten und kleinsten Durchmesser auf dem Foto und der Angabe, ob es sich um einen Stern oder eine Galaxie handelt. Die ersten beiden Kriterien können auf einem Graph dargestellt werden, der dann eine bestimmte Zahl von Datenpunkten enthält. Das Perzeptron versucht dann, durch die Punkte eine Gerade als Entscheidungsgrenze zu legen, auf deren einer Seite die Sterne und auf deren anderer Seite die Galaxien liegen. Kommen neue Daten hinzu, wendet das Perzeptron seine gelernte Regel an und stellt fest, auf welcher Seite der Entscheidungsgrenze der neue Lichtfleck zu liegen kommt. Aus Fehlern *lernt* das Perzeptron, indem es die Lage und Neigung der Entscheidungsgrenze revidiert.

Das Perzeptron ist nicht auf zwei Koordinaten beschränkt. Will man beispielsweise als weitere Größe die Lichtstärke der Sterne und Galaxien mit einbeziehen, zeichnet das Perzeptron Punktwolken im dreidimensionalen Raum und versucht, die beiden Kategorien durch eine Ebene zu trennen. Gleichwohl ist nach modernen Standards das Perzeptron ein ziemlich primitives Programm: Es arbeitet nur, wenn die Entscheidungsgrenze zwischen den beiden Kategorien eine schöne Gerade oder eine perfekte Ebene ist. In der Praxis ist das aber oft einfach nicht der Fall.

Ein Alternativprogramm könnte die Nachbarn eines neuen Datenpunkts befragen: Wenn von fünf Nachbarn vier Galaxien sind und einer ein Stern, wird die Maschine

„raten", dass auch der neue Punkt eine Galaxie ist. Es zählt das Votum der Mehrheit. Obwohl das vom Konzept her einfach ist, kann es den Prozess sehr effektiv machen. Zudem wird das Verfahren nicht davon bestimmt, wie wacklig die Entscheidungsgrenzen zwischen den beiden Kategorien sind. Ein großer Nachteil ist aber, dass ein solches Programm sehr rechenintensiv ist: Um die Entscheidung über einen neuen Punkt zu treffen, muss man alle vorherigen Punkte untersuchen, um die zu finden, die dem neuen am besten entsprechen.

Um dieses Problem zu meistern und um kompliziertere Aufgaben als eine simple binäre Kategorisierung bewältigen zu können, haben die heutigen Theoretiker eine ganze Armada ausgefeilter Ansätze gefunden, die drei Arten von Lernen in einem einzigen System zusammenbringen. Das berühmteste dieser Lernmodelle, das „neuronale Netzwerk", ist von der Architektur des menschlichen Gehirns inspiriert.

## Neuronale Netzwerke

Das Gehirn besteht aus einem Netzwerk von Neuronen. Das sind besonders angepasste Zellen, die elektrische Signale empfangen und aussenden können. Sie haben Input-Punkte, die Dendriten genannt werden und die Signale von benachbarten Neuronen empfangen. Einige dieser Signale versetzen das Neuron in einen Erregungszustand und erhöhen die elektrische Spannung in ihm, andere Signale setzen diese Spannung herab. Entscheidend ist, dass jedes Neuron seine bestimmte Schwelle hat. Es „feuert" erst, wenn dieser

Schwellwert überschritten ist und regt dann die anderen Neuronen, mit denen sein Output-Terminal verbunden ist, an oder ab.

Das menschliche Gehirn umfasst 100 Mrd. Neuronen, die zu einem komplexen Netzwerk zusammengeschaltet sind. Viele von ihnen sind mit zehntausenden anderen Neuronen verbunden. An bestimmten entscheidenden Punkten erhalten sensorische Neuronen ihren Input nicht von anderen Neuronen, sondern über unseren Tast-, Geschmacks- und Geruchssinn und über Auge und Ohr von außen. In ähnlicher Weise wirkt der Output spezialisierter Neuronen nicht auf andere Neuronen, sondern auf Muskeln, die sich zusammenziehen oder entspannen.

Trotz der ungeheuren Komplexität des menschlichen Gehirns haben die Biologen heute eine gute Vorstellung davon, was in einem einzelnen Neuron geschieht. Das größere Geheimnis ist, wie das Riesennetzwerk der Neuronen zu Phänomenen wie Gedanken und Emotionen führt. Ein Ansatz zur Lösung dieser Frage ist die Untersuchung neuronaler Netze, also künstlicher Strukturen, die die Struktur des Gehirns nachahmen – wenn auch mit einigen Variationen. Im Wesentlichen bestehen neuronale Netzwerke aus künstlichen Neuronen-auch als Perzeptronen oder „Threshold Logic Units" oder TLUs (Schwellenwertelement) bekannt –, die über Kanäle miteinander verbunden sind.

Bis hierher war unsere Diskussion fast frei von Mathematik. Wir müssen uns nun aber in das Reich der Zahlen begeben, wenn wir wissen wollen, wie ein einzelnes künstliches Neuron arbeitet. Wie sein biologisches Gegenstück hat es einige Input-Kanäle und einen Output-Kanal, der für den Input bei einem oder mehreren anderen Neuronen sorgt. Jeder Input ist eine Zahl. Gibt es drei Input-Kanäle, können wir ihre Werte als säulenförmigen Vektor formulieren. Sind die drei Inputs beispielsweise 1, 1 und 0, sieht der Input-Vektor so aus:

$$\begin{pmatrix} 1 \\ 1 \\ 0 \end{pmatrix}.$$

Das künstliche Neuron nimmt nun diesen Input nicht pauschal auf, denn für jeden Input-Kanal ist eine Zahl definiert, die ein Gewicht darstellt. Wenn diese Gewichte in unserem Beispiel 2,5; – 1 und 0,5 sind, ist der Gewichts-Vektor

$$\begin{pmatrix} 2,5 \\ -1 \\ 0,5 \end{pmatrix}.$$

Die genauen Werte der Gewichte variieren von Neuron zu Neuron (und manchmal auch im Verlauf der Zeit).

Aus den Inputs und den Gewichten erhält man eine Zahl, die Netto-Input genannt wird, indem man jeden Input-Wert mit dem zugehörigen Gewicht des Kanals multipliziert und dann die Ergebnisse aufaddiert. Das ist eine ganz übliche algebraische Operation die als Berechnung des Skalarprodukts der zwei Vektoren bezeichnet wird. Mit unseren Beispielzahlen sieht das so aus:

$$\begin{pmatrix} 2,5 \\ -1 \\ 0,5 \end{pmatrix} \cdot \begin{pmatrix} 1 \\ 1 \\ 0 \end{pmatrix} = 2,5 \cdot 1 - 1 \cdot 1 + 0,5 \cdot 0 = 2,5 - 1 = 1,5.$$

Der Netto-Input gibt an, was das Neuron als Output „feuert". Dabei verfügt es aber über verschiedene Methoden oder „Aktivierungsfunktionen". Die einfachste Methode ist, den Output auf 1 zu setzen, wenn der Input innerhalb eines definierten Bereichs liegt, und andernfalls auf 0. So könnte der Output unseres Neurons 1 sein, wenn der Gesamt-Input positiv ist und 0, wenn er negativ ist. In unserem Beispiel mit dem Netto-Input 1,5 wäre also der Output 1.

Weder ein biologisches noch ein künstliches Neuron ist an sich kompliziert, die Situation wird aber höchst komplex, wenn die Neuronen in großer Zahl zu einem Netzwerk zusammengeschaltet werden. Ein typisches neuronales Netz verfügt über drei Arten von künstlichen Neuronen. Die in der Input-Ebene erhalten ihre Signale aus der Außenwelt. Das können die Tasten einer Tastatur, die Pixel einer Digitalkamera oder die Frequenzen eines Mikrofons sein. In der Output-Ebene füttern die Neuronen die Außenwelt, etwa in Form eines Computer-Bildschirms, eines Lautsprechers oder eines Roboterarms (siehe Kap. 33). Zwischen diesen beiden Ebenen kann es noch einige Ebenen mit verborgenen Neuronen geben (Abb. 8.1).

Diese künstlichen Netzwerke können trainiert werden und lernen. Man kann beispielsweise versuchen, das Netzwerk so zu trainieren, dass es einen von Hand geschriebenen Text lesen kann, der auf einem Gitterfeld dargestellt ist, dessen Pixel jeweils mit einem Neuron der Input-Ebene verbunden sind. In einem neuronalen Standardnetz fließt die Information einfach durch das Netz: von den Sensoren zur Input-Ebene der Neuronen und über die Ebenen der verborgenen Neuronen, wo Daten kombiniert und mit ver-

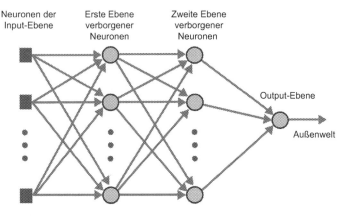

**Abb. 8.1** Schematisches Diagramm eines künstlichen neuronalen Netzwerks. (© Patrick Nugent)

schiedenen Gewichtsfunktionen behandelt werden, bevor (in unserem Beispiel) schließlich ein Output-Neuron das Ergebnis der Rechnungen aussendet. Wie wir gesehen haben, transportieren die neuronalen Netzwerke Informationen in Form von Zahlen. Unser Netzwerk, das die Handschrift entziffern soll, muss also einen Standardcode festlegen: $1 \rightarrow A$, $2 \rightarrow B$, $3 \rightarrow C$ usw. Wenn nun das Netzwerk einen Gesamt-Output 14 erzeugt, könnte das heißen, dass es den geschriebenen Buchstaben als „N" identifiziert hat.

Der „Ziel-Output" ist der Wert der korrekten Antwort. In diesem Fall haben wir vielleicht ein „M" erwartet, sodass das Netz einen Fehler produziert hat. Damit sind wir an dem kritischen Punkt, an dem wir hoffen, dass das Netz aus seinen Fehlern lernt.

Die Prozedur sieht so aus, dass das Netz alle Gewichte an jedem Neuron so berichtigt, dass bei einer neuen Berechnung mit dem gleichen Input der korrekte Output erzielt wird. Die Details sind hier aber wichtig. Schließlich könnte man das System auch einfach zwingen, immer „M" zu erzielen. Unnötig zu sagen, dass das mit Lernen nichts zu tun hätte. Wenn das System schon das „L" geschafft hat, wäre damit alles wieder verloren. Deshalb werden die Gewichte zu einer naheliegenden Konfiguration verschoben, die den richtigen Output liefert.

In einem idealen Szenario würde das Netzwerk zu jeder Art von Input-Konfiguration den richtigen Output erzeugen. Die vollständige Sammlung aller möglichen Inputs und ihrer korrekten Interpretationen wird „Zielfunktion" genannt. Sie sorgt für exakt das Verhalten des Netzwerks, das wir uns wünschen. Oder, etwas realistischer ausgedrückt: Wir streben an, den Abstand zwischen dem Ziel und dem aktuellen Output des Netzwerks so klein wie möglich zu machen.

Zum Glück gibt es dafür ein riesiges Reservoir an mathematischen Methoden, denn die Analyse und Minimierung der Distanz zwischen zwei Funktionen zählt zu den Themen, die Mathematiker einige Jahrhunderte lang untersucht haben. Wir können die Gesamtrichtigkeit oder -fehlerhaftigkeit des Netzes mit einer Fehlerfunktion E messen. Wenn bei einem bestimmten Programmlauf der Zielwert 7 ist, während der Output des Neurons 5 ist, kann man die Fehlerspanne einfach angeben: Sie ist $7 - 5 = 2$. Allgemein ist bei einem Ziel $s$ und einem aktuellen Output $t$ der Fehler $E = s - t$.

Dieser Wert ist aber nur ein Maß dafür, wie gut das Netzwerk eine Aufgabe erledigt hat – hier: einen bestimmten handgeschriebenen Text zu entziffern. Wir können Werte von all den anderen Aufgaben erhalten, die das Netzwerk mit mehr oder weniger Erfolg abzuarbeiten versucht. Es wäre wünschenswert, all diese Fehler aufzuaddieren, um die gesamte Leistungsfähigkeit des Netzwerks abzuschätzen. Dabei gibt es aber ein kleines Hindernis: Ist der Fehler bei einer Aufgabe beispielsweise $4 - 6 = -2$, hebt er sich in Verbindung mit unserem oben erwähnten Fehler auf. Aus diesem und anderen Gründen zieht man die Fehlerfunktion $(s - t)^2$ vor, die in unserem Fall zu 4 führt. Nun können wir die Fehlerwerte aller Aufgaben addieren und erhalten damit den Gesamtfehler des aktuellen Netzwerks als einzelne Zahl – etwa $E = 128$.

Haben wir dieses Ziel erreicht, folgt die Frage, was wir mit dem Wert $E$ anfangen. Es ist klar, dass die Verbesserung des Netzwerks heißt, E zu verkleinern. Um das zu erreichen, kann man die Gewichte der Neuronen neu justieren, wobei es aufschlussreich ist, einen geometrischen Ansatz zu wählen.

Um diese Idee zu illustrieren, wollen wir uns auf ein einzelnes Neuron konzentrieren, das zwei Input-Kanäle hat. Wir können uns vorstellen, dass die zwei Gewichte die geographischen Koordinaten eines Punkts auf der Karte repräsentieren. Die Fehlerfunktion $E$ können wir uns als die Höhe der Landschaft an diesem Punkt vorstellen. Variieren wir nun die Gewichte einzeln oder zusammen, kann uns das in größere oder geringere Höhen führen, je nachdem, ob das Neuron seinen Job schlechter oder besser macht. Ein ausschlaggebender Faktor ist, wie sehr $E$ auf ein vorgegebenes Gewicht reagiert. Es könnte sein, dass $E$ sehr stark auf das Gewicht eines Kanals reagiert, während das eines anderen nur kleine Änderungen verursacht. In geometrischen Begriffen können wir uns vorstellen, dass die Berge mehr oder weniger steil sind. So könnte beispielsweise die

Landschaft nach Norden steil ansteigen, in Richtung Westen aber nur sanft.

Mit dieser Geometrie im Hinterkopf können wir eine Prozedur einführen, die „Delta-Regel" genannt wird. Sie zielt darauf ab, die Gewichte dort zu justieren, wo die größte Steigung auftritt. Mit anderen Worten: Die Delta-Regel wird die Gewichte so ändern, dass mit einer möglichst geringen Gewichtsänderung eine möglich große Verbesserung der Genauigkeit erzielt wird.

Um ein neuronales Netzwerk zu trainieren, gehen die Theoretiker der Künstlichen Intelligenz rückwärts durch die Neuronen. Sie fangen also bei den Output-Neuronen an und verändern die Gewichte gemäß der Delta-Regel, um die korrekte Gesamtantwort zu erhalten. Diese Prozedur wird „Rückwärtspropagierung" (back propagation) genannt. Sie ist das Standardverfahren, mit dem künstliche neuronale Netzwerke lernen.

Die Ergebnisse dieser theoretischen Anstrengungen sind heute in vielen Fällen schon in Anwendungen und Prozesse eingebunden – wie beispielsweise in Software zur Spracherkennung. Manchmal kommt die Künstliche Intelligenz auch in die Schlagzeilen, wenn mit ihrer Hilfe besonders Aufsehen erregende Experimente durchgeführt werden: beispielsweise Fahrten mit dem kürzlich erfundenen fahrerlosen Auto, das unabhängig seinen Weg findet, oder indem sie neuronale Netzwerke als „künstliche Nasen" einsetzt, die Düfte und Geschmäcker ausfindig machen. In solchen exotischeren Bemühungen mag es immer noch einen Hauch von Science-Fiction geben, aber es gibt eine Fülle von Erkenntnissen, nach denen die Künstliche Intelligenz bereits dabei ist, unsere Welt zu verändern. Wer kann schon sagen, wo dieser Wechsel hinführen wird?

# 9

## Der Stoff des Lebens

### *Die Mathematik der DNA*

1953 wurde von dem Duo James Watson und Francis Crick eine Revolution unserer Vorstellung des Lebens eingeleitet – obwohl man sich schwer tun wird, das der Originalarbeit abzulesen, die die vorsichtige Behauptung aufstellt, „diese Struktur habe neue Eigenschaften, die von beträchtlichem biologischen Interesse sind". In der Arbeit schufen sie die vielleicht verführerischste Ikone der modernen Naturwissenschaft: das Strukturmodell der Desoxyribonukleinsäure (DNS oder, weit gebräuchlicher, nach dem englischen „Acid" DNA) als Doppel-Helix. Sie behaupteten, die DNA sei der Stoff, aus dem das Leben gemacht ist, es seien diese Moleküle in unseren Zellkernen, die die Vererbung kontrollieren und unser evolutionäres Erbe codieren. Dieser Durchbruch legte den Grundstein für die Zukunftswissenschaft der Genetik, die das Potential hat, genetische Fehler zu erkennen und zu reparieren.

Seitdem hat sich die Genetik sprunghaft entwickelt und mit der Entstehung der Genomik, die die genetische Ausstattung des gesamten Körpers untersucht, neue Perfektion erreicht. 1977 wurde das Genom einer Bakterie entschlüsselt, weniger als 25 Jahre später erschien der erste Entwurf eines menschlichen Genoms, der von US-Präsident Bill

Clinton als die „wichtigste und bewunderungswürdigste Karte" bezeichnet wurde, die von der „Menschheit je geschaffen wurde".

Der nächste Schritt – das Lesen und Verstehen der von den Forschern gewonnenen DNA-Sequenzen – erfordert mathematische Genialität und großes Geschick in der Anwendung von Computern. Wem es gelingt, dem winken aber die höchsten Ehren in Wissenschaft und Medizin.

## Die Geometrie der Doppel-Helix

Die Helix hat die Mathematiker schon lange fasziniert, bevor die Biochemiker sie berühmt machten. Eine Helix (Plural: Helices) ist eine Kurve, genauer gesagt: eine Kurve im dreidimensionalen Raum. Sie ist aus den zwei grundlegendsten Formen der Mathematik aufgebaut: einem Kreis und einer Geraden. Um eine Helix zu erzeugen, stellen wir uns einen kreisförmigen Metallring vor, auf dem eine Perle mit konstanter Geschwindigkeit rollt. Bewegen wir nun den Ring mit gleichbleibender Geschwindigkeit nach oben, durchläuft die Perle eine Helix, ein Gebilde, das wie eine klassische Wendeltreppe aussieht.

Die Geometrie dieses Gebildes wird von drei Faktoren bestimmt. Der erste ist die Größe des Rings. In einem DNA-Molekül beträgt dessen Radius etwa 1 Nanometer (nm) oder 0,000.001 mm. Der zweite Faktor ist der Abstand der Windungen, der auch Ganghöhe genannt wird. Er wird von der Geschwindigkeit bestimmt, mit der sich unser Ring nach oben bewegt: Ist es schnell, liegen die Kurven weit auseinander, und es ist viel Platz zwischen ihnen.

Geschieht es langsam, liegen sie dicht aufeinander. In der DNA liegen die Windungen ungefähr 3,3 nm auseinander. Der dritte und letzte Faktor ist die Frage, ob die Perle im Uhrzeigersinn oder gegen ihn kreist, wenn man in Richtung der Bewegung des Rings blickt. Eine Umdrehung im Uhrzeigersinn erzeugt eine rechtsläufige Helix, eine Umdrehung gegen des Uhrzeigersinn eine linksläufige. Es existieren beide Formen, wobei aber die rechtsläufige Form in der Natur vorherrscht.

Ein wenig Geometrie ist sehr hilfreich, wenn wir eines der Hauptprobleme verstehen wollen, die uns die DNA aufbürdet. In jeder menschlichen Zelle befinden sich 2 m DNA, wobei der Großteil im Zellkern verborgen ist. Das entspricht einer Angelschnur von 200 km Länge, die in einen Basketball gestopft ist. Unter solchen Umständen ist die Gefahr groß, dass es zu einem heillosen Durcheinander kommt. Um sich dagegen zu schützen, enthält der Zellkern eine ganze Armada von Enzymen, deren Job es ist, sich um die DNA zu kümmern, sie zu kopieren, Proteine mit ihr zu produzieren und auch zu verhindern, dass Knoten entstehen oder das Molekül reißt. Einer der Schutzmechanismen, den die Enzyme verwenden, berücksichtigt die verschieden Möglichkeiten des Moleküls, sich zu drehen und zu wenden.

Das DNA-Molekül ist nun nicht nur eine Einfach-Helix, sondern besteht aus zwei Helices, die aneinandergekettet sind (Abb. 9.1). Um uns das vorzustellen, müssen wir die Moleküle statt als simple Kurve als flaches Band betrachten, das zwei Ränder hat, die parallel zur Zentralachse laufen.

Es gibt im Wesentlichen zwei Möglichkeiten, wie ein solches Band verdreht werden kann. Die erste Möglichkeit ist

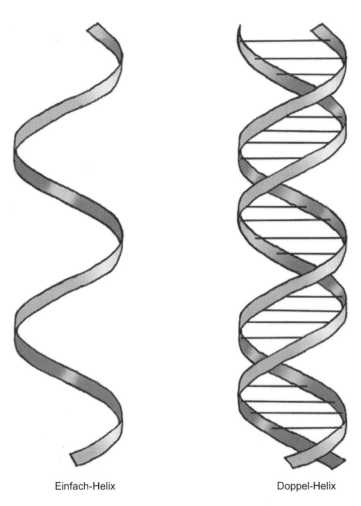

Einfach-Helix                              Doppel-Helix

**Abb. 9.1**  Das DNA-Molekül nimmt die Form von zwei miteinander verschlungenen Helices an, die durch chemische Brücken verbunden sind. (© Patrick Nugent)

ein „Twist", eine Drehung um die Zentralachse, bei der die beiden Ränder die Seiten wechseln. Dabei ist anzumerken, dass in diesem Fall die Zentralachse weiterhin in einer Geraden verläuft. Die Helix-Struktur der DNA entsteht, weil das Molekül auf natürliche Weise verdreht ist. Die Enzyme haben aber die Tendenz, bei ihrer Arbeit neue Windungen zu erzeugen. Zu viele „Twists" könnten aber das Molekül unter zu großen Zug bringen und es zerstören.

Zum Glück gibt es einen sichereren Weg, ein Band zu drehen, den man als „Supercoiling" bezeichnet. Ein Beispiel dafür aus dem Alltagsleben ist eine Telefonschnur. Technisch gesehen kommt es zum Supercoiling, wenn sich auch die Zentralachse des Bands spiralig verdreht. Selbst wenn die Enden des Bandes fixiert sind, kann ein Twist in einen Supercoil übergehen oder umgekehrt: Auf diese Weise beschützt das Supercoiling die DNA davor, sich zu überdrehen.

Mathematisch gesehen kann man diesen Prozess sehr hübsch algebraisch beschreiben. Ist $T$ die Gesamtzahl der Twists (jeder Twist gegen die Uhrzeigerrichtung trägt $+1$ bei, jeder in Gegenrichtung $-1$) und $S$ die Zahl der Supercoils (auf gleiche Weise gezählt), so sind weder $S$ noch $T$ feste Größen. Gibt man dem Band einen Schubs, kann die eine Zahl größer und die andere kleiner werden. Die Summe $S + T$, die als Linking- oder Windungszahl bezeichnet wird, bleibt konstant, solange die Enden des Bands festgehalten werden.

# Vom Gen zum Genom

Einfache Modelle wie glatte Kurven und Bänder können für das Verständnis der Geometrie der DNA nützlich sein. In der Wirklichkeit ist aber die Doppel-Helix ein viel blockartigeres Gebilde, das aus ganz besonderen Molekülen aufgebaut ist, den Basen. Es gibt vier verschiedene DNA-Basen, die in zwei Paaren auftreten: Cytosin (C) mit Guanin (G) und Adenin (A) mit Thymin (T).

Ein DNA-Molekül ist eine Kette dieser Basen, beispielsweise … GAGCT … Diese Kette besteht beim Menschen aus über 100 Mio. Basen. Dabei ist die Kette nicht allein, sondern hat einen Genossen: den zweiten Strang der Doppel-Helix. Wo der eine Strang eine C-Base hat, hat der andere G, wo der eine A hat, hat der andere T. Im oben erwähnten Beispiel ist also der zweite Strang … CTCGA … Diese Basenpaare sehen aus wie die Stufen einer Wendeltreppe.

In dieser Sequenz der Basenpaare ist die Information über den Organismus verschlüsselt. Die Sequenzen stellen allerdings erst die unterste Stufe der Informationsstruktur dar. Die nächsthöhere Stufe ist das Gen, ein Abschnitt der DNA, der als Einheit funktioniert, sich selbst vervielfältigt und von den Eltern an die Nachkommen weitergegeben wird. Ein Gen kann als Einzelteil der Zelle gesehen werden und besteht aus ein paar hundert bis zu ein paar tausend Basenpaaren. Die überwältigende Mehrheit der Gene enthält die verschlüsselten Strukturen der zahlreichen Proteine, die an den verschiedenen Stellen des Körpers benötigt werden. Die Proteine sind die „Arbeitspferde" des Körpers, sie halten jede Zelle zusammen und sind das Gerüst, das die Form der Zelle erhält und verhindert, dass sie zusammenbricht. Die Armada der Enzyme, die die Zelle zum Laufen bringen und beispielsweise die Nahrung in Zucker verwandeln, die DNA entwirren und die Instruktionen abarbeiten, die in ihr gespeichert sind, besteht ebenfalls aus einzelnen Proteinen.

Ein Chromosom ist eine komplette Doppel-Helix der DNA mit all ihren Genen. Die Zellen des Menschen haben 46 Chromosomen, die in Paaren auftreten – je ein Teil stammt von einem Elternteil. Die Gene bilden aber nur 2 % der Chromosomen, der verbleibende Rest aus unverschlüsselten Segmenten wird meist als „Junk-DNA" bezeichnet. Ob diese Bezeichnung gerechtfertigt ist, steht noch zur Diskussion.

Das Jahr 2003 sah einen Meilenstein in der Geschichte der genetischen Forschung, als das von den USA angeführte Human Genome Project sein Hauptziel erreichte und die vollständige Sequenz der 3 Mrd. Basenpaare des menschlichen Genoms aufgezeichnet hatte. Mit anderen Worten: Es lag der vollständige Katalog aller Gene auf allen Chromosomen vor. Das war zweifellos eine großartige Errungenschaft. Die Entdeckung, dass die Menschen nur etwa 23.000 Genpaare besitzen, verursachte jedoch einen Schock (zumal beispielsweise der Wasserfloh 31.000 Genpaare besitzt). Die Zahl der Parameter erschien viel zu klein, um so etwas Komplexes wie den Menschen beschreiben zu können. Die Mathematik aber sagt uns etwas anderes: Versuchen wir mit der Zahl 23.000 grob abzuschätzen, wie viele genetisch unterschiedliche Menschen es geben könnte, kommen wir auf $2^{23.000}$, eine 2, die 23.000 Mal mit sich selbst multipliziert wird. Die Abschätzung geht von der Annahme aus, dass jedes der 23.000 menschlichen Gene eine von nur zwei Formen, den „Allelen", annimmt. Im Wesentlichen führt das zu einer Sequenz von 23.000 Schaltern, die jeweils in einer von zwei Positionen stehen können.

Die Zahl $2^{23.000}$ sollte allerdings nicht allzu ernst genommen werden. Die wahre Zahl ist vermutlich größer, denn neuere Forschungen haben gezeigt, dass sogar eineiige Zwillinge kleine genetische Unterschiede haben. Gleichwohl: Die Zahl, die $10^{6900}$ entspricht, übertrifft bei Weitem die Zahl aller Atome im bekannten Universum, die auf $10^{80}$ geschätzt wird. Das ist eine eindrucksvolle Demonstration eines wichtigen Prinzips: Kombiniert man eine scheinbar kleine Zahl von Variablen auf verschiedene Weise, kann daraus eine unglaubliche Komplexität entstehen.

## Wie man das Buch des Lebens lesen kann

Damit das Human Genome Project wirklich von Nutzen sein kann, mussten die Wissenschaftler das Lesen und Analysieren der Genome lernen – ein Projekt, das noch läuft. Um eines klarzustellen: Trotz der häufigen Berichte in den Medien, man habe nun das „Gen für x" gefunden, werden menschliche Merkmale wie die Nasenlänge oder die Fähigkeiten des visuellen Gedächtnisses selten von nur einem Gen bestimmt, sondern durch eine komplexe Kombination von Genen. Nur aufgrund einer sorgfältigen Analyse der Ergebnisse sind wir in der Lage, die Suche nach der genetischen Grundlage von Erbkrankheiten voranzubringen oder Urteile abzugeben, wie eng unsere Gene mit denen unserer

Vettern im Tierreich und darüber hinaus verwandt sind. Die Sequenzierung der Gene ist gewiss eine der aufregendsten Techniken, die in den letzten Jahren entwickelt wurden. Damit sie funktionieren kann, bedurfte es der Lösung bestimmter mathematischer Rätsel (siehe Kap. 13).

Das Sequenzieren kann am besten anhand von Beispielen erklärt werden. Wir wollen uns einen Genetiker vorstellen, der ein Gen der Fruchtfliege (Drosophila) sequenziert hat und nun wissen will, ob Menschen dieses Gen teilen. Man braucht ein Verfahren, um herauszufinden, ob im menschlichen Genom irgendwo die Sequenz der Fruchtfliege vorkommt. Wäre das schon alles, würde es sich um einen leichten Job handeln. Das Ganze wird aber kompliziert, weil sich die DNA im Verlauf der Evolution verändert, sodass Basenpaare irgendwann eingefügt, ausgetauscht oder ausgelöscht sein können. Deshalb können wir nicht erwarten, dass *exakt* die gleiche Sequenz auftauchen wird. Man braucht ein Verfahren, das nach *ähnlichen* Strängen der menschlichen DNA sucht. Diese Aufgabe ist viel schwerer zu lösen, als eine perfekte Übereinstimmung zu finden.

Das Hauptinstrument, das heute die Biologen für diese Suche verwenden, heißt BLAST (Basic Local Alignment Search Tool). Es wurde 1990 von einem Forscherteam in den USA entwickelt. Um seine Funktionsweise zu zeigen, wollen wir annehmen, dass das Gen der Fliege mit AGCGTC beginnt. Wir wollen es mit einem vielversprechenden Stück der menschlichen DNA vergleichen, das ACCTGTC lautet.

Ein entscheidender Schritt, der das Einfügen oder Löschen ermöglicht, ist die Einführung eines neuen Symbols zu dem Alphabet der Basen. Es lautet „_" und steht für

**Tab. 9.1**   Gensequenzen bei der Fruchtfliege und beim Menschen

| Gen der Fruchtfliege | A | – | G | C | G | – | T | C | … |
|---|---|---|---|---|---|---|---|---|---|
| Kandidat der menschlichen DNA | A | C | – | C | T | G | T | C | … |

einen Leerraum. Mit diesem Symbol können wir nun verschiedene Anordnungen der zwei Sequenzen zueinander untersuchen. Eine der Möglichkeiten könnte so wie in Tab. 9.1.

Nun wollen wir einen Weg finden, um unsere Anordnung abzuschätzen und eine Kennzahl für die Ähnlichkeit der beiden Reihen zu bestimmen. Die Standardmethode dafür ist das „Scoring", wobei jedes passende Paar $+5$ zum Score beiträgt, während jedes nicht passende Paar mit $-4$ gewertet wird. Diese Zahlen addiert man auf. (Es ist anzumerken, dass dies die einfachsten Vorgaben sind. Es gibt noch weit kompliziertere Scoring-Verfahren.) Mit diesen Regeln erhalten wir für unser Beispiel den Gesamt-Score von $+4$.

Natürlich gibt es unzählig viele mögliche Anordnungen. Das hängt davon ab, wo man bei der menschlichen Sequenz anfängt und wo Zwischenräume eingefügt sind. Das Ziel von BLAST ist, die Anordnung mit der höchstmöglichen Score-Zahl zu finden. Wenn wir bei unserer Anordnung beispielsweise den ersten Zwischenraum in beiden Reihen streichen, würde sich der Score von $+4$ auf $+8$ erhöhen.

Leider ist eine vollständige Überprüfung aller möglichen Anordnungen nahezu unmöglich, da die Zahlen rasant ansteigen. Es ist daher eine gewisse Genialität nötig, um die Resultate zu filtern. Man macht das, indem man zuerst kurze Sequenzen vergleicht und alle Anordnungen verwirft, die einen gewissen Score-Schwellwert nicht erreichen. (Wenn man so vorgeht, ist es wichtig, mit einzubeziehen, dass die Möglichkeit von passenden Paaren allein schon durch Zufall anwächst.) Die dann verbleibenden Kandidaten für eine Anordnung werden in verschiedener Weise verlängert und mit der Zielreihe verglichen, bis man mit viel Glück nur noch einen Kandidaten übrig hat.

Dieser Prozess liegt ungeachtet der höchst aufwendigen Rechnungen, die nötig sind, den aufregendsten Forschungsarbeiten zugrunde, die heute durchgeführt werden. Die einzelnen Gene, die beispielsweise für körperliche Beeinträchtigungen wie bei einer zystischen Fibrose und der Erbkrankheit Huntington zuständig sind, wurden inzwischen identifiziert. Das erlaubt bereits, Risiken abzuschätzen und zu erkennen und könnte zur Entwicklung einer Gentherapie führen, in der defekte Gene durch das Einfügen neuer DNA repariert werden.

Unterdessen lernen wir immer mehr über unseren Platz in der Welt, darüber, woher wir kommen und über die Entwicklung der Arten. Vielleicht war es unvermeidbar, dass sich mit dem nun kartierten menschlichen Genom die Aufmerksamkeit auf unsere nächsten Verwandten in der Tierwelt richtet, die Schimpansen. Das laufende Chimpanzee Genome Project der USA, dessen Star der Schimpanse Clint war (er ist inzwischen verstorben), behauptet, dass mindestens 96 % unseres genetischen Materials mit dem unserer nächsten Vettern fast identisch ist. Die Zahl verweist mit Nachdruck auf gemeinsame Vorfahren vor Millionen von Jahren, eine Erkenntnis, über die Charles Darwin seine helle Freude gehabt hätte.

# 10

# Das Geheimnis der Wahlurnen
## Die Mathematik von Wahlen

Die Herrschaft von Diktatoren und Tyrannen zeichnet sich in gewisser Hinsicht durch Einfachheit aus. Man muss sich nicht mit den Kompliziertheiten einer repräsentativen Demokratie abquälen und sich nicht mit dem Für und Wider bestimmter Wahlsysteme und der Frage nach ihrer Gerechtigkeit auseinandersetzen. Trotzdem sehnen sich die meisten von uns nicht nach einer Diktatur und setzen aus gutem Grund (und trotz aller Fehler) auf irgendeine Form von demokratischer Staatsform, in der sie selbst bestimmen können, wer regiert.

In einer funktionierenden Demokratie drücken die Bürger ihre Vorliebe für Kandidaten bei Wahlen aus, und die Aufgabe des Wahlsystems ist, all diese Vorlieben zu einem tauglichen Ergebnis zu bündeln. Überall auf der Welt und zu allen Zeiten in der Geschichte wurden alle möglichen Systeme angewandt, um diese zentrale Aufgabe zu lösen, die schwerer ist, als es auf den ersten Blick aussieht. Wenn wir uns einige Wahlsysteme genauer ansehen und analysieren, was sie aus dem Inhalt der Wahlurnen herauslesen, treffen wir manchmal auf überraschende Ergebnisse, die gegen alle Vernunft sind. Um das zu verstehen, können wir uns auf einen Zweig der Mathematik stützen, der als Sozialwahltheorie bekannt ist.

## Relative Mehrheitswahl

Wir wollen uns zunächst eine Wahl vorstellen, bei der es fünf Kandidaten gibt: Albert, Beate, Carl, Dana und Eduard (A, B, C, D und E). Meine eigene Rangliste ist BEDCA, die meiner Frau aber DBACE, und andere Wähler werden andere Ranglisten haben. Der einfachste Weg, um den Gewinner in einem solchen System herauszufinden, besteht darin, alle Kandidaten zu ignorieren – den an erster Stelle ausgenommen (in meinem Fall B, im Fall meiner Frau D). Der Kandidat gilt als gewählt, der insgesamt die meisten ersten Plätze hat oder, wenn nur ein Kandidat aus einer Liste angekreuzt werden kann, derjenige, der die meisten Stimmen erhalten hat. Dieses Verfahren heißt relative Mehrheitswahl: Der Sieger bekommt alles. Im Prinzip kann ein Kandidat eine solche Mehrheitswahl mit einem recht kleinen Stimmenanteil gewinnen, solange nur der Stimmenanteil der anderen Kandidaten noch geringer ausfällt. In unserem Beispiel gewinnt der Kandidat A mit nur 25 % der Stimmen:

| A | B | C | D | E |
|------|------|------|------|------|
| 25 % | 21 % | 20 % | 19 % | 15 % |

Dieser Effekt rückt immer mehr in den Vordergrund, je mehr Kandidaten es gibt. Wenn man sich beispielsweise eine Wahl mit 1000 Kandidaten vorstellt, von denen jeder

1000 Stimmen erhält, der Kandidat A aber 2000 Stimmen, gewinnt bei einer relativen Mehrheitswahl der Kandidat A mit nur 0,2 % der Stimmen, obwohl er vielleicht bei 99,8 % der Bevölkerung der unbeliebteste Kandidat ist.

# Absolute Mehrheitswahl

Eine Alternative zur relativen Mehrheitswahl ist, die Präferenzen der Wähler jenseits des ersten Platzes mit einzubeziehen. Das bekannteste System dieser Art ist die absolute Mehrheitswahl. Sie zählt zu den „Instant-runoff-Systemen", also Systemen, bei denen im Verlauf des Wahlprozesses ein Kandidat nach dem anderen ausscheidet, bis nur noch einer übrig ist. Die Idee ist, dass Sieger nur werden kann, wer mindestens 50 % der Stimmen auf sich vereint. Um das zu erreichen, werden nötigenfalls mehrere Wahlgänge abgehalten. Erhält beim ersten Wahlgang der Sieger weniger als 50 % der Stimmen, wird in den meisten Fällen nur *eine* weitere Stichwahl abgehalten, bei der sich die Wähler zwischen dem Erst- und Zweitplatzierten der ersten Wahl entscheiden können. Das Hauptproblem der relativen Mehrheitswahl, dass auch ein äußerst unbeliebter Kandidat gewinnen kann, wird mit diesem Wahlverfahren vermieden.

Wir wollen uns nun eine Wahl mit drei Kandidaten vorstellen. Nach dem ersten Wahlgang sehen die Ergebnisse so aus:

| A | B | C |
|---|---|---|
| 38 % | 47 % | 15 % |

Da keiner der Kandidaten 50 % erreicht hat, gibt es keinen Sieger. Nun wird der abgeschlagene Kandidat C ausgeschlossen, beim zweiten Wahlgang gibt es also nur noch die zwei Kandidaten A und B. Nehmen wir an, dass alle, die in der ersten Runde für A oder B gestimmt haben, in der zweiten Runde daran festhalten. Das Endergebnis hängt dann davon ab, wie sich die 15 % C-Wähler nun entscheiden und ihre Stimmen zwischen A und B aufteilen. Votieren 5 % für A und 10 % für B, ist B mit 57 % der Gewinner, während A mit nur 43 % abgeschlagen ist. (Bei Wahlen mit mehr Kandidaten sind möglicherweise mehr Wahlgänge nötig, wobei immer der unbeliebteste Kandidat ausscheidet.)

In Deutschland wird bei der Bundestagswahl in jedem Wahlkreis ein Kandidat in relativer Mehrheitswahl gewählt, Bürgermeister- und Landratswahlen sind dagegen absolute Mehrheitswahlen, bei denen, wenn nötig, mit den zwei beliebtesten Kandidaten eine Stichwahl stattfindet.

## Condorcet-Sieger und Arrow-Paradox

Statt sich auf bestimmte Wahlverfahren zu konzentrieren, beschäftigen sich die Mathematiker mit dem Thema lieber auf abstrakte Weise. Ihre Frage ist: Welche Bedingungen soll ein Wahlsystem erfüllen? Wichtig sind hier die Condorcet-Kriterien, die nach Marie de Caritat, Marquis von Condorcet (1743–1794) benannt sind, der sie 1785 formulierte.

Ein Kandidat ist ein Condorcet-Sieger, wenn er jeden Gegner bei allen möglichen Zählungen der Stimmen schlägt. Das klingt nach einer guten Qualifikation für den Sieger, aber die Dinge sind wie bei jeder Sozialwahltheorie nicht so einfach wie sie scheinen. Wir wollen wieder eine Wahl mit drei Kandidaten annehmen (A, B und C), bei der diesmal die Wähler eine Reihenfolge ihrer Präferenzen angeben. Das Ergebnis sieht so aus:

| CAB  | BAC  | ABC  |
|------|------|------|
| 49 % | 41 % | 10 % |

(Wir nehmen der Einfachheit halber an, dass sich niemand für BCA, CBA und ACB entschieden hat.) Bei dieser Wahl ist Kandidat A der Condorcet-Sieger. Warum? Um dies zu sehen, streichen wir zunächst in der Tabelle alle Cs und addieren die Ergebnisse für AB und BA: A schlägt B mit 59 % gegen 41 %. Streichen wir nun zweitens alle Bs, so siegt A gegen C mit 51 % gegen 49 %. Es ist aber keinesfalls selbstverständlich, dass A nun auch der „natürliche" Wahlsieger ist. Ganz im Gegenteil: Kandidat A hat die bei Weitem wenigsten Stimmen (nur 10 %) für Platz 1 erhalten. Auch bei einer relativen Mehrheitswahl hätte C gewonnen, und A wäre Letzter geworden. Bei einer absoluten Mehrheitswahl mit mehreren Wahlgängen wäre A gleich nach dem ersten Wahlgang ausgeschieden.

Die Condorcet-Kriterien führen noch zu einem weiteren Problem, da die meisten Wahlen überhaupt keinen *Condorcet-Sieger* hervorbringen. Schauen wir uns das folgende Wahlergebnis an:

| ABC  | BCA  | CAB  |
|------|------|------|
| 40 % | 35 % | 25 % |

Bei einer Condorcet-Wahl mit zwei Zählungen siegt A gegen B mit 65 % gegen 35 %, wenn C gestrichen wird, während B gegen C mit 75 % zu 25 % siegt, wenn A gestrichen wird. Andererseits siegt aber C gegen A mit 60 % gegen 40 %, wenn B gestrichen wird. Das heißt, dass keiner der Kandidaten ein Condorcet-Sieger ist. Dieser zyklische Beweis wird Condorcet-Paradoxon genannt. Es bedeutet, dass man allein mit Condorcets Konzept noch kein brauchbares Wahlsystem hat.

Immerhin gibt es einige Condorcet-Systeme, die den Condorcet-Sieger herausfinden, so es denn einen gibt. Das bekannteste wurde von Markus Schulze 1997 erfunden. Zwar setzt kein Land das System für Parlamentswahlen ein, es wurde aber von vielen privaten Organisationen (wie Wikimedia oder Ubuntu) und sogar von MTV übernommen, wo man mit ihm herausfindet, welche Videos gezeigt werden.

Nun gibt es nicht nur Condorcet-Sieger: Ein *Condorcet-Verlierer* ist ein Kandidat, der jedes Verfahren mit zwei Zählungen verlieren würde. Wie aber unser erstes Beispiel gezeigt hat, *muss* es keinen Condorcet-Verlierer geben. Überraschend ist, dass selbst ein Condorcet-Verlierer eine Wahl gewinnen kann! Betrachten wir dazu einen weiteren möglichen Wahlausgang:

| ABC | BCA | CBA |
|-----|-----|-----|
| 45 % | 30 % | 25 % |

(Wieder nehmen wir an, dass andere Reihenfolgen nicht gewählt wurden.) A würde eine relative Mehrheitswahl gewinnen, bei der die Stimmen für B und C verloren gehen, aber A ist Condorcet-Verlierer, weil ihn bei einer zweifachen Stichwahl sowohl B als auch C schlagen (in beiden Fällen mit 55 % gegen 45 %).

Ein Condorcet-Verlierer kann nie eine absolute Mehrheitswahl gewinnen, weil die letzte Runde ein Zweikampf ist, den der Condorcet-Verlierer garantiert verliert. In unserem Beispiel würde C im ersten Wahlgang ausscheiden, dann würde B in der zweiten Runde gegen A mit 55 % gegen 45 % gewinnen.

Neben den diversen Mehrheitswahl- und Condorcet-Systemen gibt es auch noch andere Wahlsysteme, die meist aus einer verwirrenden Kombination von Möglichkeiten bestehen. Warum ist es so schwer, ein universelles System zu finden, das den Wählerwillen optimal repräsentiert?

Das ist eine Frage, mit der sich Anthropologen, Historiker, Politologen und Soziologen schon immer befasst haben. Aber auch die Mathematik bietet verblüffende Einsichten. Eine Antwort auf all die Rätsel gab Mitte des 20. Jahrhunderts Kenneth Arrow. Er stellte zunächst eine Liste der Kriterien auf, die nach dem gesunden Menschenverstand ein faires Bewertungssystem erfüllen muss:

1. Einhelligkeit. Wenn jeder Wähler A den Vorzug vor B gibt, sollte A höher eingeordnet werden als B.
2. Unabhängigkeit von irrelevanten Alternativen. Ob A höher als B eingeordnet wird oder nicht, sollte nur von den relativen Präferenzen von A und B abhängen, nicht aber vom Verhältnis gegenüber einem dritten Kandidaten C.

Folgt man der Logik dieses Gedankengangs, führt das allerdings zu einem ziemlich schockierenden Schluss: Das einzige System, das *beide* Kriterien erfüllt, ist eines, in dem ein einziger privilegierter Wähler das Gesamtergebnis bestimmt. Es wäre die Farce einer Wahl in einer Diktatur. Ordnet dieser eine Wähler die Kandidaten nach ACB ein, wäre das schon das Wahlergebnis. Alle anderen Wählervoten würden ganz und gar ignoriert.

Das Arrow-Paradox, wie es genannt wird, ist das berühmteste Ergebnis der Sozialwahltheorie. Es unterstreicht auch die Rolle der Mathematik auf diesem Gebiet: Es gibt kein „bestes" Wahlsystem, die Bürger müssen sich vielmehr demokratisch auf ein solches System einigen. Die Mathematik kann aber mit großer Präzision die Kompromisse aufzeigen, die jeweils gemacht werden müssen, und sie kann zu den schwierigen Entscheidungen Stellung nehmen, die zu treffen sind.

## Verhältniswahl und Parteien

Bis jetzt ging es in unserer Diskussion immer um Einzelkandidaten wie bei einer Präsidentenwahl. In den meisten politischen Systemen gibt es aber noch eine demokratische Zwischenebene: die politischen Parteien. Sind die persönlichen Verdienste oder Misserfolge eines Kandidaten im Vergleich zu ihrer Parteizugehörigkeit weniger wichtig (was im politischen Rummel oft der Fall ist), bietet sich für Parlamentswahlen ein Verhältniswahlrecht an.

In einem einfachen Beispiel wollen wir zwei Parteien annehmen: die Fortschrittspartei A und die Partei der Ewiggestrigen B. Soll die Zahl der Vertreter der Parteien im Parlament proportional zur Zahl der Stimmen für die Partei sein, gibt es sicher keine mathematischen, sondern eher politische Probleme. Das erste Problem ist, dass dieses

Wahlsystem nur Parteien zulässt, aber nicht unabhängige Einzelkandidaten. Mehr noch: Das Wahlergebnis spiegelt nur den Wählerwillen des ganzen Landes wider, während die Verbindungen der Lokalpolitiker zu ihrer Region nicht berücksichtigt werden. Man hat daher verschiedene Mischsysteme entwickelt, die diese offensichtlichen Schwächen ausgleichen. Man kann zum Beispiel lokal und regional mit einem Mehrheitswahlsystem wählen, auf nationaler Ebene aber mit dem Verhältniswahlsystem.

Dieser Weg einer „personalisierten Verhältniswahl" wurde in Deutschland gewählt. Der Bundestag setzt sich aus den Vertretern der Wahlkreise, die mit der Erststimme in relativer Mehrheitswahl bestimmt werden, und Volksvertretern zusammen, die aufgrund der Zweitstimme in einem Verhältniswahlsystem nach ihrer Parteizugehörigkeit zu ihrem Parlamentssitz kommen.

Bei einer Verhältniswahl in einem Mehrparteiensystem ist die absolute Mehrheit für eine Partei eher die Ausnahme, was zur Folge hat, dass Koalitionen gebildet werden müssen. Auch hier gilt, dass diese Folgen mathematisch gesehen nicht zu beanstanden sind, aber in einem pluralistischen System mit Misstrauen betrachtet werden, da sie zu schwachen Regierungen führen können.

## Grenzen der Wahlbezirke

In vielen modernen Demokratien werden zunächst Repräsentanten für bestimmte Wahlbezirke gewählt, dann bildet später die Partei, die die meisten Repräsentanten gewonnen hat, die Regierung oder hat, wenn sie die absolute Mehrheit verfehlt hat, das Recht und den Auftrag, mit möglichen Koalitionspartnern zu verhandeln. Das bedeutet aber, dass die Aufteilung des Landes in Wahlbezirke zu einer äußerst wichtigen Frage wird.

Nehmen wir an, ein Land mit nur einer Million Wahlberechtigten soll in zwei Wahlbezirke aufgeteilt werden, von denen jeder einen Vertreter wählt, der entweder der Partei A oder B angehört. Um das Modell zu vereinfachen, wollen wir annehmen, dass immer 100.000 Wähler im Block abstimmen. Wir haben also 10 Blöcke, die sich jeweils für A oder B entscheiden. In unserem speziellen Fall wird A nur von zwei Blöcken im äußersten Westen des Landes unterstützt, B verfügt dagegen über die anderen acht Blöcke:

A A B B B B B B B B

Wird das Land auf faire Weise in zwei Wahlbezirke aufgeteilt, nämlich in den Wahlbezirk West mit fünf Blöcken und in Ost mit ebenfalls fünf Blöcken, werden zwei Kandidaten von B gewählt, was auch die Gesamtmehrheit von B widerspiegelt:

A A B B | B B B B B

Teilt man das Land aber ungleich auf, könnte das Resultat so aussehen:

A A B | B B B B B B B

Der Wahlbezirk West hat drei Blöcke und wählt den Kandidaten der Partei A, der Rest des Landes mit sieben Blöcken

wählt den Kandidaten der Partei B. In diesem Szenario
können sich die Bewohner des Ostens zu Recht beschwe-
ren, dass ihre Stimme weniger Gewicht als die im Westen
hat.

Es ist ganz klar, dass das Festlegen der Wahlbezirksgrenzen den Ausgang der Wahl beeinflussen kann, wenn man
das vermutliche Wählerverhalten berücksichtigt. In einer
Verfassung, nach der jede Wählerstimme das gleiche Gewicht haben soll, muss jeder Wahlbezirk (zumindest an-
nähernd) gleich viele Wähler umfassen. Das ist aber noch
nicht alles, denn es bleibt weiterhin möglich, die Grenzen
des Wahlbezirks zugunsten einer Partei zu manipulieren.
Stellen wir uns ein Wahlvolk mit 15 Blöcken in 3 Wahlbezirken vor, wobei in 9 Blöcken die Partei A vorn liegt, in
6 Blöcken die Partei B:

| A | B | B | A | A |
|---|---|---|---|---|
| A | A | B | B | A |
| A | A | A | B | B |

Die Fairness erfordert, drei gleich große Wahlbezirke von
je fünf Blöcken zu bilden. Mit den folgenden horizontalen Unterteilungen würde jeder Wahlbezirk mit 3:2 für A
stimmen, womit überall Kandidaten der A-Partei gewählt
würden, aber keine B-Vertreter:

| A | B | B | A | A |
|---|---|---|---|---|
| A | A | B | B | A |
| A | A | A | B | B |

Die Wähler von B würden das als ungerecht ansehen, da sie nun überhaupt nicht vertreten sind. Zieht man die Grenzen aber wie in der nächsten Abbildung neu, ändert sich das Szenario drastisch. Nun wird der Wahlbezirk Mitte den Kandidaten der B-Partei mit 3:2 wählen, während die Wahlbezirke West und Ost bei A bleiben (mit 4:1 und 3:2). Die neue Grenzziehung hat den Vorteil, die Gesamtunterstützung der Parteien gut zu repräsentieren (9 Blöcke für A, 6 für B):

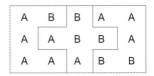

Die Vorteile für die konservative Partei B könnten durch eine kunstvolle Manipulation der Wahlbezirke noch weiter verbessert werden:

|   |   |   |   |   |
|---|---|---|---|---|
| A | B | B | A | A |
| A | A | B | B | A |
| A | A | A | B | B |

In dieser Version sind die A-Wähler im Wahlbezirk West versammelt, wo sie den A-Kandidaten mit 5:0 wählen. Dadurch siegen aber die Anhänger der Partei B in den anderen beiden Wahlbezirken mit jeweils 3:2 – und stehlen damit der Partei A den Gesamtsieg!

Einige Länder versuchen solche Manipulationen zu vermeiden, indem sie das Ziehen der Wahlbezirksgrenzen unabhängigen Gremien überlassen. Die USA haben unglücklicherweise eine lange Geschichte der Manipulation durch beide große Parteien. Ein Fazit davon ist die Existenz einiger äußerst seltsam zugeschnittener Wahlbezirke. Ein schönes Beispiel ist der „Illinois Fourth Congressional District", der die Form eines Paares von Kopfhörern hat.

In Deutschland gilt für die Wahlkreise bei der Bundestagswahl, dass die Wählerzahl nicht mehr als 15 % vom Durchschnitt abweichen soll. Bei Abweichungen ab 25 % *muss* ein Wahlkreis neu zugeschnitten werden. Zuständig dafür ist die unabhängige Wahlkreiskommission.

## Mathematik oder Politik?

Wahlen sind, auf welcher Ebene auch immer, von Haus aus mathematisch. Es geht immer um das Zählen und Vergleichen von Stimmen. Es ist daher nicht überraschend, dass Wahlforscher und Politiker von Zahlen ganz besessen sind. Es werden Bündnisse mit kleineren Parteien geschlossen, um mehr Zweitstimmen zu erhalten, und alle grübeln über die Ergebnisse von Befragungen nach der Wahl nach. Die bloße Mathematik der Stimmenzählung muss aber immer in einem größeren politischen Rahmen gesehen werden, der von den lokalen Umständen und dem historischen Erbe geprägt wird. Die Verfahren sind nie ganz eindeutig, und die Natur eines jeden repräsentativen Systems kann man mit Churchills Aussage zusammenfassen: „Demokratie ist die schlechteste aller Regierungsformen – abgesehen von all den anderen Formen, die von Zeit zu Zeit ausprobiert worden sind."

Mathematisch gesehen kann beispielsweise das relative Mehrheitswahlrecht Großbritanniens äußerst unfair sein. Wenn zwei Parteien um die Wählergunst kämpfen und die Kandidaten der Siegerpartei in jedem Wahlbezirk genau 50,5 % der Stimmen auf sich vereinen, ist im Unterhaus nur diese Partei vertreten, während es keine Opposition gibt, die die restlichen 49,5 % der Wähler vertritt. Das kommt derzeit nicht vor, weil weder der Zuschnitt der Wahlbezirke noch das Wählerverhalten Derartiges bewirken. Kritiker des Systems weisen aber immer wieder auf dieses vom Zufall bestimmte Verhältnis der Prozentzahlen der Wähler und der Sitze im Parlament hin. Kürzlich wurde aber in einem Referendum klar, dass die Bevölkerung wenig Interesse an einer Änderung hat.

Im US-Senat, dem amerikanischen Oberhaus, sitzen von jedem Bundesstaat unabhängig von dessen Einwohnerzahl zwei Senatoren. Das ist ein historisches Erbe, das beispielsweise dem großen, aber nur dünn besiedelten Montana (1 Mio. Einwohner) das gleiche Gewicht wie dem ökonomischen Machtfaktor Kalifornien (37 Mio. Einwohner) gibt. Rein mathematisch gesehen und was die Proportionalität betrifft, gibt es keinerlei Rechtfertigung für diesen Zustand. Kritiker sagen dazu, dass die Besetzung des Senats den Wählern im Herzland der bäuerlich geprägten Bundesstaaten unverdientes zusätzliches Gewicht verleiht. Das System bleibt aber erhalten, weil es historisch mit dem Respekt für die Rechte der Bundesstaaten, der amerikanischen Verfassung, mächtigen Lokalinteressen und dem Misstrauen gegenüber der Regierung in Washington verbunden ist.

Mit der Sozialwahltheorie kann die Mathematik dazu beitragen, demokratischen Staaten wertvolle Analyseinstrumente zu liefern und Kritikern wie Verteidigern der verschiedenen Wahlsysteme Munition bereitzustellen. Sie könnte sogar zur Entwicklung neuer Systeme beitragen, wobei die erwähnte Schulze-Condorcet-Methode ein Beispiel ist. Aber die großen politischen Schlachten werden gewöhnlich mit anderen Waffen geschlagen.

# 11

# Die Welt der Computergraphik

## Die Konstruktion von Bildern mit dem Computer

Die Mathematiker lieben es, sich mit klassischen Formen wie Quadraten und Kugeln zu befassen, die klar und deutlich beschrieben werden können. Die Welt ist jedoch voll von weit komplizierteren Formen. So gibt es beispielsweise keine einfache Gleichung, die den Umriss einer Hand oder die Konturen einer Nase beschreibt. Wenn man also eine solche Form für ein Computerspiel oder einen Zeichentrickfilm schaffen will, muss man für die Modellierung auf Näherungsmethoden zurückgreifen. Animateure haben sich mit diesem Problem seit 1972 herumgeschlagen, als Ed Catmull und Fred Parke einen dreidimensionalen Trickfilm von Catmulls Hand produzierten. Der Film war das erste Beispiel für dreidimensionale Computergraphik.

Beim Lösen dieser Aufgabe trat eine weitere klassische mathematische Form als Retter auf. Obwohl die vom Computer erzeugten Szenarien mit höchster Kunst gefertigt sind, liegen ihnen ganz einfache geometrische Ideen zugrunde. Der üblichste Ansatz ist, die Oberfläche eines Objekts in die einfachsten geometrischen Formen zu unterteilen, die es gibt: in Dreiecke. Das hat eine lange, ehrenvolle Geschichte, denn die „Triangulation", die unseren heutigen

Hightech-Anwendungen zugrunde liegt, hat schon in vielen anderen Zusammenhängen eine Rolle gespielt – von der Landvermessung bis zur Analyse der Ausbreitung von Seuchen. Mathematiker verwenden schon seit Jahrhunderten Triangulationen, da sie auch zahlreiche geometrische Informationen über die behandelten Oberflächen liefern, zum Beispiel die Zahl und Art von Löchern. (Diese Fragen sind von besonderem Interesse für einen Zweig der Mathematik, der als Topologie bekannt ist; siehe Kap. 16). Triangulationen sind heute das Standardwerkzeug bei der Modellierung durch Computer.

Anhand eines Beispiels wollen wir nun sehen, wie eine solche Triangulation vonstattengeht: Es soll ein Computermodell für eine Hand entstehen, das in einer vom Computer erzeugten Passage (Computer Generated Imagery, CGI) eines Films eine Rolle spielt. Als Erstes legen wir Punkte auf der Oberfläche der Hand fest. Der nächste Schritt ist, so viele Punkte wie möglich mit Geraden zu verbinden, die sich nicht überschneiden und nicht in die Oberfläche der Hand eindringen. Das Ergebnis ist eine Triangulation der Handoberfläche. Wenn eine so komplizierte Fläche dargestellt werden muss, versucht man in einem ersten Ansatz die Geometrie des Originals mit möglichst vielen Details zu triangulieren. Dann kann man die Originalform vergessen, und die Triangulation selbst wird zum Gerüst, mit dessen Hilfe die virtuelle Darstellung aufgebaut wird. Der letzte Schritt besteht darin, das Gerüst mit flachen Dreiecksflächen zu füllen. Natürlich wird das erste Resultat irgendwie unnatürlich eckig aussehen. Dem kann man aber mit kunstvollen Glättungen und Schattierungen begegnen, aber auch damit, dass man das Triangulationsnetz fein genug macht.

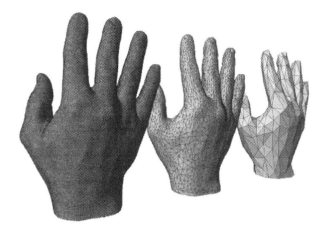

**Abb. 11.1** Je feiner das Triangulationsnetz ist, umso mehr ähnelt die vom Computer erzeugte Hand einer realen Hand. (© Patrick Nugent)

## Ein Netz aus Dreiecken

Es gibt unzählige Möglichkeiten, eine vorgegebene Oberfläche zu triangulieren. Das wird schon klar, wenn man die einfachste aller Oberflächen betrachtet: eine ebene Fläche. Sie kann in unendlich viele Kombinationen von langen, kurzen, breiten und schmalen Dreiecken zerlegt werden. Einige Triangulationen sind aber für die Modellierung im Computer nützlicher als andere. Die erste Frage, die sich aufdrängt, ist, wie fein das Netz aus Dreiecken sein sollte. Das wird in erster Linie durch die Dichte der Punkte bestimmt. Die richtige Antwort hängt aber vor allem von der Anwendung ab: Ein engmaschigeres Netz liefert realistischere Annäherungen der Oberfläche (Abb. 11.1), benötigt aber auch mehr Computerleistung, um es zu bearbeiten.

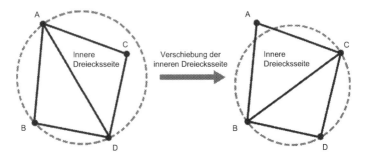

**Abb. 11.2**  Die Triangulation links entspricht nicht der Forderung von Delaunay, da in dem Kreis durch ABD auch der Punkt C liegt. Mit einer anderen Wahl der Triangulation (Kreis durch BDC) wie in der rechten Darstellung wird Delaunays Forderung erfüllt. (© Patrick Nugent)

Die Zahl der Punkte ist aber nicht der einzige Faktor. Sind einmal die Punkte festgelegt, bleibt als nächste Frage, wie sie verbunden werden sollten. Zu viele sehr lange, schmale Dreiecke verleihen dem Modell mehr Struktur in eine Richtung auf Kosten der anderen. Um dieses Ungleichgewicht zu vermeiden, verwendet man eine optimale Triangulation, die 1934 von Boris Delaunay (russ. Делоне, 1890–1980) erfunden wurde. Die Definition einer Delaunay-Triangulation sieht so aus: Ein Kreis, der durch die drei Ecken eines Dreiecks geht, darf nur die drei Eckpunkte dieses Dreiecks und keine Eckpunkte anderer Dreiecke enthalten. Folgt man dieser Regel, ist sichergestellt, dass die Dreiecke ein schön ausgewogenes Netz bilden (Abb. 11.2).

Wie kann man aber zu einer Triangulation im Sinne Delaunays kommen? Es gibt einen hübschen Trick: Man verschiebt die Verbindungsgeraden. Man fängt mit den Punkten an und zeichnet die Verbindungslinien, um zunächst zu irgendeiner Triangulation zu kommen. Das Risiko ist natürlich groß, dass das Kriterium Delaunays nicht erfüllt wird. Das zeigt sich, wenn in einem der Kreise durch die Dreieckspunkte ein vierter Punkt liegt. Mit den vier Punkten können aber zwei verschiedene Dreieckskonfigurationen gezeichnet werden, und man kann zu einer guten Lösung kommen, indem man die innere Verbindungslinie verschiebt. Jede Triangulation kann der Forderung Delaunays entsprechen, wenn man nur ausreichend viele Verschiebungen vornimmt. Inzwischen gibt es Programme, die den Verschiebungsprozess als schnelle Methode anwenden, um Delaunay-Triangulationen zu erzeugen.

## Vom Dreiecksnetz zum Modell

Kehren wir nun zu unserem angestrebten Modell der Hand zurück. Mit der Festlegung der Dreieckspunkte für die Delaunay-Triangulation haben wir ein Gerüst für die dreidimensionale Struktur. Der letzte Schritt ist nun, die Lücken mit Dreiecksflächen zu füllen. Wie legen wir aber die Fläche fest, die grün eingefärbt werden soll, wenn wir annehmen, dass unsere Computerhand einem Alien gehört und daher grün aussehen sollte?

Wir wollen uns auf ein Dreieck konzentrieren und mit der geometrischen Frage beginnen, ob ein Punkt im dreidimensionalen Raum im Dreieck liegt oder nicht und ob er daher grün sein muss. Die Antwort ist erfreulich einfach: Man muss nur die „konvexe Hülle" der Ecken des Dreiecks bestimmen.

Die Mathematik hinter dieser Idee einer „konvexen Hülle" wird am deutlichsten, wenn wir zunächst nur zwei

Punkte betrachten, die wir $x$ und $y$ nennen. Alle Punkte zwischen $x$ und $y$ bilden einen Abschnitt auf der Geraden durch $x$ und $y$. Die Position genau in der Mitte zwischen ihnen ist:

$$\frac{1}{2}x + \frac{1}{2}y.$$

Ein Punkt auf dem Drittel des Wegs von $x$ nach $y$ ist:

$$\frac{2}{3}x + \frac{1}{3}y$$

und ein Punkt auf drei Vierteln des Wegs:

$$\frac{1}{4}x + \frac{3}{4}y.$$

Allgemein gesprochen gilt für die Punkte auf einem Streckenabschnitt zwischen $x$ und $y$ die Formel $ax + by$, wobei $a$ und $b$ positive Zahlen sind, für die $a + b = 1$ gilt. Es ist dieser Abschnitt der Geraden durch $x$ und $y$, der die konvexe Hülle der zwei Originalpunkte bildet.

Das gleiche Prinzip kann man auch auf mehr Punkte anwenden. Insbesondere kann man so auch das Problem bei der Triangulation lösen: Sind die Ecken des Dreiecks $x$, $y$ und $z$, gilt für alle Punkte innerhalb des Dreiecks $ax + by + cz$, mit $a + b + c = 1$. Damit ist die konvexe Hülle der originalen drei Punkte bestimmt. Indem der Computer alle Dreiergruppen von $a$, $b$ und $c$ abarbeitet, für die $a + b + c = 1$ gilt, kann er schnell die konvexe Hülle grün färben, und wir haben das ausgefüllte Dreieck.

Dieses Verfahren kann man auch auf große Punktmengen übertragen. Im Allgemeinen hat die konvexe Hülle einer Punktmenge auf einer Ebene die Gestalt eines dehnbaren Bandes, das alle Punkte so eng wie möglich umschließt. (Für Punkte im dreidimensionalen Raum können wir uns einen Beutel aus elastischer Folie vorstellen, der die Punkte umschließt).

# Woronoi-Kacheln und die Kartierung von Seuchen

Delaunay-Triangulationen sind nicht nur für das Modellieren mit dem Computer entscheidend, sie haben noch eine Vielzahl weiterer Anwendungen. Delaunay hat sein Verfahren ursprünglich entwickelt, um die komplizierte Geometrie dreidimensionaler Kristalle zu verstehen. Es spielt auch eine Rolle bei Ausarbeitung von Karten. Dort erweisen sich die Delaunay-Triangulationen als Woronoi-Kacheln, die nach Georgi Woronoi (russ. Вороной, 1868–1908) benannt sind, der diese Konfigurationen schon 1908 untersucht hat. Heute werden diese Kacheln in vielen Disziplinen angewandt, von der Meteorologie bis zu den Sozialwissenschaften, weil man mit ihnen zahlreiche auf den ersten Blick komplizierte Fragen schnell beantworten kann.

Die Kacheln funktionieren so: Man beginnt mit einer Anordnung von Punkten auf einer Karte. Es gibt eine einfache Methode, mit der man mit diesen Punkten die Karte in Regionen aufteilen kann: Jede Stelle auf der Karte wird dem nächstgelegenen Punkt zugeordnet. Die Grenzen der so entstehenden Woronoi-Kacheln, die ganz verschiedene Formen und Größen haben können, verlaufen dort, wo

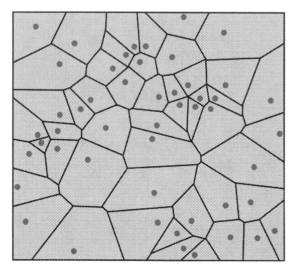

**Abb. 11.3** Eine Anordnung von Knoten erzeugt die zugehörige Einteilung in Woronoi-Kacheln. (© Patrick Nugent)

der Abstand zu den nächstgelegenen Punkten gleich ist (Abb. 11.3).

Wie kommen nun Dreiecke zum Zug? Es ist vielleicht etwas überraschend, aber die Woronoi- Kacheln der Geographen sind das Gleiche wie eine Delaunay-Triangulation der Computerprogrammierer. Der Zusammenhang ist allerdings etwas versteckt. Genauer gesagt: Die zwei Anordnungen entsprechen sich, sie sind „dual". Wir beginnen mit einer Anordnung von Punkten und den zugehörigen Woronoi-Kacheln. Ziehen wir nun Linien zwischen den Punkten, deren Woronoi-Kacheln aneinandergrenzen, ist das Ergebnis eine Delaunay-Triangulation.

Wie es manchmal mit nützlichen und natürlichen Konzepten so ist, wurden Woronoi-Kacheln schon lange benützt, bevor sie Woronoi beschrieb. Ein bemerkenswertes Beispiel stammt aus der Mitte des 19. Jahrhunderts, einer Zeit, in der in London das Trinkwasser vieler Haushalte noch aus öffentlichen Pumpen geholt wurde. Keine Frage, dass jeder, der Wasser holen musste, die nächstgelegene Pumpe wählte. Die ärmeren Viertel des viktorianischen London waren daher in imaginäre Woronoi-Kacheln aufgeteilt, was die Wasserversorgung betraf. Das erlangte akute Bedeutung, als 1854 in der Stadt die Cholera ausbrach und über 600 Menschenleben forderte. Man wusste damals noch nicht, dass die Krankheit von Bakterien ausgelöst wird. Die herrschende Theorie war vielmehr, dass sie von „Miasma", also vergifteter Luft, übertragen wurde. Als Dr. John Snow die Fälle von Cholera auf einem Stadtplan von London einzeichnete, stellte er eine markante Häufung in einer Fläche fest, die einer Woronoi-Kachel um eine Wasserpumpe in der Broad Street im Stadtteil Soho entsprach. Mit dieser Beobachtung war für Snow klar, dass Cholera von verseuchtem Wasser verbreitet wird und jene Pumpe die Quelle der Seuche war. Er konnte die Verwaltung überzeugen, die Pumpe stillzulegen.

In der Zeit nach John Snows Tat kamen die Woronoi-Kacheln bei vielen praktischen Problemen zum Einsatz. Stellen wir uns eine Supermarktkette vor, die vor der Stadt eine neue Filiale eröffnen will. Die Manager wollen weder zu nahe an der Konkurrenz bauen, noch wollen sie die eigenen schon existierenden Läden schädigen. Wenn man andere Faktoren ausklammert, geht es also darum, möglichst weit entfernt von allen anderen Supermärkten zu bauen. Aber wie kann man diesen Ort finden? Der erste Schritt ist wieder, jeden vorhandenen Supermarkt mit einem Punkt auf der Karte zu markieren. Ziel ist, den größten Kreis ohne Supermarkt zu finden, der auf der Karte gezeichnet werden kann. Im Mittelpunkt dieses Kreises soll dann der neue Laden entstehen.

Zeichnet man für dieses Szenario die Woronoi-Kacheln, ist der Platz schnell gefunden. Es ist sicher, dass er auf einem der Eckpunkte der Kacheln liegt, also an einer Stelle, wo drei oder mehr Kacheln zusammenstoßen. Genauer gesagt: Er wird auf dem Knoten liegen, dessen nächster Woronoi-Punkt weiter entfernt ist als bei jedem anderen Knoten.

## Grenzen der Triangulation

Die Triangulation, die zu den Hauptmethoden der Computerprogrammierer gehört, geht davon aus, dass man jede zweidimensionale Fläche triangulieren kann. Das scheint schon der gesunde Menschenverstand zu sagen, und beruhigenderweise ist es auch wahr. Beunruhigend ist aber, dass die gleiche Annahme für höhere Dimensionen nicht mehr stimmt.

Dort ist das Äquivalent zu einer Triangulation die Zerlegung einer Form in Simplexe. Ein Simplex ist ein Abschnitt einer Geraden (begrenzt von zwei Punkten), ein Dreieck (gebildet von drei Punkten), ein Tetraeder (aus vier Punkten) oder ein äquivalentes Gebilde mit mehr Dimensionen. Bei drei Dimensionen wird der Raum in tetraederförmige Gebilde aufgeteilt, und das Gegenstück zur Delaunay-Triangulation wären dann Kugeln anstelle von Kreisen. Das Delaunay-Prinzip besagt nun, dass die Kugel durch die vier

Eckpunkte eines Tetraeders keine Eckpunkte anderer Tetraeder enthalten darf.

Höherdimensionale Delaunay-Triangulationen haben verschiedene Anwendungen in den Ingenieurswissenschaften: Indem man das originale gewölbte Objekt durch ein trianguliertes ersetzt, werden viele schwierige Probleme lösbar, wie etwa die Ausbreitung von Wärme in einem Körper oder die Zugkräfte, denen verschiedene Teile eines Objekts ausgesetzt sind. 1982 löste aber der amerikanische Mathematiker Michael Freedman einen Schock aus, als er auf die bemerkenswerte Tatsache stieß, dass es eine vierdimensionale Form gibt, die aufgrund ihrer inneren Verknotungen nicht trianguliert werden kann.

# 12
# Spiegelwelten der Moleküle
## *Die (A)symmetrien des Universums*

In unserem Alltagsleben sind wir mit der Erfahrung vertraut, uns gelegentlich zu vertun, wenn wir Richtungen angeben: Wir sagen „rechts", wenn wir „links" meinen und umgekehrt. Es ist ein peinlicher Fehler, denn schließlich haben wir als Kind gelernt, rechts von links zu unterscheiden, oder? In jeder derartigen Situation läuft aber ein komplizierter geistiger Prozess ab, der auf überraschend tiefe Fragen über die Natur von rechts und links verweist: Existieren rechts und links wirklich in objektiver Weise oder beziehen wir uns einfach nur auf die jeweilige Umgebung, die wir wahrnehmen? Für zwei Menschen, die sich anschauen, ist die linke Seite des Gegenübers dessen rechte Seite. Was ist dann genau der Unterschied zwischen beiden? Könnte es eine universelle Definition von links und rechts geben, die uns solche Überlegungen erspart?

Das klingt vielleicht nach einer unnützen Spekulation, es ist aber alles andere als das. Die Überlegungen führen uns in die Welt der Spiegeluniversen und der grundsätzlichen Debatten über Symmetrie. Diese Debatten zählen zu den wichtigsten Themen der naturwissenschaftlichen Forschung in den letzten hundert Jahren und haben einige spektakuläre und überraschende Entdeckungen zur Folge gehabt. Im tiefsten Grund zielen diese Fragen auf die Natur des Seins überhaupt und darauf, ob das Sein – und damit auch wir – Gesetzen der geometrischen Symmetrie unterworfen sind.

## Orientierungsprobleme

In der Geometrie gibt es einen grundsätzlichen Unterschied zwischen orientierbaren und nicht-orientierbaren Räumen. In einem orientierbaren Raum können wir auf konsistente Weise zwischen links und rechts unterscheiden. Diese Unterscheidung hat im gesamten Raum Gültigkeit. Das klingt ganz simpel, es ist daher überraschend, dass es überhaupt Räume gibt, in denen diese Orientierung *nicht* möglich ist. Das bekannteste Beispiel, an dem sich schon Generationen von Mathematikstudenten erfreut haben, ist das Möbiusband: ein rechteckiger Papierstreifen, dessen eines Ende um 180° gedreht und dann mit dem anderen zusammengeklebt wird. Um nun das Nicht-Orientierbare an ihm zu sehen, wollen wir uns eine zweidimensionale Person vorstellen, die auf dem Band lebt – genauer gesagt: in dem Band, denn *auf* der Bandoberfläche würde schon heißen, dass es eine dritte Dimension gibt, die das Möbiusband aber nicht hat. Nehmen wir nun an, dass unser flacher Freund eine seiner Hände mir „rechts" bezeichnet, die andere mit „links". Das hört sich unproblematisch an, und da er geschickt ist, kann er mit der Rechten einen Ball hüpfen lassen und uns gleichzeitig mit der Linken zuwinken. Die Überraschung kommt aber, wenn er sich auf eine Expedition um das Band begibt und dabei weiterhin den Ball hüp-

**Abb. 12.1**   Ein zweidimensionaler Mann wird zu seinem eigenen Spiegelbild, wenn er einmal das Möbiusband umrundet. (© Patrick Nugent)

fen lässt und uns zuwinkt. Wenn er wieder am alten Platz ist, haben seine Hände die Seiten gewechselt: Er spielt mit der Linken Ball und winkt mit der Rechten. Allein durch den Gang um das Band ist der Mann zu seinem eigenen Spiegelbild geworden (Abb. 12.1) – und das ist genau die Definition eines nicht-orientierbaren Raums.

Ein weiterer nicht-orientierbarer Raum, den die Mathematiker lieben, ist die sogenannte Klein'sche Flasche (siehe die Abb. 16.4). Anders als das Möbiusband, aber vielleicht unserem Universum ähnlich, hat dieses Gebilde weder Ränder noch Grenzen. Man kann eine Klein'sche Flasche herstellen, indem man zwei Möbiusbänder an ihren Rändern zusammenzuklebt. Der entstehende Raum ist im Inneren zusammenhängend, hat aber die Eigenschaft, dass jede Version, die man zu bauen versucht, irgendwo sich selbst durchdringen muss.

Das Möbiusband und die Klein'sche Flasche sind beides zweidimensionale Räume, das heißt, dass jeder kleiner Ausschnitt wie ein Stück einer ebenen Fläche aussieht. Dass sie als Ganzes nicht-orientierbar sind, resultiert aus der Tatsache, dass der großskalige Raum um ein Loch in der dritten Dimension gewunden ist (siehe Kap. 16). Dieses Loch wäre für einen imaginären Bewohner des Raums unsichtbar, seine Existenz kann aber indirekt abgeleitet werden. Die Existenz des Lochs ist an sich noch keine Garantie für Nicht-Orientierbarkeit: Der Bewohner eines Planeten in Donut-Form befindet sich durchaus in einer Welt, in der er sich perfekt orientieren kann.

Seit über einem Jahrhundert kennen die Geometer auch dreidimensionale (und noch höherdimensionale) nicht-orientierbare Räume. Das wirft die größte aller Fragen auf: Was ist mit unserem Universum? Ist es nicht-orientierbar, könnte im Prinzip ein zukünftiger Astronaut von einer Raumfahrt – vielleicht von einer Reise um ein seltsames Wurmloch – zurückkommen und wäre zu seinem eigenen Spiegelbild geworden: Die inneren Organe haben die Seiten gewechselt, das Herz schlägt rechts. Wenn die vierdimensionale Raumzeit unseres Universums nicht-orientierbar ist, kann es aber auch so ausgehen, dass der Astronaut auf die Erde zurückkommt und die Zeit nun rückwärts läuft.

Eines mag Sie erleichtern: Heute stimmt man weitgehend überein, dass unser Universum höchstwahrscheinlich orientierbar ist. Das heißt, wir können zumindest überall zuverlässig zwischen links und rechts unterscheiden. Aber ist das eine freie Entscheidung? Oder liegt die korrekte Antwort fest? Die wirkliche Frage bezieht sich hier natürlich nicht auf die Wörter, die wir wählen, denn wir können uns leicht vorstellen, die Begriffe „links" und „rechts" zu vertauschen. Es geht vielmehr um ein tiefes Rätsel der Physik.

Wir wollen wissen, ob es irgendwelche physikalische Prozesse gibt, bei denen eine der Richtungen bevorzugt wird. Um die Frage anders zu formulieren: Könnte man die Änderungen nach dem Ersetzen des gesamten Universums durch sein Spiegelbild irgendwie beschreiben?

Es wird Zeit, wieder zu unserem zweidimensionalen Freund zurückzukehren. Wir wollen ihm bei der Besichtigung des Möbiusbandes folgen und entdecken, dass er eine ziemlich unexotische Heimat gefunden hat: ein Dreieck. Ist es ein asymmetrisches Dreieck, ist er in der Lage, „links" als die Richtung zu definieren, in der die längste Seite eine der kürzeren im spitzeren Winkel trifft. Ist das Dreieck aber symmetrisch, ist diese Definition nicht möglich. Im asymmetrischen Fall wird er, wenn während seines Schlafs das gesamte dreieckige Universum gespiegelt wird, beim Aufwachen etwas merken. In seinem gleichschenkligen Universum wird es ihm sehr schwer fallen, den Unterschied festzustellen.

Das Gleiche gilt bei drei Dimensionen. Wir wollen nun unseren Freund als Gefangenen in einen leeren würfelartigen Raum stecken, der einen gelben Boden, eine rote Wand, drei weiße Wände und eine weiße Decke hat. Wird der Raum über Nacht gespiegelt, kann unser Freund keinen Unterschied feststellen, wenn er aufwacht. Der Grund ist, dass der Raum spiegelsymmetrisch ist. Eine Spiegelung an der roten Wand würde dazu führen, dass der Raum genau gleich aussieht. Eine Spiegelung an einer anderen Wand würde vielleicht die rote Wand verschieben, wonach der Gefangene vielleicht für einen Augenblick orientierungslos wäre, weil er die rote Wand nicht dort findet, wo er sie vermutet. Aber selbst in diesem Fall würde das Spiegelbild einer Drehung des Raums entsprechen. Nach einem Moment der Neuorientierung wird klar, dass die Umgebung exakt der vom Vortag gleicht.

Anders ist es, wenn zwei aneinandergrenzende Wände rot und grün gestrichen sind. Das Spiegeln an einer beliebigen Fläche bedeutet dann, dass die grüne Wand auf der anderen Seite der roten liegt. Ein solcher Raum hat keine Spiegelsymmetrie. Mit anderen Worten: Es ist unmöglich, ihn zu spiegeln, sodass er danach gleich aussieht. Unser Freund wird bemerken, dass etwas los ist.

Da beide Szenarien geometrisch möglich sind, müssen wir unsere zentrale Frage präzisieren: Ist unser Universum spiegelsymmetrisch oder nicht? Um diese Frage zu beantworten, müssen wir uns aus der Leere des Weltalls hinunter ins Reich der Moleküle und Atome begeben.

## Links und rechts im Universum

Wie jenen Raum mit seiner grünen und roten Wand gibt es auch Chemikalien mit rechtshändigen und linkshändigen Varianten. Der Fachbegriff dafür ist Chiralität oder Händigkeit. Die einfachsten Moleküle sind „achiral", das heißt, sie haben keine Händigkeit. Ersetzt man sie durch ihr Spiegelbild, ändert das nichts. Das Wassermolekül ist ein schönes Beispiel: Sein einziges Sauerstoffatom sitzt zwischen zwei Wasserstoffatomen. Die zugrunde liegende Symmetrie besagt, dass ein wie immer auch gespiegeltes Molekül so gedreht werden kann, dass es vom Ausgangsmolekül nicht zu unterscheiden ist.

Andere Moleküle sind jedoch „chiral", haben also keine Spiegelsymmetrie. Ihr Spiegelbild unterscheidet sich fundamental vom Original. Louis Pasteur (1822–1895) entdeckte 1848 mit der Weinsäure das erste chirale Molekül. Die Chemiker nennen Original und Spiegelbild Enantiomere. Viele lebenswichtige Moleküle wie etwa die Aminosäuren, die unsere Proteine bilden, oder die Zuckermoleküle, der Brennstoff unseres Körpers und die DNA treten in zwei Versionen auf (siehe Kap. 9). Die irdischen Proteine, aus denen wir aufgebaut sind, bestehen meist aus linkshändigen Aminosäuren. Es gibt im Prinzip keinen Grund, warum nicht anderswo im Universum Lebensformen existieren, die den irdischen ähneln, aber aus rechtshändigen Proteinen gebildet sind. Auf der Ebene der Moleküle wären diese Aliens unsere Spiegelbilder.

Die links- und rechtshändigen Versionen eines Moleküls können verschiedene chemische Eigenschaften aufweisen. Man versteht diese Besonderheit zwar noch nicht ganz, weiß aber, dass die Folgen schwerwiegend sein können. Ein berüchtigter Fall ist das Medikament Contergan mit seinem Wirkstoff Thalidomid, das 1957 von dem deutschen Pharmaproduzenten Grünenthal auf den Markt gebracht wurde und bei Schwangeren die morgendliche Übelkeit beheben sollte. Während seine rechtshändigen Moleküle dieses Ziel tatsächlich erreichten, erkannte man zu spät, dass die gleichen Moleküle Geburtsfehler verursachen, wenn sie linkshändig sind. So wurden Tausende von Kindern mit unterentwickelten Armen und Beinen geboren. Man erkannte auch viel zu spät, dass sich ein Enantiomer sogar spontan im menschlichen Körper in seine andere Form verwandeln kann.

Das Thalidomid zeigte mit aller Deutlichkeit die Bedeutung der chemischen Chiralität. Chiralität ist aber auch ein *relatives* Phänomen. Warum zwei Enantiomere im menschlichen Körper unterschiedlich reagieren, liegt daran, dass die DNA selbst chiral ist. In einer Welt von Aliens, die vorwiegend links- statt rechtshändige DNA besitzen, wäre rechtshändiges Thalidomid die gefährliche Variante.

Wir können nun fragen, ob das Universum in irgendeinem absoluten Sinn chiral ist. Über viele Jahre haben die Physiker diese Frage als das Problem der Paritätserhaltung definiert und in der Mehrzahl geglaubt, dass das Universum *nicht* chiral ist. Es herrschte die Überzeugung vor, dass alle physikalischen Gesetze in einer Spiegelwelt gleich sind. Erst auf der subatomaren Ebene, in der winzigen Welt der Protonen, Neutronen und Elektronen, wurden dann Entdeckungen gemacht, die all diese Annahmen auf den Kopf stellten.

Die Physiker glauben heute, dass es vier Grundkräfte in der Natur gibt: Die Gravitation hält uns auf unserem Planeten fest und hält die Kreisbewegung der Erde um die Sonne aufrecht. Der Elektromagnetismus bewegt die Elektronen um den Atomkern. Die übrigen beiden Kräfte wirken in der Regel nur innerhalb des Atomkerns selbst: Die sogenannte „starke Kernkraft" bindet die Bestandteile des Atomkerns aneinander, die „schwache Kernkraft" trägt manchmal dazu bei, ihn zu sprengen.

Unter den vier genannten Kräften ist es die schwache Kernkraft, die eine ganz besondere Eigenschaft hat. Man kann es am Beispiel von Kobalt 60 erklären, einem radioaktiven Element. Die schwache Kernkraft ist dafür verantwortlich, dass aus einem Neutron im Kern spontan ein

Proton und aus Kobalt-60 das Element Nickel-60 wird. Bei diesem Prozess wird ein Elektron (das in diesem Zusammenhang als Beta- Teilchen bezeichnet wird) ausgeschickt. 1957 warf Chien-Shiung Wu in den USA die Frage auf, in welche *Richtung* das Elektron ausgeschickt wird. Ihre Untersuchungen waren von einer theoretischen Arbeit angeregt worden, die Tsung Dao Lee und Chen Ning Yang, zwei Physiker der Columbia University, verfasst hatten. Sie hatten bemerkt, dass die Symmetrie der Schwerkraft, des Elektromagnetismus und der starken Kernkraft auf vielfältige Weise bestätigt wurde, dass aber noch niemand die Verhältnisse bei der schwachen Kernkraft erforscht hatte. (Die beiden Forscher erhielten für ihre Arbeiten 1957 den Nobelpreis).

Man wusste schon, dass das Beta-Teilchen entweder aus dem Nord- oder dem Südpol des Kerns entweicht, also aus den beiden Punkten des Kerns, die ruhen, wenn der Kern rotiert. Aber aus welchem der beiden Pole? Die Pole unterscheiden sich in der Rotationsrichtung. Blickt man von oben auf den Nordpol, scheint sich der Kern gegen den Uhrzeigersinn zu drehen, beim Südpol ist es umgekehrt. In einem gespiegelten Universum wären die Pole des Kerns vertauscht.

Erstaunlicherweise zeigten Wus Experimente eindeutig, dass das Elektron weit häufiger am Südpol entweicht als am Nordpol. Das ist eine klare Verletzung der Parität: In einem Spiegeluniversum würden mehr Elektronen vom Nordpol als vom Südpol ausgehen. Original- und Spiegeluniversum würden sich also auf messbare Weise unterscheiden. In den folgenden Jahren wurden weitere Beispiele der Paritätsverletzung gefunden, die alle mit der schwachen Kernkraft zusammenhingen.

Eine Folgerung aus Wus bemerkenswerter Entdeckung ist, dass wir nun mit größerer Sicherheit annehmen können, in unserem Universum einen orientierbaren Raum vor uns zu haben, einen Raum, in dem es möglich ist, universell gültige Aussagen über links und rechts zu treffen. Beim Beta-Zerfall scheint es wahrscheinlich, dass die Natur eine solche Wahl getroffen hat. Wäre unser Universum nicht-orientierbar, müsste es in ihm einen Bereich geben, in dem das Kobalt-60 auf andere Weise zerfällt als auf der Erde, also so, dass mehr Elektronen aus dem Nordpol entweichen. Zwischen den beiden Bereichen müsste es eine Art Schwelle geben, auf der die Richtung des Beta-Zerfalls umgeschaltet wird.

Es ist nicht völlig ausgeschlossen, dass das Universum nicht-orientierbar ist und es folglich *kein* universelles Gesetz des Beta-Zerfalls gibt. Die verfügbaren Beweise sprechen aber deutlich für das Gegenteil, also für einen universellen Beta-Zerfall und ein orientierbares Universum.

## Letzte Bastionen der Symmetrie

Die dramatische Entdeckung der Paritätsverletzung überlagerte Tausende Jahre der Vorstellung von unserer realen Welt. Für die Vertreter der Symmetrie war damit aber noch nicht alles entschieden. Einige Physiker schlugen zurück und stellten die Hypothese auf, dass die Kombination eines Überschusses an linkshändiger Parität mit einer gleichzeitigen Umkehr der elektrischen Ladung zu einer wahren Symmetrie des Universums beitragen würde. Dieser Version mit dem Namen CP-Symmetrie (Charge-Parity-Symmetry) ging es aber nicht besser als der reinen P-Symmetrie: 1964 fanden die beiden amerikanischen Forscher James Cronin und Val Fitch, dass auch dieses Prinzip verletzt wurde. Für ihre Entdeckung erhielten sie 1980 den Nobelpreis.

Heute gibt es eine Symmetrie, die der Überprüfung standhält: die CPT-Symmetrie (Charge-Parity-Time-Symmetry). Sie besagt, dass bei einer gleichzeitigen Änderung der Ladung (positiv zu negativ), der Parität (links zu rechts) und der Zeitrichtung die Symmetrie erhalten bleibt. Soweit man bis jetzt weiß, erfüllen alle physikalischen Prozesse dieses Gesetz.

Aber auch diese letzte Bastion der Symmetrie steht unter Beschuss. Viele Forscher arbeiten daran, die Stärke der Befestigung dieser Bastion mit der höchstmöglichen Präzision zu testen. Die gute Nachricht für die Verteidiger der CPT-Symmetrie ist, dass bis jetzt noch keine brüchigen Stellen gefunden wurden und dass Hoffnung besteht, sie könnte allen Angriffen standhalten. Gleichgültig, ob sie standhält oder nicht: Wir können zumindest darauf vertrauen, dass die Geometrie der Symmetrie unser Verständnis der grundlegenden Gesetze des Universums verbessert (und gelegentlich zu Fall bringt).

# 13

## Syphilis und Christbaumkerzen

### *Die Mathematik von Gruppentests*

1943, mitten im Zweiten Weltkrieg, bekamen die Verantwortlichen in der US-Armee Bedenken wegen der Zahl der registrierten Syphilis-Fälle unter den Soldaten. Aber wie ernst war das Problem? Und wie konnte man die infizierten Soldaten aussondern? Um diese Fragen zu beantworten, waren sehr zeitaufwendige Untersuchungen mit teuren Bluttests nötig. Die obersten Militärs fragten sich, ob man das Verfahren nicht beschleunigen könnte. Die Frage wurde in einer wichtigen Arbeit des Statistikers Robert Dorfman (1916–2002) aufgegriffen – und damit war ein höchst praktisches mathematisches Verfahren geboren: der Gruppentest.

Dorfmans neuer Ansatz beruhte auf einer einzigen simplen Idee. Statt Blutproben von jeder Person zu nehmen und sie individuell zu testen, könnte man doch auch das Blut einer ganzen Gruppe zusammenschütten und testen! Fällt der Test des Bluts von 100 Personen negativ aus, können alle weiteren Untersuchungen entfallen, und man hat bereits 99 Tests gespart. Der Ansatz hat natürlich auch eine Kehrseite: Fällt der Test positiv aus, könnten auch alle 100 Soldaten die Krankheit tragen – oder nur einer oder jede

Zahl zwischen 1 und 100, womit weitere Tests nötig sind. Aber wie viele – und von welcher Art? Es ist klar, dass man möglichst viel Zeit und Aufwand sparen möchte und doch ein genaues Ergebnis haben will.

Der erste Faktor, der berücksichtigt werden muss, ist die schon vorhandene Information über die Häufigkeit der Krankheit. Wenn wir uns vorstellen, dass es unter 128 Personen nur eine gibt, die krank ist, wäre es sicher eine Verschwendung von Ressourcen, alle zu testen. Der weit bessere Weg ist dann „teile und herrsche", ein Algorithmus, der bereits 200 v. Chr. entwickelt wurde. Zunächst teilt man die Gruppe in zwei Hälften, also 1–64 und 65–128, und testet das Blut der beiden Gruppen. Dann verwirft man die negativ getestete Gruppe, etwa 65–128, und wiederholt den Trick mit den Gruppen 1–32 und 33–64. Dieses Verfahren des Halbierens und Verwerfen engt schließlich die Gruppen bis zum Einzelfall ein, nachdem sieben Tests durchgeführt wurden: 1–64, 33–64, 33–48, 33–40, 37–40, 37–38, 38.

Man beginnt gern mit einer Gruppe von 128 Personen, weil 128 als Potenz von 2 dargestellt werden kann ($2^7$) und sich leicht immer wieder exakt halbieren lässt. Das Schema kann mit Binärzahlen besser erklärt werden als in unserem üblichen Dezimalsystem. Im Binärsystem werden die Zahlen mit nur zwei Symbolen dargestellt, die „binary digits" oder Bits genannt werden: mit 0 und 1 (siehe Kap. 32). Im Binärsystem wird die 38 als 100110 geschrieben. Man arbeitet sich nun durch diese Ziffernfolge, indem man nach dem ersten Bit, dem zweiten Bit usw. fragt.

Dieses Verfahren des Teilens und Herrschens wird umso effizienter, je größer die Gruppe ist. Es sind nur 10 Tests nötig, um aus 1024 Personen die eine infizierte Person herauszufinden. Bei 1.048.576 Personen sind auch nur 20 Tests nötig. Diese Beispiele beruhen aber auf einer Voraussetzung: Wir wissen schon *a priori*, dass genau *eine* Person infiziert ist. Ist die Zahl der Infizierten unbekannt (oder sehr groß), müssen wir anders denken. In der Tat ist die alte Methode, alle zu testen, die beste, wenn die Infektionsrate sehr hoch ist, auch wenn die Methode einem Mathematiker, der nach einem eleganten Verfahren sucht, plump erscheinen mag. Haben wir aber Grund zur Annahme, dass die Infektionsrate nur bei 1 % oder 2 % liegt, ist der Ansatz „teile und herrsche" der richtige.

Gruppentests wurde zuerst von den Gesundheitsdiensten durchgeführt, aber dieses Vorgehen ist für viele Anwendungen von Vorteil, wie etwa bei der Qualitätskontrolle in der Produktion. Das einzige Kriterium ist, dass man überhaupt eine ganze Gruppe testen kann und nicht nur Individuen. Ein klassisches Beispiel dafür ist eine Kette von elektrischen Christbaumkerzen, die nur leuchtet, wenn *alle* Birnen funktionieren.

## Wie viele Tests lohnen sich?

Zwischen unseren Extremen von nur einer isolierten Infektion und einer Masseninfektion stellt sich unvermeidlich die Frage, welcher Teststrategie wir folgen sollten. Wenn wir in der Industrie 1000 Produkte testen wollen, können wir damit anfangen, jedes Produkt einzeln zu testen, oder wir können Gruppen mit 2, 4, 8, … Produkten testen. Aber wie können wir entscheiden, was am besten ist?

Robert Dorfmans ursprüngliche Analyse sah eine zwei-
phasige Methode vor: Zuerst teilt man die Population, um
die es geht, in Gruppen. Ist der Test einer Gruppe positiv,
testet man jedes Gruppenmitglied individuell. Um über die
Gruppengröße zu entscheiden, beginnen wir die Analyse
mit einer bestimmten kritischen Zahl, die wir p nennen
wollen. Diese Zahl gibt an, wie viele Personen infiziert
sind oder wie viele Produkte einen Fehler aufweisen, es ist
also die *Wahrscheinlichkeit,* dass ein zufällig ausgewählter
Gegenstand defekt ist. (Die Zahl kann bestimmt werden,
indem man vorab Tests von zufällig ausgewählten Gengens-
tänden durchführt.)

Die Idee hinter dem ganzen Prozess ist, die Gesamtzahl
der Tests zu reduzieren. Bei einer Population von 1000 ist
die Zahl der Gruppen 1000/$n$, wenn wir mit Gruppen der
Größe $n$ anfangen.

Das ist die Zahl der Tests, die wir in dieser ersten Phase des Prozesses durchführen müssen. Die Frage ist jetzt:
Wie viele der Tests werden positiv sein und damit anzeigen,
dass die Gruppe einen defekten Gegenstand enthält? Wir
bezeichnen diese Wahrscheinlichkeit mit $q$. Die Zahl der
positiv getesteten Gruppen ist dann $q$ multipliziert mit der
Gesamtzahl der Gruppen, also

$$q \cdot \frac{1000}{n}.$$

Ist diese erste Phase abgeschlossen, dient die zweite dazu,
alle Mitglieder der positiven Gruppen zu testen. Da wir
$q \cdot 1000/n$ derartige Gruppen erwarten müssen, die jeweils $n$
Mitglieder umfassen, sagt uns das Produkt der beiden Zah-

len ($q \cdot 1000$), wie viele individuelle Tests in dieser zweiten Phase durchzuführen sind. Nun können wir die Gesamtzahl der Tests in den beiden Phasen errechnen. Sie beträgt

$$\frac{1000}{n} + q \cdot 1000.$$

Da unser Ziel ist, die Größe von $n$ zu bestimmen, mit der die geringste Gesamtzahl an Tests erreicht wird, geht es darum, diesen Ausdruck möglichst klein zu machen. Das Geheimnis steckt dabei in dem Faktor $q$, der angibt, mit welcher Wahrscheinlichkeit eine einzelne Gruppe positiv getestet wird. Die Größe $q$ muss auf irgendeine Weise mit $p$, der Wahrscheinlichkeit, dass ein individueller Test positiv ausfällt, und mit $n$ (der Gruppengröße) verbunden sein – aber wie?

Als Beispiel wollen wir annehmen, dass 1 % der Gesamtheit der Produkte fehlerhaft ist, womit $p = 0,01$ ist. Daraus folgt als Wahrscheinlichkeit dafür, dass ein einzelnes Produkt in Ordnung ist, $1 - p = 0,99$. Legen wir nun willkürlich fest, Gruppen mit je 20 Mitgliedern zu testen ($n = 20$), sagt uns die Theorie, wie wir die Wahrscheinlichkeit ausrechnen können, mit der eine Gruppe von 20 Produkten negativ auf Defekte getestet wird, also in Ordnung ist. Das erfordert, dass alle 20 Produkte in Ordnung sind, wofür die Wahrscheinlichkeit jeweils 0,99 ist. Wir müssen also nur 20 Mal 0,99 mit sich selbst multiplizieren und erhalten als Wahrscheinlichkeit, dass *alle Produkte* in der Gruppe in Ordnung sind, $0{,}99^{20}$, was ungefähr 0,818 entspricht.

Die andere Seite der Medaille ist die Wahrscheinlichkeit, dass die Gruppe *mindestens ein* defektes Produkt enthält

**Tab. 13.1**   Gruppengröße und Zahl der nötigen Tests bei Gruppentests

| Infektionsrate p (%) | optimale Gruppengröße *n* | Gesamtzahl der nötigen Tests bei einer Population von 1000 |
|---|---|---|
| 0,1 | 32 | 63 |
| 0,5 | 15 | 139 |
| 1 | 11 | 196 |
| 2 | 8 | 274 |
| 5 | 5 | 426 |
| 10 | 4 | 594 |
| 20 | 3 | 821 |
| 30 | 3 | 911 |

und damit positiv getestet wird. Das ist die Größe $q$, die wir haben wollen. In unserem Beispiel gilt $q = 1 - 0,818 = 0,182$. Mit ein wenig Algebra können wir eine allgemeine Formel für $q$ in Abhängigkeit von $p$ und $n$ angeben:

$$q = 1 - (1 - p)^n$$

Mit all diesen Vorarbeiten können wir nun die Grundfrage beantworten, wie viele Tests nötig sind. Mit unseren Werte $p = 0,01$ und $n = 20$ ergibt sich als Zahl der nötigen Tests 232. Das ist zweifellos eine Einsparung gegenüber 1000 individuellen Tests, aber es ist noch nicht das bestmögliche Resultat. Dorfman zeigte in seinen Untersuchungen, dass bei einer Infektionsrate von 1 % (also $p = 0,01$) die optimale Gruppengröße 11 ist, was dann zu 196 Tests führt. Er gab eine Reihe aufschlussreicher Zahlen für verschiedene Werte von $p$ an (Tab. 13.1).

Ein Trend ist auffällig: Bei einer Infektionsrate von 10 % und einer Population von 1000 sind fast 600 Tests nötig, bei einer Infektionsrate von 30 % sind es 911, womit es sicher einfacher ist, alle Gruppenmitglieder individuell zu testen. Wir sehen also, dass die optimale Gruppengröße sinkt, wenn die Infektionsrate steigt, und dass die möglichen Einsparungen gegenüber den individuellen Tests immer kleiner werden. Wenn p einmal 30 % übersteigt, lohnt sich das Gruppentesten meist nicht mehr.

Die Geschichte ist mit Dorfman nicht zu Ende. Gruppentests sind ein Forschungsgebiet, das im Aufwind ist, und zahllose Verbesserungen und Modifikationen der Dorfman'schen Originalmethoden wurden entwickelt. Anstelle der zwei Phasen – zuerst Gruppen, dann Individuen – können viele Phasen treten: eine Folge von Gruppen und Untergruppen, bis man schließlich bei Individuen ankommt. Im gewissen Sinn ist das eine Rückkehr zum Ansatz „teile und herrsche", aber nun können die Gruppengrößen variiert werden, wie es Dorfman bei seinem zweiphasigen Testverfahren getan hat.

Es gibt aber noch weitere Verfeinerungen. Wir wollen in einem ganz einfachen Beispiel die drei Personen A, B und C testen, wobei wir wissen, dass höchstens eine infiziert ist. Wir können dann wie folgt vorgehen: Zunächst wird das Paar A + B getestet, dann A + C. Diese zwei Tests identifizieren bereits die infizierte Person, wenn es denn eine gibt: Sind beide Tests negativ, ist niemand infiziert. Sind beide positiv, ist A infiziert. Ist einer der beiden Tests positiv, wissen wir, ob es B oder C ist.

In komplexeren Zusammenhängen trägt diese Philosophie reiche Früchte. Mehr noch: Diese Denkweise bildet eine Verbindung zur der technischen Art und Weise der Gruppentests, die den Fluss der digitalen Information im Computerzeitalter analysieren: zu den Fehlerkorrekturverfahren (siehe Kap. 32).

Eine Analyse, die diesen Vorgaben folgt, kann wertvolle Informationen liefern, eingeschlossen einer Prognose, was wir maximal erwarten können, wenn wir die Zahl der Tests verringern wollen. Wie wir gesehen haben, benötigt unser „teile und herrsche"-Algorithmus sieben Tests, um aus einer Gruppe von 128 Personen die eine infizierte Person herauszufinden, und zehn Tests bei 1024 Personen. Die allgemeine Regel ist, dass man zur Identifizierung eines Infektionsfalles (oder defekten Produkts) in einer Population von $n$ Mitgliedern mit der „teile und herrsche"-Methode mindestens log $n$ Tests braucht, wobei in diesem Fall „log" der Logarithmus mit Basis 2 ist (log128 = 7, log1024 = 10). Unser Gesetz sagt uns, dass man etwas Besseres nicht erwarten kann. (Mehr zu den Logarithmen siehe Kap. 15.)

Was ist aber der bestmögliche Wert, wenn mehr als ein Gruppenmitglied infiziert (oder defekt) ist? Wie immer man auch methodisch vorgeht, sieht die Antwort so aus: Gibt es $d$ Infektionen in einer Population n, ist das Minimum an nötigen Tests

$$d \cdot \log_2 \frac{n}{d}.$$

Bei einer Population von $n = 80$ mit $d = 5$ Infektionen ist $n/d = 16$, und das absolute Minimum an Tests ist $5 \cdot \log 16 = 5 \cdot 4 = 20$.

# Von der Syphilis zur DNA

Wie es der Zufall wollte, kam Dorfmans Pioniertat, die Analyse der Syphilis-Erkrankungen von Soldaten, seinerzeit gar nicht zur Anwendung. Aber inzwischen ist Dorfmans Zeit gekommen, und seine Ideen sind heute anerkannt und weit verbreitet. Sie werden beispielsweise in der Gesundheitsvorsorge angewandt und sind bestens für das Screening von Blutproben auf HIV und Hepatitis geeignet, also in Fällen, wo Infektionen selten sind und damit die Einsparungen durch Gruppentests hoch.

Zugleich finden Gruppentests immer mehr Eingang in die moderne Naturwissenschaft. Ein Beispiel ist die Pharmaindustrie, wo die hohen Kosten bei der Entwicklung neuer Medikamente und Behandlungsmethoden ein großer Ansporn sind, neue effiziente Testmethoden zu finden. Wenn wir beispielsweise nach einem neuen Medikament suchen, das einen bestimmten Virus abtöten soll, ist typischerweise die erste Phase, viele tausend chemische Kandidaten zu testen. Dazu sind Gruppentests hervorragend geeignet, insbesondere in den Frühstadien der Erforschung. Die Chemikalien werden zusammengemischt, und jede Mischung wird auf eine Population von Viren angesetzt. Zeigt die Mischung keine Wirkung, können alle Chemikalien in ihr von weiteren Untersuchungen ausgeschlossen werden, während die Bestandteile einer wirkungsvollen Mischung nun einzeln getestet werden.

Gruppentests stehen auch in vorderster Front bei dem Versuch, die Genetik besser zu verstehen und mit der Sequenzierung der DNA gegen genetische Faktoren anzukämpfen, die Krankheiten verursachen. Dabei suchen die

Forscher in einem langen DNA-Strang unter Millionen von Möglichkeiten nach kleinen Untersequenzen. Wendet man das Gruppentestverfahren an, zerschneidet man den Strang in kürzere Segmente, die man zu Gruppen zusammenfasst. Jede Gruppe wird dann mit der fraglichen gegensätzlichen Untersequenz konfrontiert. Eine Gruppe reagiert mit ihr nur, wenn sie selbst die passende Untersequenz enthält, für die man sich interessiert. Ist das der Fall, wird dann Segment für Segment gesondert getestet, während der Rest eliminiert wird. Die Aufgabe wird mit den Gruppentests auf handhabbare Dimensionen zusammengestutzt.

Bluttests, Tests bahnbrechender Medikamente und das Sequenzieren der DNA (siehe Kap. 9) sind alles ernsthafte und wertvolle Anwendungen von Gruppentests. Auf einer nicht ganz so ernsten Ebene wollen wir nun mit einem berühmten Rätsel schließen, das illustriert, wie wertvoll Gruppentests sein können. Stellen wir uns vor, man zeigt uns zehn große Beutel mit Münzen. Neun von ihnen sind mit echten Goldmünzen gefüllt, die je 10 g wiegen, einer enthält aber Fälschungen, die nur 9 g wiegen. Wie können wir herausfinden, welcher Beutel die Falschmünzen enthält?

Wenn wir die Logik der Gruppentests begriffen haben, werden wir nach ein wenig Stirnrunzeln die Lösung finden: Zuerst nummerieren wir die Beutel mit 1 bis 10. Dann entnehmen wir Beutel 1 eine Münze, Beutel 2 zwei Münzen usw. Insgesamt haben wir nun 55 Münzen, die wir zusammen wiegen. Bereits diese eine Messung sagt uns, welcher Beutel die falschen Münzen enthält. Ist es Beutel 1, wiegen die 55 Münzen 549 g, ist es Beutel 2, sind es 548 g usw. Ganz allgemein gilt: Beträgt das Gesamtgewicht $(550-n)$ g, enthält Beutel $n$ die Fälschungen.

Wie wir sehen, haben seit den ersten Anfängen im Zweiten Weltkrieg die Anwendungen von Gruppentests in vielen Bereichen – von der Wissenschaft bis zur Unterhaltung – stark zugenommen.

# 14

## Chaos im Karpfenteich
### Das ungeordnete Wuchern im Tierreich

Ende des 18. Jahrhunderts hat der britische Ökonom Thomas Malthus (1766–1834) eine Warnung von apokalyptischem Ausmaß veröffentlicht. Er schrieb, dass eine „Population geometrisch anwächst, wenn sie nicht kontrolliert wird". Als Folge sah er eine Zeit kommen, in der die immer weiter anwachsende Menschheit ihre Ressourcen derart überbeansprucht wird, dass ein Rückfall in eine neue „dunkle" Ära die Folge ist.

Es ist sicherlich wahr, dass Populationen – seien es Insekten, Pflanzen oder Menschen – mit großer Wahrscheinlichkeit im Verlauf der Zeit nicht konstant bleiben. In den Jahrhunderten vor und nach Malthus haben viele Denker die Tauglichkeit mathematischer Methoden erforscht, solche demographische Entwicklungen vorherzusagen und den Wandel der Bevölkerung zu modellieren. Heute ist die Ökologie ein Bereich, in dem dieses Denken großen Einfluss hat. Man muss sich nicht allzu weit von der Realität entfernen, um festzustellen, warum das so ist: Von der Planung von Maßnahmen, wie man die Fischbestände erhalten kann bis zur Rettung seltener Arten von Landtieren sind präzise Messungen und verlässliche Modelle höchst wünschenswert.

Der einfachste und daher einer der nützlichsten Ansätze arbeitet mit Gleichungen, in denen Differenzen bestimmt werden. Die Grundidee ist ganz einfach, die Folgen können aber erstaunlich komplex sein und – im ganz und gar wissenschaftlichen Sinn des Begriffs – auch chaotisch. (Mehr zur Chaostheorie siehe Kap. 24.) Differenzen- oder Rekursionsgleichungen finden wir in allen Bereichen der Wissenschaft – von den Sozialwissenschaften zu den Naturwissenschaften. Mit ihnen modelliert man alle Arten von Phänomenen, wobei die Ökologie zu den bekanntesten Anwendungen zählt.

## Fibonaccis Kaninchen und Tribonaccis Dreiergeschichten

Bevor wir uns mit dem Modellieren von Naturphänomenen versuchen, macht es Sinn, mit den mathematischen Grundlagen vertraut zu werden. Die Vorhersage von Wachstum hat ihre mathematischen Wurzeln in einer berühmten Zahlenfolge, die 200 v. Chr. von indischen Gelehrten gefunden wurde und dazu diente, die Zahl der Metren in Sanskrittexten zu beschreiben. Die Folge ist aber heute unter dem Namen des italienischen Mathematikers und Weltreisenden Leonardo Fibonacci (ca. 1170 bis ca. 1240) bekannt, der sie gründlich untersucht und im 13. Jahrhundert in Europa eingeführt hat. Für ihn ging es um die Abschätzung des Wachstums einer Population von Kaninchen, die dafür bekannt sind, sich „wie die Karnickel" zu vermehren.

Die Zahlenfolge Fibonaccis ist unendlich lang und beginnt mit 1, 1, 2, 3, 5, 8, 13, 21 … Sie ist so definiert:

Jede Zahl ist die Summe der beiden vorhergehenden. Diese Regel kann man mit der folgenden Gleichung ausdrücken:

$$x_{n+2} = x_n + x_{n+1}.$$

Dabei steht $x_n$ für die Zahl in der Folge an Platz $n$. Dieses Gesetz ist ein Beispiel für eine Rekursionsgleichung, genauer gesagt eine Rekursionsgleichung zweiter Ordnung, da jede Zahl durch *zwei* Zahlen ausgedrückt wird, die ihr vorausgehen. Eine Rekursionsgleichung dritter Ordnung drückt entsprechend eine Zahl durch drei vorangehende Zahlen aus. Die Gleichung sieht so aus:

$$x_{n+3} = x_n + x_{n+1} + x_{n+2}.$$

Dieses Gesetz produziert die Folge der sogenannten Tribonacci-Zahlen, die jeweils die Summe der drei vorangehenden darstellen: 1, 1, 1, 3, 5, 9, 17, 31 … (Tribonacci ist *kein* italienischer Gelehrter, so wenig wie Tetranacci etc.).

Es gibt auch Rekursionsgleichungen erster Ordnung, nach der jede Zahl nur durch ihren unmittelbaren Vorgänger bestimmt wird. So sagt uns die Gleichung

$$x_{n+1} = 2 \cdot x_n,$$

dass jede Zahl das Doppelte des Vorgängers darstellt. Die Folge, die aus dieser Gleichung entsteht, ist 1, 2, 4, 8, 16, 32 … In ihr haben wir das Beispiel für ein *geometrisches Wachstum*, das Malthus so schlaflose Nächte bereitete: eine Bevölkerung, die von Jahr zu Jahr in einem bestimmten Verhältnis anwächst, wobei sie sich in diesem Fall verdop-

pelt. Damit sind wir aber bei einem kritischen Punkt angelangt, denn bei genauerem Nachdenken könnte die Folge
auch mit 3, 6, 12, 24, 48 ... beginnen oder mit jeder anderen Zahl, solange nur die Zahlen fortwährend verdoppelt
werden.

Die Moral der Geschichte ist, dass eine Rekursionsgleichung *für sich* gesehen keine bestimmte Folge erzeugt. Das
gilt sogar für die Fibonacci-Gleichung selbst. Auch die Folge 2, 1, 3, 4, 7, 11, 18, 29 ... erfüllt die Bedingung, dass
jede Zahl (ab der dritten) die Summe der beiden vorangehenden ist. Die angegebene Folge liefert die sogenannten
Lucas-Zahlen, die nach dem Mathematiker des 19. Jahrhunderts Édouard Lucas (1842–1891) benannt sind. Wie
die Fibonacci-Zahlen treten sie häufig in der Natur auf,
beispielsweise bei der Zahl der Blütenblätter bestimmter
Pflanzen.

Um eine Zahlenfolge exakt festzulegen, ist also eine zusätzliche Information zu der Gleichung nötig. Üblicherweise gibt man Randbedingungen an, also beispielsweise
die Anfangszahl. (Das macht Sinn, denn im realen Leben
beginnen wir auch mit dem, was wir haben und sagen
voraus, wie es in Zukunft anwächst.) Um die Fibonacci-
Folge vollständig zu beschreiben, benötigen wir sogar die
ersten beiden Zahlen, da es sich um eine Gleichung zweiter
Ordnung handelt. Deshalb geben wir $x_1 = 1$ und $x_2 = 1$ an,
wonach dann die weiteren Zahlen mit der Gleichung bestimmt werden können.

In vielen Situationen genügt es nicht, das zugrunde liegende Prinzip zu kennen, um eine schnelle Antwort auf die
Frage zu bekommen, wie die hundertste Zahl in der Folge
lautet, oder, mit anderen Worten, wie groß $x_{100}$ ist. Gibt

es einen besseren Weg dafür, als mit $x_1$ zu beginnen und all die Zwischenwerte zu berechnen? Das ist eine zentrale Frage der Theorie der Rekursionsgesetze, und die Antwort ist manchmal „ja", manchmal aber auch „nein".

Beginnen wir wieder mit der Randbedingung $x_1 = 1$ und der Gleichung

$$x_{n+1} = 3 \cdot x_n,$$

erhalten wir die Zahlenfolge 1, 3, 9, 27, 81 … Jede Zahl ist das Ergebnis einer Multiplikation der vorausgehenden Zahl mit 3. Das kann man algebraisch auch so ausdrücken:

$$x_n = 3^{n-1}.$$

Diese Formel stellt den Grundtyp für die Lösung einer Rekursionsgleichung dar. Wenn wir nun also wissen wollen, wie die hundertste Zahl ($x_{100}$) der Folge aussieht, müssen wir nur $n = 100$ in die Formel einsetzen und erhalten $x_{100} = 3^{99}$. Diese Zahl ist im Übrigen riesig, sie beträgt etwa $2 \cdot 10^{47}$, das ist eine 2, gefolgt von 47 Nullen, und belegt die Einsicht von Malthus in das geometrische Wachstum.

Gibt es auch für die Fibonacci-Folge eine derart kompakte Lösung, um irgendeine Zahl der Folge schnell berechnen zu können? Netterweise ja. Wer sich für die Details interessiert, kann sich mit der sogenannten Binet-Formel befassen, die nach dem französischen Mathematiker des 19. Jahrhunderts, Jacques Binet (1786–1856) benannt ist:

$$x_n = \frac{\left(1+\sqrt{5}\right)^n - \left(1-\sqrt{5}\right)^n}{2^n \cdot \sqrt{5}}.$$

Gibt man den Wert $n = 100$ ein, erhält man als hundertste Fibonacci-Zahl 354.224.848.179.261.915.075.

Andere Rekursionsgleichungen haben leider keine so elegant formulierbare Lösungen. Wie wir sehen werden, gilt das besonders für Gleichungen, die Anlass zu chaotischen Effekten geben.

## Überfüllte Karpfenteiche und Beverton-Holt

Fibonacci hat die Zahlenfolge, die seinen Namen trägt, 1202 in seinem *Liber abaci,* also dem „Buch des Abakus" dargestellt, in dem er die Zahl der Kaninchen in einem Garten von Monat zu Monat verfolgte. Er löste das Problem, wie er es für richtig hielt, machte aber unglücklicherweise weitgehend unrealistische Modellannahmen, die kaum Voraussagen ermöglichten: Er nahm an, dass die Kaninchen ewig leben, sodass alle neuen Generationen zu den schon vorhandenen dazukamen.

Um für einen anständigen Biologen oder Ökologen, der sich mit der Abschätzung der Bevölkerungsentwicklung befasst, irgendwelchen Nutzen zu haben, müssen die Rekursionsgleichungen weit ausgefeilter sein. Wir können beispielsweise annehmen, dass sich die Fischpopulation in einem Karpfenteich oder einem großen See, die Ressourcen vorausgesetzt, jedes Jahr verdreifacht. Für sich gesehen, folgt aus dieser Information die schon erwähnte Rekursionsgleichung

$$x_{n+1} = 3 \cdot x_n,$$

in der $x_n$ die Zahl der Fische im $n$-ten Jahr angibt.

Wir treffen hier wieder auf das von Malthus ins Spiel gebrachte geometrische Wachstum. Aber um zur Realität zurückzukehren: Wir reden über Fische in einem begrenzten Wasserbecken, und die knappe Billion von Fischen, die diese Gleichung im 26. Jahr vorhersagt, wenn man mit einem (hochschwangeren) Fisch beginnt, wird es offensichtlich nie geben. Es wird unvermeidlich eine maximale Zahl von Fischen geben, die für das Ökosystem des Teichs verträglich ist, und in dem Maße, in dem er sich mit Fischen füllt, wird die Reproduktion langsamer. Wir wollen für unser Beispiel annehmen, dass die Grenze bei einer Million Fischen liegt.

Dankenswerterweise haben in den 1950er Jahren Ray Beverton und Sydney Holt ein Modell entworfen, das ein wenig Realität in das Szenario bringt. Es beginnt mit der genannten Gleichung, sie wird aber mit einem neuen Term multipliziert, der das Endresultat begrenzt:

$$x_{n+1} = 3 \cdot x_n \cdot \left( \frac{1}{1 + 0,000.002 \cdot x_n} \right).$$

Die Gleichung bedarf der Erklärung. Nach diesem Modell ist bei einem kleinen $x_n$ (der Wert im Jahr n) der Faktor $0,000.002 \cdot x_n$, dessen Herkunft später erklärt wird, winzig klein. Der Anteil in den Klammern ist nahe 1 und macht daher für das Ganze keinen großen Unterschied. Mit anderen Worten: Wir sind nicht weit von der obigen Gleichung

$$x_{n+1} = 3 \cdot x_n$$

entfernt, nach der sich die Population jedes Jahr verdreifacht. Leben in unserem See in einem Jahr 1000 Fische,
sind es im nächsten 2994.

Die schlaue Idee des Beverton-Holt-Modells ist nun, dass
sich im Fall einer Population, die nahe an den Grenzwert
1 Mio. kommt, das Bild ändert. Der Wert der Klammer

$$\left( \frac{1}{1 + 0,000.002 \cdot x_n} \right)$$

geht gegen ein Drittel, was zur Folge hat, dass die jährliche
Wachstumsrate immer kleiner wird.

Was passiert nun, wenn im See 1 Mio. Fische leben?
Setzen wir $x_n = 1.000.000$ in das Beverton-Holt-Modell
ein, folgt, dass die Population im darauffolgenden Jahr
$x_{n+1} = 3 \cdot x_n \cdot 1/3$ betragen wird, es ist also $x_{n-1} = x_n$, und die
Population wächst nicht weiter an.

Die Mathematiker bezeichnen aufgrund dieser Tatsache
1 Mio. als Fixpunkt des Systems, und, was noch mehr ist,
als einen *anziehenden* Fixpunkt, denn womit man auch
immer startet (eine Population null ausgenommen): Das
System bewegt sich unvermeidlich auf eine Population von
1 Mio. zu.

So nett auch die Beverton-Holl-Gleichung sein mag: Der
neugierige Leser wird sich vielleicht wundern, wo die Zahl
0,000002 eigentlich herkommt. Es sind zwei Größen, die
man in das Modell einsetzen muss: Zunächst gibt es die
Größe r, die die ungestörte Wachstumsrate der Population
darstellt. In unserem Fall ist *r = 3*. Zweitens gibt es die sogenannte Tragfähigkeit *K* des Lebensraums, die bei unserem
See 1 Mio. beträgt.

Mit diesen beiden Größen kann man eine dritte Zahl $s$ bestimmen, die so definiert ist:

$$s = \frac{(r-1)}{K}.$$

Mit unseren Zahlen folgt 0,000.002

Die allgemeine Formel für das Beverton-Holt-Modell ist

$$x_{n+1} = rx_n \cdot \left( \frac{1}{1 + sx_n} \right).$$

Wie zu sehen ist, handelt es sich um eine relativ simple Formel, die auch schon für diverse reale biologische und ökologische Szenarien mit Erfolg angewandt wurde. Mehr noch: Wie die Fibonacci-Folge hat sie den großen mathematischen Vorteil, dass es eine exakte Lösung gibt, die uns für jedes Jahr den Stand der Population ($x_n$) im See angibt (Abb. 14.1).

# Die Harmonie von Raubfisch und Beute

Die 1 Mio. Fische stellen in unserem Beispiel einen *einfachen* anziehenden Fixpunkt dar, dies ist das einfachste langfristige Ergebnis einer Rekursionsgleichung. Eine andere Möglichkeit sind verschieden lange Zyklen. Wenn wir zum Beispiel entscheiden, dass die passende Gleichung für ein bestimmtes Szenario

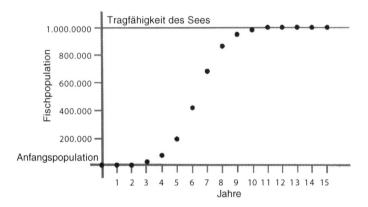

**Abb. 14.1** Anwachsen einer Fischpopulation nach dem Beverton-Holt-Modell. (© Patrick Nugent)

$$x_{n+1} = 100 - x_n$$

ist, ergibt sich mit einem Startwert $x_1 = 30$ eine endlose Folge wechselnder Zahlen: 30, 70, 30, 70, 30 … Diese Folge wird „2-Zyklus" genannt. Unter anderen Bedingungen ergeben sich Zyklen größerer Länge.

Wie der Fixpunkt im Beverton-Holt-Modell sind diese Zyklen oft anziehend, das heißt, dass sich unabhängig vom Startwert irgendwann der Zyklus und ein beruhigendes Gefühl von Regelmäßigkeit einstellen. Leider sind nicht alle Rekursionsgleichungen so vorhersagbar.

Das Beverton-Holt-Modell beschreibt eine isolierte Fischsorte. Es bezieht die Dynamik nicht mit ein, die beispielsweise zwischen Raubfisch und Beute besteht. Das kann eine schwierige Aufgabe sein: Gibt es nur wenige Raubfische, wächst die Population der Beutefische, womit auch die Zahl der Raubfische im nächsten Jahr anwächst.

Gibt es aber viele Raubfische, wird die Beute reduziert, was wiederum die Population der Raubfische schmälert. Diese Ideen, die für das Funktionieren der Natur so grundlegend sind, können mathematisch mit einem *System* von Rekursionsgleichungen erfasst werden.

Einer der einfachsten Ansätze dafür ist das Neubert-Kot-Modell von 1992. In ihm gibt es zwei Variable: $x_n$ beschreibt die Dichte der Beute, $y_n$ die der Raubfische. Es sind noch zwei weitere fixe Größen beteiligt, nämlich r und s. Die Zusammenhänge zwischen den Größen werden durch die folgenden beiden schwierig aussehenden Gleichungen beschrieben:

$$x_{n+1} = (r+1)x_n - rx_n^2 - sx_ny_n$$
$$y_{n+1} = sx_ny_n.$$

Dieses Modell erlaubt eine detaillierte Analyse, wann sich zwischen Raubfischen und Beute ein Gleichgewicht herstellt und wann die eine Fischsorte die andere ausrottet. Mehr noch: Wie viele Rekursionsgleichungen kann dieses Modell – je nach den Werten von *r* und *s* – „chaotisch" werden, und zwar in dem Sinn, dass die Population immer hinauf und herunter springt, wenn man das Modell einfach laufen lässt. Es stellt sich nie ein stationärer Zustand oder Fixpunkt ein, ja, nicht einmal ein vorhersagbarer Wiederholungszyklus. Die Unterschiede im Laufe der Zeit können wie Zufallsschwankungen aussehen. Biologisch gesehen ist das eine äußerst wichtige Einsicht, da es der naiven Idee widerspricht, dass ein Ökosystem im Wesentlichen statisch ist.

# Julia-Mengen und Fraktale

Wir haben nun einige der einfacheren Beispiele von Rekursionsgleichungen betrachtet, aber selbst Szenarien, die auf den ersten Blick einfach sind, können chaotische Effekte entwickeln. Dieses Phänomen wird oft von Fraktalen begleitet, deren Bilder mit ihren sich auf unheimliche Weise selbst vervielfältigenden, aber unregelmäßig erscheinenden Mustern so berühmt sind.

Ein Beispiel kann man mit der scheinbar so einfachen Regel „multipliziere eine Zahl mit sich selbst und ziehe dann 1 ab" erzeugen. Als Rekursionsgleichung schreibt sich das so:

$$x_{n+1} = x_n^2 - 1.$$

Mit der Randbedingung $x_1 = 1$ folgt daraus 1, 0, – 1, 0, – 1, 0, – 1 … Man erhält einen Zyklus der immer wieder zwischen 0 und – 1 vor und zurück flippt. Beginnt man aber mit $x_1 = 2$, erzeugt die Gleichung die völlig andere Folge 2, 3, 8, 63, 3968, 15.745.023, … die endlos anwächst.

Es stellt sich eine quälende Frage, die durch unsere Bedenken mit dem Bevölkerungswachstum angeregt wird: Welche Randbedingungen führen zu einer begrenzten Entwicklung und welche zu einem Wachstum, das alle gesetzten Grenzen überschreitet? Die Sammlung aller Randbedingungen, für die eine Folge begrenzt bleibt, wird die „Julia-Menge" der Gleichung genannt – zu Ehren eines der Pioniere der fraktalen Geometrie, des Mathematikers Gaston Julia (1893–1978), der seine besten Arbeiten im Krankenhaus verfasste, wo er eine Verwundung aus dem

**Abb. 14.2**   „Julia-Mengen" zeigen charakteristische verschachtelte fraktale Muster. (© Patrick Nugent)

Ersten Weltkrieg behandeln ließ. Zeichnet man die Punkte graphisch auf und erlaubt man als Randbedingungen „komplexe Zahlen", erzeugt die Julia-Menge einige der erstaunlichsten und verschachteltsten Bilder der gesamten Mathematik (Abb. 14.2).

In den vergangen Jahren wurden Julia-Mengen von visuellen Künstlern aufgegriffen, die sich von der Mathematik inspirieren ließen. Die inzwischen allgegenwärtigen fraktalen Bilder beruhen auf Gleichungen, die gewaltige Einwirkungen auf die Menschheit haben. Aber die Bedeutung der Rekursionsgleichungen reicht viel weiter. Indem sie mathematische Modelle zur Verfügung stellen, mit denen man den Wandel im Verlauf der Zeit darstellen kann, geben sie den Ökologen, Chemikern, Physikern oder Computerwissenschaftlern wichtige Instrumente für ihr Vorgehen in die Hand.

# 15

# Der Aufstieg des *Homo oeconomicus*

## Die mathematische Basis der Entscheidungstheorie

Unser Leben wird von vielfältigen Entscheidungen festgelegt, die von trivialen und alltäglichen bis zu lebensbestimmenden reichen – und bei jenen, die Macht und Einfluss haben, Auswirkungen auf die ganze Welt haben. Zu den einfachen Entscheidungen gehört, alles zu lassen, was keinerlei Erfolg verspricht, und sich ganz auf das rundum offensichtlich Nützliche zu konzentrieren. Aber die meisten Entscheidungen sind nicht so klar zu treffen und haben sowohl Nutzen als auch Kosten zur Folge. Kann uns die Mathematik in irgendeiner Weise helfen, die richtigen Entscheidungen zu treffen? Oder kann sie uns zumindest eine Basis bieten, um die Möglichkeiten zu vergleichen?

Es überrascht vielleicht, dass die Antwort „ja" ist. Es ist sogar eine ganze Wissenschaft entstanden, die diese Frage beantworten will: die Entscheidungstheorie. Der wichtigste Begriff ist dabei der Erwartungswert, der mit einer bestimmten Wahl verbunden ist. Die Grundidee ist nicht allzu schwierig, die Entscheidungstheorie wartet aber gelegentlich trotzdem mit seltsamen Resultaten auf, die dem gesunden Menschenverstand widersprechen. Bei vielen Beispielen in diesem Forschungsbereich geht es um Entscheidungen in hypothetischen Spielen, da die Entscheidungstheorie oft eng mit einer anderen mathematischen Forschungsrichtung verbunden ist, der Spieltheorie.

# Erwartungshorizonte

Es macht Sinn, mit der Annahme zu beginnen, dass wir den Wunsch haben, Entscheidungen zu treffen, die in einem strengen Sinne die bestmöglichen sind: Wir sind „rationale Akteure" und weder Masochisten noch impulsiv handelnde Spinner. Wir wollen nun ein Beispiel untersuchen, bei dem wir das Angebot haben, eines von zwei Spielen zu spielen. Beim ersten Spiel wirft man eine Euromünze und gewinnt bei Adler 2 €, bei Zahl aber nichts. Beim zweiten Spiel gewinnt man 12 €, wenn man mit einem Würfel eine Sechs würfelt, andernfalls nichts. Welches Spiel sollen wir wählen? Der übliche Ansatz bei solchen Fragen ist, den *Erwartungswert* von jedem Spiel zu berechnen.

Bei der Münze gibt es zwei mögliche Ergebnisse, von denen jedes seine eigene Belohnung liefert und seine eigene Wahrscheinlichkeit hat. Kopf hat die Wahrscheinlichkeit 1/2 und wird mit 2 € belohnt, Zahl hat ebenfalls die Wahrscheinlichkeit 1/2, bringt aber 0 €, also nichts. Die zu erwartende Belohnung aus dem Spiel erhält man, indem man jede Belohnung mit ihrer Wahrscheinlichkeit multipliziert und die Resultate addiert:

$$\frac{1}{2} \cdot 2 € + \frac{1}{2} \cdot 0 € = 1 €.$$

Der Erwartungswert beim ersten Spiel ist also 1 €. Diesen Betrag kann man allerdings gar nicht gewinnen, denn die Spielregeln sehen keine Belohnung von 1 € vor. Der Erwartungswert ist der Durchschnittsgewinn aus einer typischen Folge von Gewinnen und Verlusten bei vielen Wiederholungen des Spiels.

Auch das Würfelspiel hat zwei mögliche Ergebnisse: das Würfeln einer Sechs mit der Wahrscheinlichkeit 1/6 und der Belohnung von 12 €, und das Würfeln der anderen Zahlen mit der Wahrscheinlichkeit von 5/6 und ohne Belohnung. Bei diesem Spiel beträgt somit die zu erwartende Belohnung

$$\frac{1}{6}\cdot 12€ + \frac{5}{6}\cdot 0€ = 2€.$$

Welches Spiel ist also profitabler? Ein rationaler Spieler wird immer das Spiel mit dem größeren Erwartungswert wählen, in unserem Fall also das Würfelspiel. Reale Menschen treffen aber ihre Entscheidungen nicht auf diese Weise. Sie tendieren eher dazu, das Risiko zu scheuen und ziehen die größere Wahrscheinlichkeit einer kleineren Belohnung der geringeren Wahrscheinlichkeit vor, den Jackpot zu knacken. In *einem* Fall sollten wir aber die berechneten Erwartungswerte unbedingt berücksichtigen: Wenn wir das ausgewählte Spiel sehr oft spielen wollen, ist es sicher besser, wenn wir uns für das Würfelspiel entscheiden.

Der größere Profit auf lange Sicht ist Ausdruck des „Gesetzes der großen Zahl", wie es die Mathematiker nennen. Es ist ein zentrales Prinzip der Wahrscheinlichkeitsrechnung, der Entscheidungstheorie und der Ökonomie. Im

Wesentlichen besagt das Gesetz, dass sich bei einem Spiel, das man oft genug wiederholt, der durchschnittliche Gewinn (der Gesamtgewinn dividiert durch die Zahl der Spiele) immer mehr dem Erwartungswert annähert. (Mehr zu Durchschnitt und Mittelwert siehe Kap. 2.)

Spielt man ein Spiel $n$ Mal, und ist $X_1$ der Gewinn im ersten Durchgang, $X_2$ der Gewinn beim zweiten Durchgang usw., so nähert sich, algebraisch ausgedrückt, der durchschnittliche Gewinn dem Erwartungswert $E(X)$ an, was mit einem Pfeil gekennzeichnet wird:

$$\frac{X_1 + X_2 + \cdots + X_n}{n} \rightarrow E(X).$$

Erfahrene Spieler wissen das natürlich. Spielt man beispielsweise Roulette, ist der Erwartungswert für Rot und Schwarz genau gleich, solange die Spieleinrichtungen in Ordnung sind. Auf lange Zeit garantiert das Gesetz der großen Zahl, dass Rot und Schwarz gleich oft auftreten. Diese Garantie kann aber ausdrücklich nicht in eine Prognose für die unmittelbare Zukunft übersetzt werden. Aussagen wie „jetzt kam viermal Schwarz, also ist nun Rot dran", sind unsinnig. Allzu optimistische Spieler, die an Glückssträhnen glauben, sind für solche Fehlinterpretationen besonders anfällig. (Mehr zu den Erwartungswerten siehe Kap. 25.)

## Das Sankt-Petersburg-Paradox

Für den engagierten Spieler kann es eine große Hilfe sein, die Gesetze des Erwartungswertes zu kennen. Aber viel wichtiger sind sie als beliebtes Werkzeug für Statistiker und

Ökonomen, wobei es allerdings auch zu merkwürdigen Ergebnissen kommen kann. Ein berühmtes Beispiel dafür ist das Sankt-Petersburg-Paradox, das Nikolaus Bernoulli d. Ä. (1687–1759) und seine Cousins, die Brüder Daniel (1700–1782) und Nikolaus Bernoulli d. J. (1695–1726), im 18. Jahrhundert diskutierten. Es geht wieder um das Werfen von Münzen. Bei diesem Spiel wirft man eine Münze so lange, bis sie Zahl zeigt. Das Besondere ist, dass der Gewinn zunimmt, je länger Kopf gewürfelt wird. Man gewinnt 1 €, wenn Zahl schon beim ersten Wurf erscheint, bei Zahl beim zweiten Wurf 2 €, beim dritten Wurf 4 € usw. Der Gewinn verdoppelt sich also von Wurf zu Wurf. Das Spiel hat natürlich einen Haken: Für jeden neuen Wurf muss man einen Einsatz bezahlen. Die Frage ist: Welcher Einsatz ist angemessen?

Das Standardverfahren wäre, den Erwartungswert des Spiels zu berechnen. Übersteigt er den Einstand, sollten wir mitspielen, andernfalls nicht. Das klingt vernünftig, bis wir anfangen, die Rechnung durchzuführen. Denn nun ereignet sich etwas Seltsames.

Jeder einzelne Wurf hat seine eigene Wahrscheinlichkeit und seinen eigenen Gewinn: Die Wahrscheinlichkeit, dass das Spiel nach einem Wurf zu Ende ist, beträgt 1/2, der Gewinn ist 1 €. Eine Ende nach dem zweiten Wurf hat die Wahrscheinlichkeit 1/4 und den Gewinn 2 €. Nach drei Würfen gilt 1/8 und 4 € usw. Fasst man das zusammen erhält man:

$$\frac{1}{2} \cdot 1€ + \frac{1}{4} \cdot 2€ + \frac{1}{8} \cdot 4€ + \frac{1}{16} \cdot 8€ + \cdots$$
$$= 50\,ct + 50\,ct + 50\,ct + \cdots.$$

Mit anderen Worten: Der zu erwartende Gewinn des Spiels ist unendlich groß!

Das sieht nach einem Paradox aus. Wie kann ein Spiel unendlich viel Profit bringen? In einem gewissen Sinn ist die Aussage aber korrekt. Es ist sogar so, dass *jeder* Einsatz guten Profit bringt, wenn man das Spiel oft genug spielt. Die Frage ist nur, *wie* oft man spielen muss. Kostet ein Wurf 10 €, sagt die Wahrscheinlichkeitsrechnung, dass man über 1 Mio. Mal spielen muss, bevor man insgesamt einen Gewinn einstreicht. Ist der Einsatz 100 €, reicht die Lebenszeit des Universums nicht aus.

# Monty Hall und paradoxe Briefumschläge

Das vielleicht berühmteste Beispiel für die praktische Anwendung der Entscheidungstheorie ist das sogenannte Monty-Hall-Problem. Es ist nach Monty Hall, dem Showmaster von *Let's make a deal* benannt, einer amerikanischen Show, bei der drei Türen A, B und C zu sehen sind. Hinter jeder Tür befindet sich ein Preis. Einer der Preise ist ein All-inclusive-Urlaub an einem Ort der Wahl, die beiden anderen Preise sind ein Buch über Anwendungen der Mathematik. Unnötig zu sagen, dass jeder vernünftige Spieler hofft, den Urlaub zu gewinnen. Ohne irgendwelche Informationen zu haben, bleibt aber zunächst nichts anderes übrig, als eine Tür per Zufall zu wählen. Sagen wir: Tür A.

Bevor nun der Showmaster die Tür öffnet und den Preis enthüllt, gibt er dem Spieler die Gelegenheit, seine Entscheidung zu ändern. Er sagt nicht, was Tür A verbirgt, aber nach einem Tusch verkündet er, dass hinter Tür C das berühmte Buch *Das Chaos im Karpfenteich* liegt. Dann stellt er den Spieler vor die Entscheidung, bei Tür A zu bleiben oder zu Tür B zu wechseln.

Fast jeder wird spontan denken, dass das keinen Unterschied macht. Die Chancen stehen weiterhin 50 zu 50, oder? Allein die Trägheit führt dazu, dass die meisten der Spieler bei ihrer ersten Entscheidung (A) bleiben, denn sie sehen nicht, wie sie ihre Chancen, den Urlaub zu gewinnen, irgendwie verbessern können.

Die sensationelle Wahrheit ist aber, dass die Trägheit in die Irre führt. Die *rationale* Entscheidung ist, die Tür zu wechseln und sich für B zu entscheiden! Wechselt der Spieler nicht, gewinnt er die Reise nur dann, wenn er von Anfang an richtig geraten hat. Die Wahrscheinlichkeit dafür beträgt jedoch nur 1/3. Mit größerer Wahrscheinlichkeit (2/3) war aber diese erste Wahl falsch. Diese Wahrscheinlichkeiten führen zusammen mit der neuen Information, dass hinter Tür C das unerwünschte Mathematikbuch liegt, dazu, dass die Wahrscheinlichkeit für die Urlaubsreise hinter Tür B steigt. Wechselt der Spieler zu B, macht er Gebrauch von der neuen Information und erhöht seine Chancen von 1/3 auf 2/3. Anders gesagt: Wenn die erste Wahl des Spielers auf ein Buch traf (die Chance dafür betrug 2/3), würde er nun bei einem Wechsel garantiert die Urlaubsreise gewinnen.

Viele waren skeptisch (ja ungläubig), was diese Lösung des Monty-Hall-Problems betraf, aber die Theorie ist leicht praktisch nachprüfbar. Man braucht nur zwei Personen und drei Spielkarten, die der Ersatz für die Preise sind. Das

Experiment wurde inzwischen sehr oft weltweit in Schulen durchgeführt, und die Ergebnisse sind überzeugend: Das Wechseln der Tür erhöht die Profitchancen.

Während das Monty-Hall-Problem viele verblüfft, aber doch zu durchschauen ist, ist das sogenannte Briefumschläge-Paradox, das 1953 von John E. Littlewood und Maurice Kraitchik vorgestellt wurde, selbst für Experten immer noch mysteriös. Es sind zwei Personen beteiligt, die wir Alice und Bob nennen wollen. Alice bietet Bob zwei versiegelte Briefumschläge zur Wahl an. In einem der Umschläge ist ein bestimmter Geldbetrag, im anderen das Doppelte davon. Da Bob keine weiteren Informationen hat, wählt er per Zufall einen Umschlag aus. Bevor er ihn aber öffnet, gibt ihm Alice Gelegenheit, seine Entscheidung zu überdenken. Soll er sich umentscheiden?

Die Antwort, die auf der Hand liegt und richtig erscheint, ist klar: Er hat genau die Chance 50 zu 50, die größere Summe zu wählen, und das Wechseln des Umschlags ändert daran nichts. Bobs Gedankengänge sind aber anders: Angenommen, der Geldbetrag im zuerst gewählten Umschlag ist A. Der andere Umschlag enthält dann mit 50-prozentiger Wahrscheinlichkeit die Hälfte und mit der gleichen Wahrscheinlichkeit das Doppelte, also 0,5 A oder 2 A. Bob berechnet daraus den Erwartungswert für die zweite Wahl auf diese Weise: $(0,5 A + 2 A)/2 = 1,25 A$. Nach dieser Analyse wäre es für Bob die rational richtige Entscheidung, den anderen Umschlag zu wählen.

Der gesunde Menschenverstand besagt, dass das Unsinn sein muss. Aber es wird noch schlimmer: Hat sich Bob umentschieden, kann er natürlich so weiterdenken – mit dem Ergebnis, erneut zu wechseln. Die Theorie scheint in diesem Fall zu raten, unendlich oft vom einen zum anderen Umschlag zu wechseln.

Das Problem wird heute noch von den Mathematikern und Philosophen heiß diskutiert und führt zu schwierigen Fragen, was die Grundlagen der Ökonomie und Entscheidungstheorie betrifft. Es wurden etliche Lösungen vorgeschlagen, die darum kreisen, die Wahrscheinlichkeiten zu kennen, die mit den Geldbeträgen in den Umschlägen verbunden sind. Für viele ist das Problem aber noch offen. Inzwischen gibt es auch viele Abkömmlinge von ihm: Man könnte beispielsweise Bob erlauben, den Umschlag zu öffnen, bevor er wechselt. Macht das einen Unterschied? Inzwischen nehmen die aufgeworfenen Fragen einen weiten Raum ein und reichen bis in die Quantenphysik, wo unsere Anstrengungen, mit der Zufälligkeit im Herzen der Natur klarzukommen und unser wachsendes Verständnis für die Grenzen der üblichen Werkzeuge, Erwartungswerte zu bestimmen, der Entscheidungstheorie neue Bedeutung verliehen haben.

## Nutzen und Grenznutzen

Sowohl der Entscheidungstheorie wie der Ökonomie liegt die Annahme zugrunde, dass der rationale Akteur einen möglichst großen Anteil einer bestimmten Sache haben will. Dieser *Nutzen* ist der in Zahlen ausgedrückte Gewinn oder Verlust aus einem Ereignis oder einer Transaktion. Geld ist dabei das naheliegendste Beispiel. Es gehört aber zu den grundlegenden Fakten des Lebens, dass der Wert, den eine bestimmte Summe Geld darstellt, nicht unbedingt von

Natur aus gegeben ist oder festliegt, wohl aber bis zu einem bestimmten Maß für den Besitzer. Wer würde schon zweifeln, dass ein unerwarteter Geldsegen von 1000 € für einen Hartz-IV-Empfänger mehr Wert darstellt als für einen Millionär? Dieses Phänomen des „abnehmenden Grenznutzens" wird von den Mathematikern aufgegriffen, die einer Geldsumme einen Nutzen oder Wert zuordnen, der nicht den aufgedruckten Euros entspricht, sondern beispielsweise deren Logarithmus.

Die Logarithmen wurden von John Napier (1550–1617) als Mittel erfunden, Rechnungen zu vereinfachen, indem man die Multiplikation und Division großer Zahlen durch die Addition und Subtraktion ihrer Logarithmen ersetzt. Der Logarithmus einer Zahl drückt diese als die Potenz einer Basis aus. Mit der Basis 10 gilt beispielsweise $\log 100 = 2$, weil $100 = 10^2$ ist, mit der Basis 2 gilt $\log 8 = 3$, weil $8 = 2^3$ ist.

Suchen wir in einem System mit der Basis 2 den Logarithmus von 128, fragen wir: Wie oft muss man 2 mit sich selbst multiplizieren, um 128 zu erhalten? Die Antwort ist 7. Verdoppeln wir 128, gilt $\log 256 = 8$. Diese Beispiele untermalen eine wichtige Tatsache des logarithmischen Wachstums, die sich in der entsprechenden Nutzenfunktion widerspiegelt. Je größer der Wert von $x$ ist, umso langsamer wächst $\log x$. Beginnen wir mit $x = 2$, ist $\log x = 1$. Wächst $x$ auf 4, wächst $\log x$ nur von 1 auf 2. Wächst $x$ von 128 auf 256, wächst $\log x$ nur von 7 auf 8.

Daniel Bernoulli kam auf das verblüffende Sankt-Petersburg-Paradox zurück, indem er den Nutzen bei dem Spiel mit dem Logarithmus des Preisgelds gleichsetzte. Damit verschwand das Paradox! Der Erwartungswert für den Nutzen des Spiels sah nun so aus:

$$\frac{1}{2} \cdot \log 1 + \frac{1}{4} \cdot \log 2 + \frac{1}{8} \log 4 + \frac{1}{16} \cdot \log 8 + \cdots$$

Anders als bei der Originalrechnung wächst diese Summe *nicht* über alle Grenzen an. Es zeigt sich vielmehr, dass sie sich dem Wert log 2, also 1, annähert. Jeder Einsatz unter log 2 bedeutet daher für jemand, der sein Glück logarithmisch misst, eine gute Investition. (Bernoulli übernahm diese Rechenweise auch, um das vorherige Vermögen des Spielers zu berücksichtigen.)

## Homo sapiens gegen Homo oeconomicus

Der bisher betrachtete Zweig der Entscheidungstheorie untersucht, wie sich perfekt rationale Akteure verhalten *sollten.* Wie wir gesehen haben, steht im Zentrum dieser Überlegungen der Erwartungswert, und die Mathematiker untersuchen die verschiedenen Wege, auf denen rationale Akteure in widerspruchfreier Weise eine Nutzenfunktion mit einer Spanne möglicher Ergebnisse in Einklang bringen können. Der Nennwert und die logarithmische Nutzenfunktionen sind zwei Möglichkeiten. Gewiss können uns diese Anstrengungen viel darüber sagen, wie wir gute Entscheidungen auf rationaler Basis treffen. Das kann aber noch nicht alles sein.

Ein zweiter Zweig der Entscheidungstheorie befasst sich damit, wie die Menschen solche Dinge *wirklich* entscheiden. In den letzten paar Jahrzehnten haben Psychologen zahllose Experimente auf diesem Gebiet durchgeführt. Die Ergebnisse bestätigen die Tendenz der Menschen, oft *nicht* die „rationale" Lösung zu wählen. So vermeiden wir in vielen Bereichen des Lebens gern Verluste: Wir scheuen Verluste weit mehr, als wir Gewinne genießen.

Wir wollen nun zurück zum Werfen der Münzen gehen, um diese natürliche Vorsicht in der Praxis zu untersuchen. Angenommen, uns wird ein Spiel angeboten, bei dem Kopf uns den Verlust von 100 € einbringt, während wir bei Zahl ein wenig mehr gewinnen, nämlich 110 €. Die Berechnung des Erwartungswertes zeigt uns, dass wir einen Nettogewinn erwarten dürfen:

$$\frac{1}{2} \cdot 110€ - \frac{1}{2} \cdot 100€ = 5€.$$

Ein rationaler Akteur wird also das Spiel wagen. Bei Untersuchungen haben aber die meisten Befragten das Spiel ausgeschlagen, ganz gleich, wie reich sie waren. Der Gedanke, 100 € zu verlieren war schmerzlicher als die Vorstellung des möglichen Gewinns von 110 €. 1997 hat sich Matthew Rabin mit Akteuren befasst, deren Nutzenfunktion einen abnehmenden Grenznutzen anzeigt, die also zur Risikoaversion neigen und ihrer ganz eigenen „Rationalität" folgen. Sie schlagen – wie die meisten von uns – das genannte Spiel aus, ganz gleich wie wohlhabend sie gerade sind. Rabin zeigte, dass die Logik solche Akteure zwingt, auch Spiele auszuschlagen, auf die die meisten von uns eingehen würden (sofern genügend Geld für das Wagnis da ist). Ein Beispiel dafür wäre ein Spiel mit Verlusten von 1000 € bei Kopf und Gewinnen von 1.000.000 € bei Zahl. Rabins Akteure müssen ihrer Logik nach *jedes* Spiel mit 1000 € Verlust zurückweisen, wie groß auch die Gewinnsumme sein könnte!

Psychologisch gesehen tendieren reale Menschen dazu, sich auf die *Änderungen* ihres Reichtums zu konzentrieren: auf das Vergnügen des Gewinns und insbesondere den Schmerz des Verlustes. Der rationale Akteur trifft hingegen seine Entscheidungen aufgrund der Gesamtbilanz nach allen Verlusten und Gewinnen. Entscheidungen, bei denen ein rationaler Akteur – manchmal auch *Homo oeconomicus* genannt – von der menschlichen Psychologie abweicht, verweisen auf eine schlecht entwickelte Entscheidungsfähigkeit. Ist man reich genug, um einen Verlust von 100 € locker wegstecken zu können, sollte man das oben erwähnte Spiel mit den 100 und 110 € wagen.

Wir wollen noch ein weiteres Beispiel betrachten. Wir bekommen zwei verschiedene Spiele angeboten, die beide auf dem Werfen von zwei Würfeln beruhen. Bei Spiel A ist die Chance, 1600 € zu gewinnen, 11/36 und die Chance, 150 € zu verlieren, 25/36. Bei Spiel B ist die Wahrscheinlichkeit, 400 € zu gewinnen, 35/36 und die Wahrscheinlichkeit, 100 € zu verlieren, 1/36.

Welches Spiel sollte man wählen? Experimente, die die Psychologin Sarah Lichtenstein durchgeführt hat, haben gezeigt, dass die meisten Menschen die Sicherheit von Spiel B gegenüber dem Versprechen von Reichtum in Spiel A bevorzugen. Es gibt aber noch eine interessante Variante: Wir müssen über das Anrecht, eines der Spiele zu spielen, mit einem Dritten verhandeln, der die Bank hält und den wir Carl nennen wollen. Für wie viel sollen wir ein Anrecht kaufen? Und für wie viel sollen wir es abgeben?

Die Reaktion wird in der Regel durch die große Differenz der Gewinnsummen bestimmt: A wird wertvoller eingestuft als B. Angenommen, wir weisen A einen Wert von 500 € zu und B einen Wert von 350 €. Das wäre eine ziemlich typische Antwort, es steht aber im klaren Widerspruch zu der vorherigen Präferenz, B statt A zu spielen. Dieses Phänomen nennt man „Präferenztausch", es ist etwas, was reale Menschen gern tun, während der *Homo oeconomicus* natürlich nicht so handeln würde.

Carl bietet nun das Anrecht auf Spiel A für 400 € an. Da wir es gerade auf 500 € eingeschätzt haben, wittern wir vernünftigerweise einen guten Handel und bezahlen die 400 €. Als Nächstes bietet uns Carl die Chance, zu Spiel B zu wechseln. Da wir eigentlich B vorgezogen hatten, werden wir gern wechseln. Unser Niedergang ist besiegelt, weil Carls letzter Schritt ist, uns für den Verzicht auf A und den Wechsel zu B jene 350 € zu zahlen, die uns B wert ist. Wir haben also 50 € verloren, ohne auch nur ein einziges Mal gespielt zu haben.

Taucht vor uns das Bild von Menschen auf, die in ihrem Verhalten vom rationalen Modell abweichen, ist das in gewissem Sinn realistisch. Aber es ist natürlich nicht die ganze Geschichte. Der *Homo sapiens* verfügt über einen Instinkt, der ihn vorsichtig sein lässt, selbst wenn der Instinkt nicht immer das Gleichgewicht der Risiken richtig einschätzt. Dafür mag es in der Evolution gute Gründe gegeben haben. Für unsere Vorfahren in der afrikanischen Savanne war es beispielsweise ganz plausibel, sich eher gegen Verluste abzusichern, statt Gelegenheiten für Gewinne zu nutzen. Diese ursprüngliche Tendenz hat sich bis in unsere Tage durchgehalten. Heute haben wir aber etwas, was diese Vorfahren nicht hatten: mathematische Instrumente, um die zugrunde liegenden Aspekte zu analysieren und zu verstehen.

Und wie wir gesehen haben, können die Techniken der Entscheidungstheorie die menschliche Psyche erhellen, unser ökonomisches Verständnis vergrößern und uns helfen, besser informierte Entscheidungen zu treffen.

# 16

## Wer hat Angst vorm Schwarzen Loch?

### Die Form des Universums

Hohlräume und Klüfte: Solche Naturerscheinungen haben schon immer die Fantasie der Menschen angeregt. Wir reagieren mit starken Gefühlen auf Löcher und Abgründe, angefangen mit dem Schwindel, der uns ergreift, wenn wir am Grand Canyon stehen und das Gefühl haben, über den Rand der Welt zuschauen, bis zu Alices surrealen Erfahrungen mit dem Bau des weißen Kaninchens, in den sie fällt. Im übertragenen Sinn fallen wir in ein tiefes Loch, wenn wir um jemand trauern. Vielleicht ist diese Besonderheit der Menschen ein Überbleibsel aus der Zeit als Höhlenbewohner? Sicher ist, dass Löcher tiefgründige und wichtige Objekte sind – und manchmal auch schreckenerregende, wie die Schwarzen Löcher, die alles ins Verderben reißen, was ihren Weg kreuzt.

Diese Faszination teilen auch Mathematiker, deren Neugier auf Formen mit und ohne Löcher den Anlass zu einer ganzen Forschungsrichtung gab, der Topologie. Sie ist im späten 19. Jahrhundert aus radikal neuen Ansätzen in der Geometrie entstanden und hat im 20. und 21. Jahrhundert den Physikern Werkzeuge zur Verfügung gestellt, mit denen sie Fragen von grundsätzlicher Bedeutung bearbeiten konnten, die für unsere Welt von größter Wichtigkeit sind und von der Analyse der Struktur von Eis bis zum Anfang des Universums und seiner Expansion reichen.

Aber wir sollten mit dem Anfang beginnen. Wie viele Löcher hat ein Gebilde, eine Form oder ein Raum? Das ist eine weit weniger triviale Frage als man meinen könnte.

## Ein Loch ist im Eimer …

Die einfachste Beobachtung die man machen kann, wenn man Formen untersucht, ist, ob sie aus einem Stück oder mehreren bestehen. In der mathematischen Fachsprache nennt man eine Form, die aus nur einem Stück besteht, „zusammenhängend". Zusammenhängend sind Dreiecke, Kugeln, Abschnitte einer Geraden, Pyramiden, Bagels und viele andere exotischere Formen. Wenn wir aber zwei Dreiecke nehmen, die durch eine Lücke getrennt sind und das Paar als *ein* Objekt betrachten, so ist es *nicht-zusammenhängend*.

So weit so gut, aber diese Unterscheidung ist nicht immer so einfach. So sind beispielsweise zwei ineinander verschlungene Ringe aus mathematischer Sicht nicht-zusammenhängend, da sie aus zwei klar getrennten Teilen mit einem Zwischenraum bestehen. Das Gleiche gilt für die klassischen Borromäischen Ringe, die nach dem Wappen der italienischen Patrizierfamilie Borromeo benannt sind: Keiner der drei Ringe durchschneidet einen anderen, sie können nicht getrennt werden, sind aber mathematisch nicht-zusammenhängend (Abb. 16.1). Wird ein Ring mit Gewalt entfernt, fallen auch die übrigen auseinander.

**Abb. 16.1**   Die Borromäischen Ringe: Entfernt man einen Ring, fallen auch die beiden anderen auseinander. (© Patrick Nugent)

Die Geschichte gewinnt noch an Tiefe, wenn wir den ein klein wenig abweichenden Begriff „wegzusammenhängend" einführen. Er bedeutet, dass zwei beliebige Punkte auf der Form immer mit einem Weg endlicher Länge verbunden werden können, der gerade oder gekrümmt sein kann. Es ist trivial, dass jeder wegzusammenhängende Raum auch im mathematischen Sinne zusammenhängend sein muss, da ein Weg keinen Zwischenraum überbrücken darf. Überraschend ist aber, dass das Gegenteil nicht gilt. Es gibt einige mathematische Formen oder Räume, die zusammenhängend, aber *nicht* wegzusammenhängend sind.

Ein berühmtes Beispiel ist eine ganz bestimmte Sinuskurve, die den Topologen gern als Beispiel dient. Dieses ungewöhnliche Objekt besteht aus zwei Teilen: einer Wand und einer Welle, die immer dichter zusammenrückt, je näher sie der Wand kommt (Abb. 16.2). Die Welle wird durch die Gleichung $y = sin$ (1/$x$) definiert, die Wand durch $x = 0$. Entscheidend ist, dass man die Welle nicht von der Wand trennen kann. Zwischen beiden gibt es auch nicht den Hauch eines Spalts. Die beiden Teile des Gebildes bilden

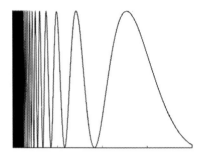

**Abb. 16.2**   Die Sinuswelle der Topologen ist zusammenhängend, aber nicht wegzusammenhängend. (© Patrick Nugent)

also eine zusammenhängende Einheit. Diese ist aber nicht wegzusammenhängend, denn versucht man, von einem Punkt der Kurve aus die Wand zu erreichen, wird man dort nie ankommen. In den immer dichter werdenden Wellen der Kurve verbirgt sich deren unendliche Länge, die mit keinem endlichen Weg überbrückt werden kann.

Nicht-zusammenhängende Räume weisen ganz klar „Löcher" im Sinne einer Kluft zwischen ihren Teilen auf. Ein Ehering, der zweifellos zusammenhängend ist, weist im Gegensatz dazu ein Loch ganz anderer Art auf, das viel schwerer präzise zu beschreiben ist. Mathematisch gesehen stellt die Frage, wie oft man das Gebilde durchschneiden muss, bis es nicht mehr zusammenhängend ist, einen Ansatz dar. Ein Ehering, der einmal durchschnitten wird, bleibt weiterhin ein zusammenhängendes Stück Metall, das man beispielsweise in eine gerade Stange biegen kann. Erst ein zweiter Schnitt trennt den Ring bzw. die Stange in zwei Teile. Die damit verbundene (höchstens erlaubte) „Schnittzahl" des Eherings beträgt also 1.

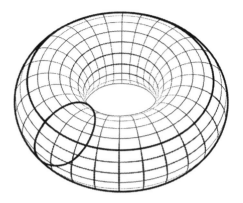

**Abb. 16.3**   Ein Torus. Zerschneidet man den Torus zweimal, kann man ihn zu einem Rechteck ausrollen. (© Patrick Nugent)

Anders bei einem Hohlring wie beispielsweise bei einem aufblasbaren Schwimmring. Durchschneidet man ihn, erhält man ein Rohr, das an beiden Enden offen ist. In diesem Fall muss aber ein zweiter Schnitt nicht unbedingt zu zwei Teilen führen und den Zusammenhang zerstören: Schneidet man das Rohr entlang seiner Längsachse auf und entrollt das Resultat, erhält man eine flache Gummifläche, die weiterhin zusammenhängend ist (Abb. 16.3). Erst ein dritter Schnitt zerstört den Zusammenhang, die Schnittzahl des Gummirings oder Torus ist also 2.

Die Schnittzahl einer Form wird auch als erste Betti-Zahl ($B_1$) bezeichnet. Die Betti-Zahlen sind nach Enrico Betti (1823–1892) benannt, der solche Fragen in den frühen 1870er Jahren systematisch untersucht hat. Es gibt auch noch die nullte Betti-Zahl, die einfach nur die Zahl der verschiedenen Teile einer Form angibt. Für die Borromäischen Ringe ist $B_0 = 3$, für jede zusammenhängende Form aber ist nach Definition $B_0 = 1$.

**Tab. 16.1** Betti-Zahlen einiger Körper

|  | $B_0$ | $B_1$ | $B_2$ |
|---|---|---|---|
| Gerade Stange | 1 | 0 | 0 |
| Kompakter Ring (z. B. Beißring eines Kleinkinds, Ehering) | 1 | 1 | 0 |
| Hohle Kugel (z. B. Ball) | 1 | 1 | 1 |
| Hohler Torus (z. B. Schwimmring) | 1 | 2 | 1 |
| Hohler Doppeltorus | 1 | 3 | 1 |

Betti-Zahlen höherer Ordnung ($B_2$, $B_3$, $B_4$ ...) geben die Anzahl von Löchern verschiedenster Art an. So besteht beispielsweise ein aufblasbarer Ball aus einem Stück und hat keine eheringähnlichen Löcher (wenn man vom Ventil einmal absieht). Er enthält aber ein Loch anderer Art: die dreidimensionale Höhlung im Inneren, die mit Luft gefüllt ist. Eine Murmel rollt in seinem Inneren herum, kann aber die Ballhülle nicht durchdringen, ohne sie zu verletzen. Da der Ball nur diesen einen Hohlraum enthält, ist die zweite Betti-Zahl $B_2$ gleich 1. Das Gleiche gilt auch für den aufblasbaren Schwimmring und für einen Doppeltorus, der einer aufblasen Acht gleicht.

Mit den Betti-Zahlen für die Teile ($B_0$), die Schnitte ($B_1$) und die topologischen Hohlräume ($B_2$) können wir die Eigenschaften einiger Formen vergleichen (siehe Tab. 16.1).

Wenn wir uns aus unserer Alltagswelt in Räume mit höheren Dimensionen begeben, sind Betti-Zahlen höherer Ordnung nötig, um die höherdimensionalen Hohlräume zu beschreiben, auf die wir treffen. Eine Hypersphäre ist beispielsweise eine Form, deren dreidimensionale Struktur sich windet, um wieder auf sich selbst zu treffen, so wie es mit der zweidimensionalen Oberfläche einer gewöhnlichen Kugel geschieht. Die Betti-Zahlen sind in diesem Fall $B_0 = 1$, $B_1 = 0$, $B_2 = 0$, $B_3 = 0$ und $B_4 = 1$.

Die Betti-Zahlen sind ein beliebter, schneller und effizienter Weg, die Löcher in einer Form zu bestimmen, nachdem Henri Poincaré (1854–1912) 1895 bewiesen hat, dass sie topologische Invarianten sind. Invariant bedeutet, dass die Betti-Zahlen einer Form weder durch Ziehen, Strecken noch Verdrehen verändert werden, solange die Form nicht beschädigt wird. Sie gehören also zu den wichtigen und robusten Daten, die sehr weitreichend sind und den Topologen helfen, Formen zu kategorisieren, die für den gelegentlichen Beobachter zwar recht verschieden aussehen, aber aufgrund der formalen Merkmale überraschend ähnlich sind.

# Das Geheimnis des verschwundenen Lochs

Die Betti-Zahlen sind zweifellos nützlich, aber sie beschreiben einige zunächst unerwartete Eigenschaften von Löchern nicht, die man mit einer zusammenziehbaren Masche oder Schlinge erkunden kann. Befindet sich die Schlinge beispielsweise auf der Oberfläche einer Kugel, wie unserem Ball, und kann dort bewegt und zugezogen werden, können wir sie auch nach und nach an einem bestimmten Punkt ganz zusammenzuziehen. Dieser Trick funktioniert beispielsweise auf einem aufblasbaren Gummiring *nicht* immer, denn auf einem Torus kann man eine Schlinge um

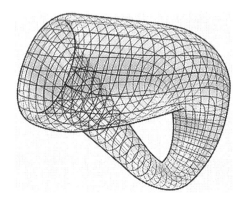

**Abb. 16.4** Die Klein'sche Flasche weist zwei topologische Löcher auf: eines an ihrer Öffnung (in der Abbildung links) und ein zweites zwischen Bauch und Henkel (in der Abbildung das leere Dreieck). (© Patrick Nugent)

das Loch in der Mitte legen, aber auch um das zylindrische Rohr. In beiden Fällen kann die Schlinge nicht zusammengezogen werden. Das passt gut zu der Tatsache, dass $B_1 = 2$ gilt.

Die Oberfläche einer der Lieblingsformen der Topologen, der Klein'schen Flasche, die 1882 von Felix Klein (1849–1925) beschrieben wurde, hat ungewöhnlichere Löcher (Abb. 16.4). Wenn wir um das Loch an der Flaschenöffnung eine Schlinge legen und sie in die Röhre hineinbewegen, können wir sie nicht zu einem Punkt zusammenziehen. Auch eine Schlinge um den Flaschenhals kann nicht zusammengezogen werden, sondern nur zwischen Flaschenhals und Henkel verschoben werden.

Wie sehen die Betti-Zahlen der Klein'schen Flasche aus? Wie erwartet ist $B_0 = 1$, was besagt, dass die Form aus einem Teil besteht. Es gilt weiter $B_2 = 0$, die Form enthält also keinen dreidimensionalen Hohlraum: Wenn man mit der Klein'schen Flasche spielt, merkt man schnell, dass jede Murmel, die man hineingibt, wieder herausrollen kann. Das Verblüffende ist aber, dass $B_1 = 1$ gilt und nicht, wie man erwarten könnte, $B_1 = 2$. Von der Betti-Zahl $B_1$ wird also nur eines der beiden Löcher erfasst. Der Grund ist, dass das erste Loch kein gewöhnliches Loch ist. Verdoppeln wir die Schlinge, indem wir sie zweimal um das Loch legen, verschwindet sie einfach. Die verdoppelte Schlinge kann also zu einem Punkt zusammenschrumpfen.

Es scheint dem gesunden Menschenverstand zu widersprechen, dass man eine Schlinge nicht zusammenziehen kann, wohl aber ihre Verdopplung. Der Grund ist mit einer berühmten Eigenschaft des Möbiusbandes verbunden: Zieht man eine Linie längs der Mitte des Bandes, trifft sie erst wieder auf ihren Anfang, wenn sie das Band zweimal umlaufen hat. Die Klein-Flasche besteht aus zwei derartigen Bändern, die zusammengeklebt sind.

Die Diskussion zielt auf Löcher ab, die versteckte Abgründe haben. In der Tat repräsentieren sie einige der komplexesten Gebilde in der modernen Mathematik, die tiefgreifende Anwendungen in der Physik beinhalten, nicht zuletzt die Phasenübergänge zwischen verschiedenen Zuständen der Materie.

## Phasenübergänge

Unter gewöhnlichen Umständen existiert Materie in drei Grundzuständen oder Phasen: fest, flüssig und gasförmig. Bei extrem hohen Temperaturen existiert aber noch ein vierter Zustand: ionisiertes Plasma. Festkörper und Flüssigkeiten werden als kondensierte Materie bezeichnet, wobei es hier feinere Unterschiede gibt. Zum Beispiel zeigen Flüssigkristalle, die für digitale Displays verwendet werden, sowohl Eigenschaften von Flüssigkeiten als auch von kristallinen Festkörpern. Die Plätze der Moleküle spiegeln die Gesamtsymmetrie und -ordnung wider, die wir von einem Kristall erwarten – ihre hübsche Anordnung in Schichten eingeschlossen. Diese Schichten können sich aber gegeneinander verschieben, was dazu führt, dass sich die Materie wie eine Flüssigkeit bewegt.

Ein weiteres Beispiel ist Eis. Wir denken in der Regel, dass Eis etwas ganz Einfaches ist, aber das Wasser kann, soweit man weiß, nicht weniger als 15 verschiedene feste Kristalle bilden, die sich in der genauen Anordnung der Atome unterscheiden. Auf der Erde wird die bei Weitem häufigste Eissorte mit $I_h$ bezeichnet. In ihr sind die Moleküle in Schichten mit hexagonalen Ringen angeordnet. In der oberen Erdatmosphäre findet man gelegentlich die Anordnung $I_c$, wo diese Schichten in einer kubischen Anordnung aneinandergezogen werden wie bei einem Diamanten. Um das Bild noch etwas komplizierter zu machen, werfen wir einen Blick ins Weltall. Dort findet sich das meiste Wasser in keiner dieser kristallinen Formen, sondern in amorpher Form: Die Moleküle sind so zufällig angeordnet wie die Moleküle in Glas und folgen keiner kristallinen Struktur.

Unter bestimmten Bedingungen verwandelt sich kondensierte Materie spontan von einer in die andere Form. So wurde 2009 das „Eis XV" entdeckt, bei dem die Moleküle in Zellen angeordnet sind, die leicht gequetschten und verzerrten Würfeln ähneln. Diese Anordnung entsteht, wenn man das Wasser unter hohem Druck (nahezu 1.000.000 kPa) auf – 143 °C abkühlt. Phasenübergänge dieser Art sind sehr komplexe Vorgänge und stellen für unser Verständnis der kondensierten Materie eine große Herausforderung dar. Die gleichen Ideen, nach denen man Eis und Flüssigkristalle untersuchen kann, sind auch für Grundfragen der Physik von Bedeutung, so auch für die Erforschung der Schwarzen Löcher, der Neutronensterne und des frühen Universums, in dem hohe Temperaturen und hoher Druck die Materie in einer Weise zusammengepresst hatten, die sich bei der Expansion des Universums rasch änderte. Bei solchen Problemen kann die Topologie helfen.

## Topologische Defekte und kosmische Texturen

Ein äußerst fruchtbarer Zugang in das Reich der Phasenübergänge hat sich für die Forschung durch die Untersuchung „topologischer Defekte" ergeben, die in der untersuchten Materie auftreten können. Sie ähneln Löchern verschiedener Art, die mathematisch analysiert werden können, sind aber keine Löcher im *wörtlichen* Sinn, sondern typischerweise Bereiche von Strukturänderungen. Die Mathematiker gehen aber davon aus, dass sie auf die gleiche Weise wie Löcher zu erklären sind.

So kann beispielsweise ein Flüssigkristall unter hohem Druck zunächst seine Struktur längs einer gerade Linie ändern, die wie eine Träne in der Originalstruktur aussieht. Wenn wir im Gedanken diesen linienförmigen Defekt herauslösen, also ein virtuelles Loch erzeugen, ähnelt das restliche, umgebende Material topologisch gesehen einem Ehering. Eine Schlinge um das Loch, in dem zuvor die Tränenspur lag, kann nicht zu einem Punkt zusammengezogen werden. Diese Situation wird mit der Betti-Zahl $B_1 = 1$ charakterisiert.

Es gibt auch noch andere Konfigurationen topologischer Defekte. Es kann zum Beispiel sein, dass alle Moleküle eines bestimmten Stoffes nach innen in Richtung eines festen Punkts in der Mitte geneigt sind. Diese bestimmte Stelle nennt man Punktdefekt oder „Monopol". Beseitigt man ihn, befindet sich dort die gleiche Art von Loch, wie es ein Ball in seinem Inneren hat. Die Situation wird durch $B_2 = 1$ beschrieben.

Es ist nicht nur so, dass das Vokabular der Topologen in diesen Situationen zum Tragen kommen kann, das Verständnis der Topologie für diese Defekte kann auch zu realen physikalischen Einsichten führen. So bleiben beispielsweise Liniendefekte in Flüssigkristallen nicht fest an einer Stelle, sondern fließen mit dem Rest des Materials. Das kann zu höchst komplexen Szenarien führen, in denen sich zwei und mehr Liniendefekte verhaken. Um zu verstehen, wann das geschehen wird und wann sich zwei Liniendefekte begegnen, ohne sich zu verhaken, haben sich 1977 die beiden Forscher Valentin Poénaru und Gérard Toulouse gründlich mit der zugrunde liegenden Topologie befasst. Ihre Analyse war eine deutliche Bestätigung für die Leistungsfähigkeit der Topologie bei der Beantwortung physikalischer Fragen. Ähnliche Ideen stehen auch hinter der Erklärung ungewöhnlicher Zustände der Materie, wie etwa der Supraflüssigkeit. Gewöhnliche Flüssigkeiten, wie

Wasser oder Honig, sind zäh, das heißt, dass in ihnen Rei-
bungskräfte wirken, die ihre Bewegung bremsen. In einer
Supraflüssigkeit ist das nicht so. Das hat zur Folge, dass sie
ohne Hemmungen durch (oder sogar über) Hindernisse
fließt, die jede gewöhnliche Flüssigkeit aufhalten. Helium,
das bei −269 °C flüssig wird und bei Zimmertemperatur
ein Gas ist, wird bei weiterer Abkühlung unter −273 °C zur
Supraflüssigkeit. Dieser Vorgang wurde oft im Labor be-
obachtet, aber das Verständnis dafür, wann und wie dieser
Prozess abläuft, fordert die Analyse der topologischen Defekte, die gewöhnlich in dem Material auftauchen.

Der Urknall und das frühe Universum bringen noch
weit exotischere topologische Defekte zum Vorschein. Man
glaubt, dass Phasenübergänge, die bei der Expansion des
Universums aus seinem frühen hochverdichteten Zustand
stattfanden, zunächst als kleine Bläschen auftauchten, die
sich aus punktförmigen Defekten zu einer zweidimensionalen Fläche entwickelten, die zwei Phasen der Materie vollkommen voneinander trennen konnte. Als dann die Blasen
anwuchsen und sich vereinigten, ersetzte die neue Phase
mehr und mehr die alte.

Derartige Oberflächendefekte werden als Domänenwände bezeichnet. Schneidet man sie heraus, wie sie sind,
trennt man die Umgebung in zwei Teile, was zu einem
nicht-zusammenhängenden Raum führt. Ein einzelner Do-
mänenwanddefekt kann durch die nullte Betti-Zahl erfasst
werden, es ist $B_0 = 2$. Manche physikalischen Modelle gehen
davon aus, dass das frühe Universum durch ein komplexes
Netz solcher Domänenwände in einen Flickenteppich aus
Zellen aufgeteilt war.

Dieses wabenförmige Universum konnte (noch) nicht sicher bestätigt werden, aber Domänenwände existieren ganz real in einer viel vertrauteren Umgebung: in Magneten. In magnetischem Material variiert das Magnetfeld von Ort zu Ort. In der einen Region ist es nach links ausgerichtet, in einer Nachbarregion nach rechts. Die beiden Regionen können durch eine schmale Domänenwand getrennt sein, in der das Magnetfeld scharf die Richtung wechselt.

Noch seltsamere topologische Defekte sind Texturen. Während Liniendefekte eindimensional sind und Domänenwände zweidimensional, sind Texturen theoretisch dreidimensionale Defekte. Texturen können von der dritten Betti-Zahl erfasst werden, die nicht gleich 0 sein darf. Das bedeutet, dass die zugrunde liegenden physikalischen Felder sich selbst in einer höheren Dimension umschlingen, möglicherweise in einer komplizierten verknoteten Weise. Die Physiker haben die Theorie aufgestellt, dass sich so etwas ereignete, als das frühe Universum von einem perfekt glatten und gleichförmigen Zustand in einen Zustand überging, in dem es die volle Bandbreite der Elementarteilchen und Kräfte gab, die wir heute kennen. Den Prozess bezeichnet man als Symmetriebruch. Solche Texturen wurden vorgeschlagen, um fundamentale Geheimnisse des Kosmos zu erklären. Dazu gehören die Expansionsrate des frühen Universums, die Bildung der Galaxien und die Natur der „dunklen Materie", diesem unsichtbaren Typus von Materie, der der Theorie nach den Großteil der Masse des Universums ausmacht. So spannend diese Hypothesen auch sind: Sie konnten durch die Analyse der kosmischen Mikrowellenstrahlung, die wir als Echo des Big Bang von allen Seiten empfangen, noch nicht bestätigt werden. Die verräterischen heißen und kalten Bereiche, die eine Textur hätte hinterlassen müssen, waren in ihr nicht nachzuweisen.

Diese Überlegungen zum Kosmos sind weit von Experimenten mit der Topologie eines Balls und eines Schwimmreifens entfernt. Auch wenn noch nicht sicher ist, ob die Texturen, die man in der theoretischen Physik diskutiert, letztlich eine große Rolle für unser Verständnis des Universums spielen werden, so ist doch bemerkenswert, dass wir nun mit der weit entwickelten Mathematik der Löcher die Konzepte untersuchen können und Hinweise bekommen, wonach wir genau suchen müssen. Die Mathematik steht bereit und wartet darauf, eingesetzt zu werden.

# 17

# Regen oder Sonnenschein?
## Die Mathematik der Wettervorhersage

Das Verhältnis der Briten zum Wetter kann mit „ständig davon heimgesucht" gut umschrieben werden. Das mag zwar nur ein Vorurteil sein, aber es gibt wirklich genügend Gründe, die Frage, ob es regnen oder die Sonne scheinen wird, zu diskutieren. Da die britischen Inseln dort liegen, wo die Hauptwettersysteme, angeheizt durch das Wasser des Golfstroms und anfällig für den Wankelmut des Jetstreams weit oben in der Atmosphäre, ihren Kampf um die Vorherrschaft austragen, ist gerade Großbritannien durch besonders wechselhaftes Wetter gesegnet – oder geschlagen.

Die Herausforderung, das Wetter auf unserem Planeten zu verstehen und vorherzusagen, ist groß. Wir sind aber noch weit davon entfernt, das Wetter vollständig zu verstehen, wie gelegentliche Fehlvorhersagen deutlich machen. Für die Wettervorhersage ist die Mathematik sehr wichtig, denn sie hat wertvolle Instrumente und Methoden zur Verfügung gestellt, die nicht nur der Meteorologie dienen, sondern weiten Bereichen der Naturwissenschaften. Galilei hat die berühmte Äußerung gemacht, das Universum sei in der Sprache der Mathematik geschrieben. Und heute können wir noch bestimmter sagen, dass fast alle Naturgesetze am besten in einer bestimmten mathematischen Ausdrucksweise erklärt werden: mit Differentialgleichungen, die beschreiben, wie sich Systeme ändern. Die Anstrengungen, solche Gleichungen zu lösen, können auf klangvolle Namen zurückblicken und haben den Schlüssel für zahllose zuverlässige wissenschaftliche Vorhersagen geliefert. Aber nirgends ist diese Herausforderung größer und wichtiger als bei den Versuchen, das Wetter- und Klimasystem unserer Erde zu begreifen. Es war vielleicht kein Zufall, dass gerade ein neugieriger Engländer mit der mathematischen Wettervorhersage begonnen hat.

## Up, up and away

Zu verstehen, wie sich Systeme ändern, gehörte schon immer zu den Anliegen der Mathematik und führte zu einigen ihrer größten Triumphe. Bis heute sind Änderungen und ihre Vorhersage ein heikles und schwieriges Thema, das nicht nur mathematische und wissenschaftliche Einsichten voraussetzt, sondern auch den intensiven Gebrauch von Computermodellen.

Systeme, die in ständiger Bewegung sind, werden durch Differenzen- oder Rekursionsgleichungen beschrieben (siehe Kap. 14), die an sich schon faszinierend sind, aber vor allem wertvolle Beiträge zu einer Vielzahl von Forschungsbereichen bieten, wie beispielsweise zur Populationsforschung in der Biologie. Bei der Modellierung physikalischer Systeme stößt man mit den Differenzengleichungen aber auch an Grenzen. Das Problem ist, dass sie von Haus aus *diskret* aufgebaut sind, das heißt, sie beschreiben eine Folge wie beispielsweise 1, 1, 2, 3, 5, 8 …, die mit einer Zahl beginnt, zu einer zweiten springt, dann zu einer dritten usw. Damit verglichen ist die physikalische Welt glatter und nahtloser. In ihr springen die Werte nicht von einer Zahl zur nächsten, sondern nehmen auf ihrem Weg auch alle Zwischenwerte an. In dieser *kontinuierlichen* Welt wird die Rolle der Differenzengleichungen von den *Differentialgleichungen* übernommen. Sie sind die richtige Sprache für unzählige physikalische Prozesse: von der Bewegung eines Balls, der den Hügel hinunterrollt bis zu den in der Atmosphäre herrschenden Luftbewegungen.

Bei Wetter und Klima, wie in der Naturwissenschaft ganz allgemein, sind wir einerseits daran interessiert, wie sich Zustände im Verlauf der Zeit verändern. Zum Beispiel wollen wir wissen, wie die Windgeschwindigkeit zunimmt, also wie ein Luftpaket beschleunigt wird. Andererseits gilt unser Interesse der Veränderung im Raum, etwa wie der Luftdruck mit der Höhe abnimmt.

Wir wollen das an einem einfachen Beispiel diskutieren. Wenn wir uns bewegen, ändert sich unsere Position, und eine entscheidende Information ist die Rate dieser Änderung. Steht $x$ für die Position eines Radfahrers, wird die Änderungsrate der Position meist mit $x'$ bezeichnet, was nichts anderes als die Geschwindigkeit des Radlers ist. Fährt der Radler mit konstanter Geschwindigkeit, ist die übliche Formel

$$\text{Geschwindigkeit} = \frac{\text{Weg}}{\text{Zeit}}$$

oder in Symbolen ausgedrückt

$$x' = \frac{x}{t}$$

wobei t die benötigte Zeit und $x$ der zurückgelegte Weg sind. Ist $x'$ klein, bewegt sich der Radler nur langsam voran.

Die Formel ist gut geeignet, um die mittlere Geschwindigkeit bei der gesamten Radtour zu berechnen. Hat der Radler 2 h für 50 km benötigt, war die mittlere Geschwindigkeit 25 km/Stunde (oder km/h). Das sagt aber noch nichts über die augenblickliche Geschwindigkeit aus, die ja Änderungen unterliegen kann. Um das zu verstehen, müssen wir die Änderung der Geschwindigkeit berechnen, eine Größe, die Beschleunigung genannt und mit $x''$ bezeichnet wird.

Gehen wir nun vom Fahrrad zum Luftdruck in der Atmosphäre über, gilt das gleiche Grundprinzip. Der Unterschied ist, dass wir nun die Abhängigkeit von der Höhe statt von der Zeit bestimmen. Es ist wenig überraschend, dass der Luftdruck abnimmt, je höher wir in die Atmosphäre aufsteigen. Es gibt eine Faustregel für die Druckänderung $p'$ mit der Höhe, die in Bodennähe gilt. Danach ist $p' = 1013 \cdot 0{,}00012$ hPa/m $= 0.12$ hPa/m, wobei 1013 der mittlere Luftdruck auf Meereshöhe (gemessen in hPa) ist.

Wie wir an der kleinen Zahl 0,00012 sehen können, ändert sich der Luftdruck beim Aufstieg nur langsam, sodass wir überhaupt nichts merken, wenn wir im Haus die Treppen hinaufsteigen. Wir spüren erst etwas in den Ohren, wenn wir mit einem schnellen Lift nach oben fahren oder eine steile Bergstraße hinunterdüsen.

Je weiter man aufsteigt, umso geringer wird der Luftdruck $p$ und umso kleiner wird auch $p'$. Die oben genannte Faustregel für $p'$ beruht auf der sogenannten „barometrischen Höhenformel", mit der man genauer angeben kann, wie groß der Luftdruck in einer bestimmten Höhe ist. Zur Ableitung dieser Formel, auf die wir weiter unten stoßen werden, muss man auf die Infinitesimalrechnung zurück-greifen.

# Die Revolution der Infinitesimalrechnung

Die Mathematiker haben schon seit den Zeiten des Archimedes nach Möglichkeiten Ausschau gehalten, $x'$ zu berechnen, wenn man $x$ kennt. Der große Durchbruch kam aber erst im 17. Jahrhundert durch die voneinander unabhängigen Arbeiten von Isaac Newton und Gottfried Leibniz. Ihre *Infinitesimalrechnung* war vielleicht der größte Durchbruch in der Geschichte der Entwicklung der Mathematik für die Naturwissenschaften.

Die beiden Wissenschaftler fanden unabhängig voneinander einen Satz mathematischer Regeln zur Bestimmung von $x'$, wenn man einen Ausdruck für $x$ hat. Kehren wir zu unserem Radfahrer zurück. Angenommen, er hat nach einer Sekunde (1 s) einen Meter (1 m) zurückgelegt, nach 2 s dann 4 m und nach 3 s schließlich 9 m. Das allgemeine Gesetz ist hier, dass die zurückgelegte Strecke vom Quadrat der Zeit bestimmt wird: $x \sim t \cdot t$ oder $x \sim t^2$. Wie groß ist jeweils die Geschwindigkeit? Sowohl Newton als auch Leibniz konnte diese Frage beantworten: Es gilt $x' \sim 2t$. Mit anderen Worten: Nach einer Sekunde ist der Radler mit 2 m/s unterwegs, nach 2 s mit 4 m/s und nach 3 s mit 6 m/s.

Das ist ein Teil eines allgemeineren Gesetzes, wonach bei $x \sim t^n$ für jede Zahl $n$ gilt, dass $x' \sim n \cdot t^{n-1}$ ist. Diese nicht sofort ins Auge fallende Tatsache hat sich in den folgenden Jahrhunderten für die Wissenschaftler als äußerst wertvoll erwiesen. Wendet man das Gesetz ein zweites Mal an, sagt es uns, mit welcher Beschleunigung der Radler fährt: $x$" ~ 2. In anderen Worten: Der Radler beschleunigt mit einer Zunahme der Geschwindigkeit um 2 m/s pro Sekunde (oder 2 m/s$^2$).

Die Entdeckung der Infinitesimalrechnung warf in den Naturwissenschaften sofort Zinsen ab. Einige der wichtigsten neuen Erkenntnisse kamen auch von Newton selbst, so etwa der Impulserhaltungssatz. Der Impuls eines Objekts ist dessen Masse multipliziert mit seiner Geschwindigkeit. Wenn die Masse eines Fahrrads 10 kg beträgt und es mit 5 m/s fährt, ist sein Impuls 50 kg m/s. Newton nahm an, dass in jedem abgeschlossenen System, also einem System, auf das keine Kräfte von außen wirken, der Gesamtimpuls gleich bleibt, die Teile aber Impuls austauschen können. Ein gutes Beispiel ist das Billardspiel. Prallt ein Ball mit 4 m/s auf einen anderen von gleicher Masse und bleibt dann stehen, garantiert die Impulserhaltung, dass der zweite Ball mit 4 m/s losrollen wird. (Hat der zweite Ball die doppelte Masse, was allerdings für Billardbälle ungewöhnlich ist, sagt uns die Impulserhaltung, dass er mit nur 2 m/s losrollt.)

Bei solchen Rechnungen muss man allerdings immer die Bewegungsrichtung mit einbeziehen. Trifft beispielsweise ein Ball mit einer Masse von 1 kg, der mit 2 m/s nach rechts rollt, auf einen gleich schweren Ball, der mit 1 m/s nach links rollt, beträgt der Gesamtimpuls des Systems aus den zwei Bällen 1 kg m/s und ist nach rechts gerichtet. Die Impulserhaltung zwingt beide Bälle, nach dem Zusammenstoß die Richtung zu ändern: Der erste Ball prallt zurück und rollt mit 1 m/s nach links, während nun der zweite Ball mit 2 m/s nach rechts rollt.

Wie es oft mit einem großen Durchbruch ist, war es auch mit der Infinitesimalrechnung so, dass sie so viele Fragen aufwarf, wie sie beantwortete. Der große Nutzen der von Newton und Leibniz entwickelten Methode war, aus Informationen über $x$ auch Informationen über die Änderung von $x$, also $x'$, ableiten zu können. In vielen Fällen wird aber auch das Umgekehrte gefordert: Wir haben Informationen über $x'$ und wollen eine direkte Beschreibung von $x$. Damit kommen wir zum eigentlichen Kern der Differentialgleichungen – und kehren zu dem dornenreichen Thema des Wetters zurück.

Ein Beispiel für diese Art von Gleichungen haben wir schon in der Näherungsgleichung für die Änderung des Luftdrucks in Bodennähe kennengelernt: $p' = p \cdot 0.00012$. Die Meteorologen hätten aber lieber eine Formel, die den Luftdruck $p$ in Abhängigkeit von der Höhe $h$ angibt, ohne dass man sich um $p'$ kümmern muss. Das Ziel ist also, die Differentialgleichung zu *lösen* (oder zu integrieren, wie die Mathematiker sagen). In unserem Fall ist das relativ leicht möglich. Wieder haben Newton und Leibniz die Werkzeuge für diesen Job bereitgestellt, mit denen wir eine Antwort finden können. Sie sieht so aus: $p = 1013 \cdot e^{-0,00012\,h}$. Dabei ist $e$ die berühmte Euler'sche Zahl, die ungefähr 2,718 beträgt, $h$ die Höhe über dem Meeresspiegel in m und 1013 der Luftdruck in Meereshöhe in hPA.

Wenn wir nun den Luftdruck in $h = 2000$ m Höhe wissen wollen, müssen wir nur diesen Wert in die Gleichung einsetzen und erhalten:

$$p \approx 1013 \cdot e^{-0,00012 \cdot 2000} = 1013 \cdot e^{-0,24} \approx 1013 \cdot 0,8 \approx 800\,hPa.$$

Auch das ist allerdings nur eine Näherungslösung, die Gleichung ist vereinfacht, und die Zahlen sind gerundet. Trotzdem ist die Botschaft, dass wir mit der Lösung der zugrunde liegende Differentialgleichung schon mit einem Taschenrechner wissenschaftliche Informationen gewinnen können.

Mit den wachsenden Erkenntnissen über die neue Infinitesimalrechnung tauchten auch in vielen anderen Zweigen der Naturwissenschaft Differentialgleichungen auf. Ein berühmtes Beispiel stammt vom größten Mathematiker des 18. Jahrhunderts, Leonhard Euler (1707–1783), der sich selbst eine sehr anspruchsvolle Aufgabe stellte. Newtons Physik basierte auf deutlich abgegrenzten Körpern, beispielsweise auf zwei Planeten, die sich gegenseitig anziehen (siehe Kap. 7) oder auf zwei Billardkugeln, die aufeinander stoßen. Euler wollte das Problem nun auf kontinuierlich verteilte Materie ausdehnen, beispielsweise auf Gase und Flüssigkeiten. Eulers Bemühungen, die Bewegung von Flüssigkeiten verstehen, führten zu einer neuen Richtung der Physik: der Hydrodynamik, also der Dynamik der Flüssigkeiten. Deren Gesetze, angewandt auf eine ganz besondere „Flüssigkeit", nämlich die Luft, die in unserer Atmosphäre zirkuliert, spielten eine fundamentale Rolle in der sich rasant entwickelten Wissenschaft der Meteorologie.

## Ruhiges Fließen und chaotisches Treiben

Eulers Triumph war eine Differentialgleichung, die Newtons Impulserhaltungssatz für Flüssigkeiten und Gase formulierte. Das war ein mühseliges Geschäft, da sich die Geschwindigkeit in der Flüssigkeit in allen drei Richtungen (aufwärts, vorwärts und zur Seite) in gleicher Weise wie der Impuls ändern kann. Die allgemeine Idee war intuitiv: Eine Flüssigkeit tendiert naturgemäß dazu, aus Regionen mit hohem Druck in Regionen mit niedrigerem Druck zu fließen. Sie wird auch auf Kräfte von außen reagieren, von denen die wichtigste in der Regel die Schwerkraft ist. (Für das Wetter ist auch die sogenannte Corioliskraft von Bedeutung, eine Scheinkraft, die aufgrund der Rotation der Erde zustande kommt.) Um die exakt richtige Gleichung zu erhalten, musste Euler die Techniken der Infinitesimalrechnung an neue Grenzen führen.

Die Flüssigkeitsgleichung, die Euler erhielt, stellte einen gewaltigen Fortschritt dar, obwohl noch etwas Wesentliches fehlte: Euler hatte die *Viskosität* der Flüssigkeit nicht berücksichtigt, die das Maß für deren Dickflüssigkeit darstellt. Für sehr viskose Flüssigkeiten wie Honig ist das natürlich eine unzulässige Vereinfachung, aber auch bei Luft darf man sie nicht vergessen, wie jeder merkt, der gegen starken Sturm anrennen will. Dieser Mangel wurde in der ersten Hälfte des 19. Jahrhunderts durch den französischen Ingenieur Claude-Louis Navier (1785–1836) und den irischen Physiker George Stokes (1819–1903) behoben, die beide unabhängig voneinander und an dem Problem arbeiteten. Sie setzten in Eulers Gleichung einen zusätzlichen Term ein, der die Viskosität der Flüssigkeit berücksichtigte. Ihre Ergebnisse gingen in die Navier-Stokes-Gleichungen ein, die seitdem bei der Analyse von Flüssigkeit eine zentrale Rolle spielen.

Es gibt dabei aber ein grundlegendes Paradox. Aus mathematischer Sicht sind die entstehenden Gleichungen (zumindest bis heute) zu komplex, um gelöst werden zu können. Seit den Arbeiten von Navier und Stokes sind 150 Jahre vergangen, aber niemandem ist es gelungen, eine Lösung der Gleichungen zu finden oder, mit anderen Worten: Niemand konnte die mathematische Beschreibung einer Flüssigkeit finden, die den Navier-Stokes-Gleichungen gehorcht. (Ausgenommen sind triviale Lösungen, wie etwa für eine vollständig stationäre Flüssigkeit). Die Lösung dieser Aufgabe gehört denn auch noch zu den Herausforderungen des „Millenium-Preises" des Clay Institute, der 2000 ausgeschrieben wurde und 1 Mio. $ für den einbringt, der als erster die Lösung findet.

Die Geschichte von Navier und Stokes illustriert einen immer wieder auftauchenden Ablauf der Beziehung der Mathematik zu den Naturwissenschaften. Zuerst wird mit einer Kombination aus sorgfältigem Nachdenken und mühsamen physikalischen Beobachtungen ein neues wissenschaftliches Prinzip formuliert. Dann wird es in die Sprache der Mathematik übersetzt und nimmt die Form von Differentialgleichungen an. Der letzte Schritt wäre dann im Idealfall, dass die Wissenschaftler diese Differentialgleichungen lösen und damit der Menschheit erlauben, die Entdeckungen auszubeuten und mit verlässlichen Prognosen aus ihnen zu profitieren. Und damit wird alles so richtig problematisch, denn in Wirklichkeit sind viele der Gleichungen, die Systeme beschreiben, von Grund auf chaotisch.

Bei den Flüssigkeiten zeigt sich das in Form der Turbulenz, dem Phänomen, dass sich Flüssigkeiten auf komplexe, unstete Weise bewegen, statt glatt dahinzufließen. Turbulenz tritt bei hohem Seegang ebenso auf, wie wenn eine

Luftströmung auf Hindernisse trifft. Turbulentes Verhalten ist ganz häufig – und es ist sehr schwer vorherzusagen. Flüssigkeiten sind nur bei sehr geringen Geschwindigkeiten nicht turbulent, da die inneren Kräfte der Viskosität die Turbulenz dämpfen. Jenseits einer bestimmten Geschwindigkeitsschwelle ist Turbulenz aber fast unvermeidbar.

Die chaotische Natur der Luftströmungen steckt auch hinter Edward Lorenz' berühmtem Schmetterlingseffekt, der Idee, das das Flügelflattern eines Schmetterlings in Brasilien zu Tornados in Texas führen kann. Mit dem Problem der Turbulenz, das der Physiker Richard Feynman als „das wichtigste ungelöste Problem der klassischen Physik" bezeichnet hat, haben auch die Meteorologen heute noch viel zu tun.

# Richardson und die numerische Wettervorhersage

Damit soll nicht gesagt werden, dass die Naturwissenschaft und insbesondere die Meteorologie an ihre Grenzen gelangt sind. Schließlich gelingen den Meteorologen heute immer detailliertere und genauere Vorhersagen. Die physikalischen Erkenntnisse haben zu Gleichungen geführt, die wir noch nicht exakt lösen können, aber an diesem Punkt gehen die Naturwissenschaften und die Mathematik auseinander. Während die Mathematiker immer noch versuchen, exakte Lösungen der Navier-Stokes-Gleichungen zu finden, sind andere Zweige der Naturwissenschaft schon mit *Näherungslösungen* zufrieden: Mit der wirkungsvollen Unterstützung durch Computer haben sie ein ganzes Feld von Methoden der numerischen Mathematik entwickelt. Diese Techniken werden in allen Bereichen der modernen Naturwissenschaft und auch in der Industrie verwendet, aber nirgends mehr als bei der Wettervorhersage.

Die Menschen haben sich schon seit Jahrtausenden mit Wetterprognosen versucht, die erste wirklich mathematische Vorhersage wurde aber erst von dem Pionier der Meteorologie, Lewis Fry Richardson (1881–1953), zwischen 1916 und 1918 berechnet. Als Quäker und Pazifist war Richardson im Ersten Weltkrieg an der Westfront als Fahrer eines Krankenwagens eingesetzt. In dieser extremen und gefährlichen Situation erwarb er sich nicht nur Anerkennung für seinen pflichtgetreuen Einsatz, sondern begann auch mit Forschungsarbeiten auf dem Gebiet der mathematischen Meteorologie.

Richardsons Ziel war, die Änderungen des Wetters an zwei verschiedenen Orten vorherzusagen. Dazu musste er die Anfangsbedingungen in den angrenzenden Gebieten kennen. Zum Glück hatte die Technik der Wetterbeobachtungen und ihrer Weitergabe in den vorangegangenen Jahre große Fortschritte gemacht, und Richardson hatte Zugang zu Wetteraufzeichnungen, die kurz zuvor von einem weiteren Pionier der Meteorologie, dem Norweger Vilhelm Bjerknes (1862–1951), zusammengestellt worden waren. Entscheidend war, dass sich diese Daten nicht auf die Erdoberfläche beschränkten, sondern dass sie auch die Messungen von 193 Wetterballons aus verschiedenen Höhen und über allen möglichen Orten in Europa an einem bestimmten Tag, dem 20. Mai 1910, enthielten.

Um die zeitlichen Veränderungen in der Atmosphäre zu analysieren, trug Richardson sieben Kennzahlen für alle Stationen zusammen. Die ersten drei Kennzahlen waren die Impulswerte des Windes in Richtung Nord-Süd, Ost-West sowie auf-und abwärts. Dazu kamen die vier Parameter Luftdruck, Luftfeuchtigkeit, Temperatur und Luftdichte. Diese Größen wurden in ein kompliziertes System von Differentialgleichungen gepackt, das beschrieb, wie sich diese Größen untereinander beeinflussten und mit dem berechnet werden sollte, wie sie sich mit der Zeit, von Ort zu Ort und in verschiedenen Höhen veränderten. Im Mittelpunkt standen die Navier-Stokes-Gleichungen, dazu kamen aber noch andere, die aus dem Bereich der Thermodynamik (siehe Kap. 34) stammten und beschrieben, wie die aus der Sonnenstrahlung absorbierte Energie in der Atmosphäre verteilt wurde und dort Quellen und Senken der Erwärmung verursachte. Das Gesetz der Massenerhaltung besagte zudem, dass die Menge an Luft in einem bestimmten Volumen konstant bleiben muss, also nichts erzeugt oder vernichtet wird.

Richardson fügte dem Ganzen noch das Gesetz eines idealen Gases hinzu, das Druck ($p$, in hPa), Temperatur ($T$, in Kelvin) und Luftdichte ($d$, in kg/m$^3$) an einem Punkt miteinander verknüpft. Es sagt insbesondere aus, dass für diese drei Größen immer $p = 287 \cdot T \cdot d/100$ gilt. Der Faktor 287 ist die „spezifische Gaskonstante" $R$ für trockene Luft ($R = 287$ m$^2$s$^{-2}$K$^{-1}$).

Alles in allem wuchs sich dieses Arsenal zu einer geradezu erschreckenden Sammlung von Gleichungen aus. Aber Richardson fügte noch ein weitere hinzu, die alles wieder vereinfachte. Der Grund, dass wir auf der Erdoberfläche atmen können, ist die Schwerkraft, die die Luft festhält, statt sie ins Weltall entweichen zu lassen. Die Luft sinkt aber aufgrund des Luftdrucks nicht komplett auf die Erdoberfläche: Schwerkraft und Luftdruck balancieren sich aus. Die „hydrostatische Grundgleichung" drückt die Annahme aus, dass sich beide exakt ausgleichen. Es gilt $p' = -g \cdot d/100$, wobei $p'$ die Luftdruckänderung mit der Höhe in hPa/m ist, $g$ die Schwerebeschleunigung (9,8 m/s$^2$) und $d$ die Luftdichte in kg/m$^3$.

Schließlich musste dann Richardson, um seine Wettervorhersage zu machen, die wenig beneidenswerte Aufgabe erfüllen, das resultierende System der sieben Gleichungen mit den Daten von Bjerknes Schritt für Schritt zu lösen. Dabei konnte er natürlich nicht auf den großen Freund der modernen Meteorologen, den Computer zurückgreifen. Er folgte dem klassischen Weg der numerischen Analyse, die im Wesentlichen die kontinuierlichen Differentialgleichungen durch Differenzengleichungen mit diskreten Schritten ersetzt. Richardson überzog also eine Karte von Europa mit einem Gitter und analysierte die Wettersituation in der Mitte jedes Gitterfeldes am Boden und jeweils in vier Höhen. Statt mit jedem Zeitmoment zu rechnen, teilte er die Zeit in Schritte von 45 min ein – wie er zuvor den Raum in Felder von etwa 200 km Seitenlänge eingeteilt hatte. Dann ging er von den Ausgangsdaten aus und berechnete Schritt für Schritt und für die vier Höhen in jedem Feld die Änderungen aller beteiligten Größen.

## Wetter- und Klimamodelle

Methodisch gesehen war Richardsons Arbeit ein Triumph: Er stellte nicht nur das richtige System von Differentialgleichungen zusammen, sondern erfand auch eine brauchbare numerische Methode, um die Gleichungen näherungsweise zu lösen. Die *Vorhersage* selbst erwies sich allerdings als Desaster, denn erstens dauerten die langen Reihen komplexer Rechnungen für eine Vorhersage, die gerade mal sechs Stunden in die Zukunft reichte, mindestens sechs Wochen, zweitens ergaben sie in einem der Felder eine Druckerhöhung um 145 hPa im Verlauf dieser sechs Stunden, was einen höchst unrealistischen Wert darstellte und dem Effekt entsprochen hätte, eineinhalb Meter unter Wasser zu tauchen. Dennoch hielt der Wissenschaftler seine Arbeit für so wertvoll, dass er trotz dieser großen Mängel seine Vorhersage publizierte. Nach der Ansicht von Peter Lynch in seinem 2006 erschienen Buch *The Emergence of Numerical Weather Prediction* ist Richardsons Pionierleistung „eine der bemerkenswertesten und erstaunlichsten Heldentaten einer Rechenarbeit, die je vollbracht wurden".

Jahrzehnte später wurde die große ENIAC-Maschine (siehe Kap. 4) eingesetzt, um die erste computerisierte Wettervorhersage durchzuführen. Im Laufe der Jahre hat der numerische Ansatz der Wettervorhersage die Geheimnisse zahlreicher meteorologischer Phänomene enthüllt, so die der Tiefdruckgebiete, um die der Wind wirbelt, und die ihres Gegenstücks, der Hochdruckgebiete. Man konnte nun erklären, dass sich aufgrund des Corioliseffekts die Luft in den Tiefdruckgebieten auf der Nordhalbkugel gegen den Uhrzeiger bewegt, auf der Südhalbkugel im Uhrzeigersinn – und in den Hochdruckgebieten umgekehrt.

Heute versorgen uns Wettersatelliten mit einer Unzahl detaillierter Daten, die die Meteorologen in die leistungsfähigsten Supercomputer einspeisen, um mit den neuesten Erkenntnissen der numerischen Mathematik das System der atmosphärischen Gleichungen zu lösen. Wir wissen alle, dass die Wettervorhersage keine perfekte Kunst darstellt. Aber die ständige Verfeinerung und wachsende Genauigkeit ist ein Beweis für den beträchtlichen Fortschritt, den man gemacht hat. Und die wesentlichen Techniken, die man auch heute noch für die Wettervorhersage einsetzt, wurden passenderweise von einem vom Wetter heimgesuchten Engländer in Gestalt von Lewis Fry Richardson entwickelt.

---

**Numerische Analyse einer Fahrradtour**

Um die Grundprinzipien der numerischen Analyse zu illustrieren, müssen wir uns nicht mit Richardsons Atmosphärengleichungen herumschlagen. Wir können es uns einfach machen und wieder zu unserem Beispiel mit dem Radfahrer zurückkehren. Wir beginnen mit einer Differentialgleichung für die Bewegung, nach der die Geschwindigkeit $x'$ in m/s genau halb so groß ist wie der zurückgelegte Weg $x$ in m:

$$x' = \frac{1}{2} \cdot x.$$

Wir wissen auch noch, dass sich der Radler in dem Augenblick, in dem wir unsere Uhr gestartet haben ($t = 0$), bei $x = 1$ befand. Seine Geschwindigkeit betrug in diesem Moment also

$$x' = \frac{1}{2} \cdot 1 \frac{m}{s} = \frac{1}{2} \frac{m}{s}.$$

Für den nächsten Schritt vergessen wir unsere Original-gleichung und extrapolieren die Änderungen in die Zukunft. Nach einer weiteren Sekunde ($t=1$) hat der Radler mit der Geschwindigkeit $x'=0.5$ m/s weitere 0.5 m zurückgelegt, es gilt also $x=1,5$ m.

Laut Gleichung gilt dann:

$$x' = \frac{1}{2} \cdot 1,5 \frac{m}{s} = 0,75 \frac{m}{s}.$$

Mit *dieser* Geschwindigkeit erreicht der Radler nach einer weiteren Sekunde ($t=2$) die Position $x=2,25$ m usw.

Wir extrapolieren also nun immer mit der jeweiligen Geschwindigkeit den Weg des Radfahrers. Der Prozess kann so oft wiederholt werden, wie nötig. Auf diese Weise erhalten wir eine numerische Vorhersage.

# 18

## Der Trend zur Mitte

### Statistische Gaukeleien und numerische Tricks

Von Benjamin Disraeli, dem extravaganten britischen Außenminister im 19. Jahrhundert, stammt vermutlich die folgende Äußerung: „Es gibt drei Arten von Lügen: Lügen, verdammte Lügen und die Statistik." Wer auch immer diesen Satz geprägt hat: Es steckt eine erhebliche Wahrheit in der Aussage, dass statistische Daten dafür prädestiniert sind, missbraucht oder falsch gedeutet zu werden.

Unterdessen brechen in unseren modernen Zeiten Informationen förmlich über uns herein. Ständig werden Daten über uns erhoben – von Firmen, die wissen wollen, wer ihre Produkte kauft, vom Staat, der mit Volkszählungen die sozialen Verhältnisse des Landes erkunden will, von Sportanalytikern, die die Laufleistungen der Fußballspieler berechnen. Werden diese Datenberge ordentlich analysiert, kann man aus ihnen sicherlich wertvolle Erkenntnisse gewinnen. Sie bergen aber auch ein Risiko, sei es durch unbeabsichtigte Falschauslegung, sei es durch absichtlichen Missbrauch. Manchmal ist ein neuer sozialer Trend, der ins Auge fällt, nicht mehr als eine von der Statistik vorgegaukelte Illusion.

Viele dieser statistischen Lügen halten sich erstaunlich hartnäckig, weil sie Vorurteile bestätigen, die Teil der Alltagsweisheiten sind oder zum „gesunden Menschenverstand" gehören. Nur mit einem mathematisch strengen Ansatz können wir hoffen, solch falsche Argumentationen aufzudecken.

## Falsche Fragen – falsche Antworten: Korrelation und Kausalität

1914 ist ein guter Zeitpunkt, um mit unserer Geschichte anzufangen. Zu Beginn des Ersten Weltkriegs wurden britische und französische Soldaten nur mit Mützen aus Stoff als Kopfschutz in die Schützengräben geschickt. Nach einem Jahr, in dem die Helmhersteller die Möglichkeit hatten, aufzuholen, wurden Stahlhelme eingeführt. Aber dieser scheinbar so vernünftige Fortschritt hatte unerwartete, weitreichende Konsequenzen. Die Feldlazarette verzeichneten einen plötzlichen dramatischen *Anstieg* an Kopfverletzungen. Wie konnte es sein, dass die Helme genau das Gegenteil von dem bewirkten, was man erwartete? Die Antwort ist, dass sie diesen Effekt natürlich gar nicht hatten. Um das zu verstehen, muss man sich nur anschauen, was gezählt wurde: *Verletzungen,* nicht Todesfälle. Mit der Einführung des Stahlhelms überlebten Soldaten ihre Kopfverletzung, während sie ohne Helm gestorben wären.

Das ist ein gutes Beispiel dafür, dass eine *Korrelation* keine *Kausalität* bedeutet. Technisch gesehen ist eine Korrelation ein statistischer Zusammenhang zweier Phänomene – in unserem Fall der Einführung des Stahlhelms und der Zunahme der Kopfverletzungen. Um ein etwas erfreulicheres Beispiel zu nennen: Der Verkauf von Sonnenmilch ist *positiv* mit dem Verkauf von Eis korreliert. Positiv heißt in diesem Zusammenhang, dass das eine zunimmt, wenn das andere zunimmt, während eine *negative* Korrelation bedeutet, dass das eine zunimmt, wenn das andere abnimmt. Es ist natürlich nicht anzunehmen, dass die Empfindung von Sonnenmilch auf der Haut in irgendeiner Weise den Wunsch nach Eis aufkommen lässt – oder dass umgekehrt der Geschmack von Eis der Psyche einen Stoß gibt, außer Haus zu gehen und Sonnenmilch zu kaufen. Es ist eher so, dass sowohl der Verkauf von Eis als auch der von Sonnenmilch unabhängig voneinander von einem zusätzlichen dritten Faktor gesteuert wird: dem sonnigen Wetter.

Obwohl der Unterschied zwischen Korrelation und Kausalität wirklich einfach zu erklären ist, wird er doch bei der Interpretation von Statistiken gern vergessen, sei es zufällig oder absichtlich. Es genügt schon, die Daten so zu präsentieren, dass ein wesentlicher Faktor ausgeschlossen bleibt. Das passiert manchmal bei allzu überschwänglicher Werbung. Beispielsweise mag die Behauptung eines Produzenten von Frühstücksmüsli, dass „die Verbraucher der Fuzzy Flakes einen niedrigeren Cholesterinspiegel haben als es dem Landesdurchschnitt entspricht", auf den ersten Blick überzeugend klingen. Aber dann sehen wir auf der bunten Schachtel die Gestalten aus beliebten Kindersendungen im Fernsehen. Die Werbung setzt also auf kleine Kinder, die aufgrund ihres zarten Alters von Natur aus weniger Cholesterin haben als der Durchschnitt der Bevölkerung. Oder Fuzzy Flakes kommt mit einer Schachtel auf den Markt, die fitte Erwachsene im Freien beim Joggen zeigt und damit das Gesundheitsbewusstsein der Kunden anspricht. Aber auch gesunde Menschen haben einen niedrigeren Cholesterinspiegel als die anderen. In beiden Fällen reiten die Produzenten des Müslis auf einem Bevölkerungsteil Huckepack, der natürlicherweise über wenig Cholesterin verfügt. Darauf bauen sie dann ihre Aussage, die zwar nicht falsch ist, aber auf eine gesundheitsfördernde Eigenschaft ihres Produkts hinweist, die durch nichts belegt ist.

Die Werbung ist in vieler Hinsicht ein lohnendes Ziel für eine Kritik der Statistik. Die Produzenten von Werbung sind quasi Serientäter. Aber letzten Endes stehen dabei normalerweise keine Leben auf dem Spiel. In anderen, schwerwiegenderen Zusammenhängen erfordert es manchmal Querdenken, um bei einem bestimmten Szenario aus der Statistik die eigentlich wahre Botschaft herauszuholen, da der zunächst naheliegende Schluss gerade der falsche sein kann. Ein berühmtes Beispiel stammt aus dem Zweiten Weltkrieg. Abraham Wald (1902–1950), ein Statistiker, der die Schäden an US-Bombern analysierte, hatte die Einschusslöcher an verschiedenen Teilen der Flugzeuge bei der Rückkehr vom Einsatz gezählt. Für die Luftwaffe kristallisierte sich als Gesamtbild heraus, dass an einigen Stellen der Flugzeuge (wie etwa am Hauptteil des Rumpfs) weit mehr Löcher waren als beispielsweise an den Triebwerken. Das führte zum Vorschlag, die „offensichtlich" verletzbareren Teile besser gegen Einschüsse zu sichern. Als sich Wald das Problem genauer anschaute, erkannte er aber, dass dieser Schluss völlig falsch war. Er schlug stattdessen vor, die übel zerschossenen Bereiche (wie beispielsweise den Rumpf) so zu lassen, wie sie waren, aber die Bereiche mit wenigen Beschädigungen, wie etwa die Triebwerke, zu verstärken.

Das war eine glänzende Idee, eine Idee, die während des Krieges vielen Soldaten das Leben retten sollte. Wald war klar geworden, dass die Zählungen natürlich nur an Bombern gemacht wurden, die aus der Schlacht zurückkamen. Die eigentliche Frage hätte sein müssen: Welche Schäden hatten die abgeschossenen Bomber? Da aber diese Untersuchung nicht möglich war, gab ein kleines statistisches Argument die richtige Antwort: Die abgestürzten Bomber hatten sicher Einschusslöcher in den Triebwerken oder anderen Bereichen, die bei den „überlebenden" Flugzeugen unterrepräsentiert waren. Zerstörungen am Rumpf konnte ein Flugzeug überleben, das zeigte schon die Zahl der zurückgekehrten Bomber mit Löchern im Rumpf. Schüsse ins Triebwerk konnten tödlich enden.

## Statistische Phantome

Manchmal besteht die wirkliche Herausforderung darin, verschiedene Ebenen von Daten zu durchsuchen, um die wirklich bedeutungsvollen Zahlen zu finden. 1973 wurde die University of California in Berkeley angeklagt, Frauen, die ihren Abschluss gemacht hatten, den Zugang zur Forschung zu erschweren. Auf den ersten Blick schienen die Zahlen überzeugend. 44 % der Männer, die es bis in die letzte Auswahlrunde geschafft hatten, waren erfolgreich, aber nur 35 % der Frauen. Dieses Ungleichgewicht sah für die Universität schlecht aus, zumindest erforderte es eine weitere Untersuchung.

Als der Statistiker Peter Bickel und seine Mitarbeiter im nächsten Jahr die Daten unter die Lupe nahmen, entdeckten sie etwas wirklich Überraschendes. Zunächst einmal teilten sie die Datenmenge auf die verschiedenen Fakultäten auf, um nach der Ursache der Schieflage zu suchen. Und siehe da: Die Schieflage verschwand auf mysteriöse Weise! Bei ihrer Überprüfung der Entscheidungsgremien in den verschiedenen Fakultäten fanden sie heraus, dass es „nur wenige solcher Gremien gab, die signifikante Abweichungen von der erwarteten Häufigkeit zugelassener weiblicher Bewerber zeigten, und dass es ebenso viele Departments gab, die Frauen gegenüber Männern bevorzugten". Das Gesamtergebnis fiel ganz anders aus, als sie erwartet hatten: Es „gab einen kleinen, aber statistisch signifikanten Überhang der Frauen". Die Universität war entlastet, aber das Geheimnis blieb, da der Fehler nicht in den Originaldaten steckte.

Die Antwort brachte zum Teil das alte Mantra „Korrelation ist nicht Kausalität". Aber hier trat noch ein verblüffendes Phänomen auf, das man nach zwei britischen Statistikern Yule-Simpson-Paradox nennt: Udny Yule, der darüber 1903 schrieb, und Edward Simpson, der das Paradox 1951 formulierte. Wie bei unseren anderen Beispielen entstand das falsche Bild, weil man einen wichtigen Aspekt des Szenarios unberücksichtigt ließ.

Bickel und seine Mitarbeiter erklären es mit einem Bild vom Fischfang. Angenommen, man hat zwei Netze, die in den Fluss gelassen werden. Das eine hat weite Maschen, das andere enge. Das feinmaschige Netz fängt 60 % der durchschwimmenden Fische auf, das weitmaschige Netz nur 25 %. Wir nehmen noch an, dass der Fluss mit gleich vielen männlichen und weiblichen Fischen bevölkert ist und dass die beiden Geschlechter gleich groß sind. Trotzdem kann es zu einem Ungleichgewicht kommen, das von einem weiteren Faktor herrührt.

**Tab. 18.1**   Fangquoten bei gleichen Dimensionen der männlichen und weiblichen Fische

|  | Gefangene Weibchen | Gefangene Männchen |
|---|---|---|
| Weitmaschiges Netz, in Flussmitte | 20/80 (25 %) | 4/16 (25 %) |
| Feinmaschiges Netz, in Ufernähe | 12/20 (60 %) | 60/100 (60 %) |
| Insgesamt | 32/100 (32 %) | 64/116 (ca. 55 %) |

Angenommen die weiblichen Fische haben die Tendenz, in Strommitte zu schwimmen, während die männlichen die Ränder bevorzugen. Wirft man das weitmaschige Netz eine Stunde lang in Strommitte aus, wird es dort mehr weibliche als männliche Fische antreffen, vielleicht 80 Weibchen und 16 Männchen. Das feinmaschige Netz verheddert sich in dieser Zeit in Ufernähe, wo 20 Weibchen und 100 Männchen vorbeischwimmen. Das Ergebnis ist, dass insgesamt mehr männliche Fische gefangen werden, obwohl keines der Netze ein Geschlecht benachteiligt. Das Ergebnis könnte so aussehen wie in Tab. 18.1.

Mit anderen Worten: Trotz zweier perfekter Netze ist das Resultat unausgewogen, und es werden mehr Männchen gefangen. Selbst wenn wir die Zahlen ändern und annehmen, dass beide Netze bevorzugt Weibchen fangen (vielleicht, weil sie ein wenig größer als Männchen sind), wird das durch den Faktor der Platzierung überdeckt (Tab. 18.2).

Man erkennt das Yule-Simpson-Paradox: Beide Netze tendieren dazu, mehr Weibchen zu fangen, aber dieser Trend wird umgekehrt, wenn man die Zahlen der beiden Netze zusammenfasst. Im Fall der Doktorandenkollegs in

**Tab. 18.2**  Fangquoten bei größeren weiblichen Fischen

|  | Gefangene Weibchen | Gefangene Männchen |
|---|---|---|
| Weitmaschiges Netz, in Flussmitte | 30/80 (37,5 %) | 4/16 (25 %) |
| Feinmaschiges Netz, in Ufernähe | 15/20 (75 %) | 60/100 (60 %) |
| Insgesamt | 45/100 (45 %) | 64/116 (ca. 55 %) |

Berkeley ähnelte der zusätzliche Faktor dem Faktor der Platzierung bei den Netzen: Es war die unterschiedliche Attraktivität der Fakultäten für männliche und weibliche Bewerber. Aus welchen Gründen auch immer bewarben sich Frauen häufiger an Fakultäten, die ohnehin schon überbelegt waren, weswegen ein größerer Prozentsatz abgewiesen werden musste. Bei den Männern war es umgekehrt: Sie hatten weniger Konkurrenz bei der Bewerbung. (Die Autoren identifizierten übrigens die Mathematik als den Hauptfaktor: „Die Fakultät, in die man leichter kommen konnte, waren die, in denen die Vorbereitungskurse mehr Mathematik erforderten.")

Wie das Yule-Simpson-Paradox kann auch die „Regression zur Mitte" manche statistische Wunder erklären und Folgerungen ausschließen, die unzulässig sind. Es erinnert uns auch an einen äußerst wichtigen, aber oft übersehenen Teil des Lebens: Glück.

Immer ein Quäntchen Glück zu haben, ist für jeden nützlich, der ein Examen macht. Wir wollen uns zwei Frauen vorstellen, Annabel und Betty, die vor den Prüfungen stehen. Die nationale Quote für die Punkte bei den beiden Prüfungen beträgt 50 %. Im ersten Fach schneidet Annabel gut ab und erzielt 88 % der Punkte. Im zweiten Fach ist sie weniger erfolgreich, liegt aber mit 70 % immer noch über dem Durchschnitt. Betty kämpft dagegen im ersten Fach schwer und kommt nur auf 25 %. Im zweiten ist sie deutlich besser, liegt aber mit 43 % immer noch unter dem Limit von 50 %.

Man kann sich leicht vorstellen, wie Eltern oder Freunde diese Ergebnisse zu erklären versuchen: Annabel ist zu leichtsinnig und selbstzufrieden über ihren anfänglichen Triumph geworden und hat sich auf das zweite Fach nicht so gründlich vorbereitet. Für Betty hingegen war die Prüfung im ersten Fach ein Schock. Sie hat sich auf das zweite Fach ernsthafter vorbereitet. Es mag sein, dass diese Annahmen eine Spur von Wahrheit enthalten, was sie aber nicht enthalten ist, dass man dieses Phänomen schon aus rein statistischen Gründen erwarten kann. Wie gut jemand in einer Prüfung abschneidet – oder beim Fußball, bei geschäftlichen Unternehmungen oder in einer Liebesbeziehung –, hängt von einer Kombination aus Fähigkeit, Fleiß und Vorbereitung ab, aber auch von Glück.

Für einen Moment wollen wir annehmen, dass die Prüfungen der beiden Frauen eigentlich keine Prüfungen sind, sondern ausschließlich auf Glück beruhen: Es gibt 100 Multiple-Choice-Fragen, und in jedem Fall werden beide Frauen mit einer Wahrscheinlichkeit von je 50 % die richtige aus zwei Antworten wählen. Wenn wir den Ausgang der Prüfung für die beiden voraussagen müssen, werden wir 50 % angeben. Aber Annabel hat im ersten Fach Glück und erreicht 88 % richtige Antworten. Was ist nun, wenn wir den Ausgang der Prüfung im zweiten Fach vorhersagen sollen? Gut, es hat sich nichts geändert, denn statistisch gesehen bleibt die Wahrscheinlichkeit für ein Gelingen 50 %. Statistisch gesehen folgt aber allein schon aus der Tatsache, dass sie beim ersten Fach so gut abgeschnitten hat, eine größere Wahrscheinlichkeit, dass die zweite Prüfung schlechter ausfällt. Umgekehrt ist es bei Betty so, dass ihre mageren 25 % im ersten Fach mit großer Wahrscheinlichkeit bei der Prüfung im zweiten Fach gesteigert werden. In beiden Fällen ist es wahrscheinlich, dass die zwei Frauen von den Extremen in Richtung Mittelwert tendieren.

Das gleiche Prinzip gilt auch, wenn der Ausgang einer Prüfung nicht nur auf purem Glück beruht, sondern, wie es normalerweise ja der Fall ist, auf der Kombination von Glück, Fähigkeiten und anderer Faktoren. Wir wollen nun die (etwas künstliche) Annahme machen, dass von den 100 Punkten, die man bei der Prüfung erreichen kann, 70 auf reines Können und 30 auf das Konto von Glück gehen. Wir wollen annehmen, dass das Wissen der beiden konstant bleibt und bei Annabel 60 beträgt, bei Betty nur 20.

Wir sehen jetzt, dass Annabel in der ersten Prüfung sehr viel Glück hatte, als sie 28 von 30 Punkten erzielte, Betty dagegen sehr wenig Glück, als sie auf nur 5 von 30 kam. Deshalb ist anzunehmen, dass beide bei der zweiten Prüfung in Richtung Mittelwert tendieren (Tab. 18.3).

Die Regression zur Mitte ist ein weit verbreitetes, aber weitgehend unterschätztes Phänomen. Es tritt in vielerlei Gestalt auf, insbesondere, wenn zwei Phänomene korreliert sind, aber nicht 100-prozentig. Besonders beim Sport treffen wir häufig auf die Regression zur Mitte, obwohl das von den Experten kaum bedacht wird. Ein Weitspringer, der einen ersten hervorragenden Sprung hinbekommt, wird allein wegen dieses Phänomens wahrscheinlich beim zwei-

**Tab. 18.3** Einfluss von Wissen und Glück auf Prüfungsergebnisse

| | Annabel | | | Betty | | |
|---|---|---|---|---|---|---|
| | Wissen (70 %) | Glück (30 %) | Gesamt (100 %) | Wissen (70 %) | Glück (30 %) | Gesamt (100 %) |
| Erste Prüfung | 60 | 28 | 88 | 20 | 5 | 25 |
| Zweite Prüfung | 60 | 10 | 70 | 20 | 23 | 43 |

ten Sprung schlechter sein. 1989 hat die Zeitschrift *Sports Illustrated* festgestellt, dass 90 % der Baseball-Spieler, denen in der ersten Hälfte der Saison mehr als 20 Home Runs gelangen, dieses Ergebnis in der zweiten Hälfte nicht wiederholen konnten. Statistisch gesehen ist das wenig überraschend.

Die gleiche Zeitschrift lieferte noch ein weiteres, gern angeführtes Beispiel für die Regression zur Mitte, die man schon oft in Fällen von ungewöhnlichem Erfolg beobachten konnte. Ein Sportler, der eine ganz besonders gute Woche hinter sich hatte, entdeckte sich vielleicht auf der Titelseite von *Sports Illustrated*. Man hat oft festgestellt, dass er dann in der folgenden Woche ein Formtief hatte. Liegt ein übernatürlicher Fluch auf allen, die von *Sports Illustrated* herausgehoben werden? Nein. Nach einem Ausflug in die Extremleistung sind sie nur in die natürliche Ordnung zurückgekehrt.

In der Tat: Korrelation heißt nicht Kausalität.

# 19

## Wo sind wir?

### Die GPS-Geometrie und Einsteins Erkundung des Raums

Um die Lizenz zu bekommen, eines der Black-Cabs, der berühmten schwarzen Taxis in London, fahren zu dürfen, muss der Taxifahrer *The Knowledge* beherrschen und enzyklopädische Kenntnisse von Londons Straßen beweisen. Man benötigt bis zu vier fürchterliche Jahre, um sich das anzueignen. Für den Kunden gab es immer die Möglichkeit, ein Minicab zu nehmen, deren Fahrer völlig frei von *Knowledge* und Ortskenntnis sind. Das birgt das Risiko, dass der Fahrer keine Ahnung hat, wie man zum Ziel kommt, ja, vielleicht hat er von ihm noch nie gehört.

Aber nun gibt es ja Navis. Dank GPS (Global Positioning System), einem Netz aus 24 Satelliten (plus 3 in Reserve), die ab 1994 vom US-Verteidigungsministerium ins All geschossen wurden, kann jeder zumindest feststellen, wo er gerade ist. Ein Minicab-Fahrer, der mit einem Navi ausgestattet ist, braucht nur das Ziel eintippen und den Anweisungen folgen.

Zum Glück für die Fahrer der Black-Cabs gibt es viele Geschichten über die Untauglichkeit der Navis und fatale Fehler, die manchmal sogar eine lustige Story wert sind. Die Technik kann nie die klugen Abkürzungswege um chronisch verstopfte Straßen und Staus ersetzen, die die

Cabbies, die Fahrer der Black-Cabs, aus Erfahrung kennen – ganz zu schweigen von den ausufernden Gesprächen, für die sie berühmt sind. Wenn die Geschichten vom Versagen der Navis auch sehr unterhaltsam sind, so sind das doch nur Ausnahmen. GPS hat unsere Orientierungsmöglichkeiten revolutioniert, und es ist keine Überraschung, dass wir diese weltverändernde Technik vor allem der Mathematik verdanken. In der Tat ist die Grundlage des ganzen Konzepts in ein paar wichtigen geometrischen Ideen verborgen, ergänzt mit einigen Erkenntnissen aus der Relativitätstheorie.

## Ein Kompass im Weltraum

Das GPS-System beruht auf einer physikalischen Eigenschaft unseres Universums: Elektromagnetische Wellen breiten sich mit der feststehenden Geschwindigkeit von 299.792,458 km/s aus, der sogenannten Lichtgeschwindigkeit, die in der Regel mit $c$ bezeichnet wird. Diese fundamentale Tatsache erlaubt die Messung von Abständen im Raum, solange wir nur die Zeit genau genug messen können. Angenommen, wir wollen den Abstand zwischen Sender und Empfänger eines Signals messen. Eine Möglichkeit ist, eine einfache Botschaft, nämlich die aktuelle Zeit zu senden. Der Empfänger muss nur doch diese Zeitangabe mit der Zeit vergleichen, zu der die Botschaft ankommt. Aus der Zeitdifferenz t kann man berechnen, wie lange das Signal gebraucht hat. Da sich elektromagnetische Wellen sehr schnell ausbreiten, ist t sehr klein, es sei denn, Sender und Empfänger stehen auf verschiedenen Planeten. Wir wollen annehmen, dass $t = 0,00015$ s beträgt.

Wir kennen auch die Geschwindigkeit des Signals: Sie ist immer gleich c. Es ist nun einfach, den Abstand zwischen Sender und Empfänger mit der altbekannten Formel Abstand = Geschwindigkeit × Zeit zu berechnen. In unserem Fall gilt $c \cdot t = 299.792{,}458 \text{ km/s} \cdot 0{,}00015 \text{ s} \approx 45 \text{ km}$.

In dieser Rechnung steckt die Grundidee von GPS. Das Netz mit seinen 24 Satelliten ist in einer Höhe von rund 20.200 km so über der Erdoberfläche platziert, dass man von jedem Punkt der Erde aus immer mindestens sechs der Satelliten sehen kann. Jeder Satellit sendet ständig seine genaue Position und die exakte Zeit, sodass der Empfänger auf der Oberfläche des Planeten die oben erklärte Rechnung durchführen kann.

Um die eigene Position zu bestimmen, muss aber noch etwas anderes bedacht werden. Es genügt nicht zu wissen, dass wir 45 km von einem bestimmten Satelliten S entfernt sind, denn es gibt viele Orte, die diese Bedingung erfüllen: Sie bilden auf der Erde einen Kreis, und wir könnten überall auf dem Kreis sein. Lassen wir noch die Möglichkeit zu, uns in einem Flugzeug oder Raumschiff zu befinden, könnten wir überall auf einer Kugeloberfläche sein, die 45 km vom Satelliten entfernt ist.

Wir können das Problem mit einem Verfahren lösen, das Trilateration heißt. Es verwendet die Informationen von einigen Satelliten und kann durch ein weiteres Beispiel erklärt werden.

Angenommen, jemand hat auf einer Karte einen Punkt markiert, und es geht darum, ihn mit ein paar Informationen zu finden. Die erste Information ist, dass er 5 cm von einem Punkt A entfernt ist, etwa einem Leuchtturm. Nun wissen wir, dass der gesuchte Punkt auf einem Kreis um A

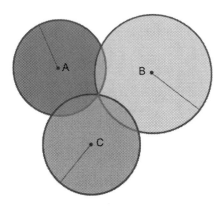

**Abb. 19.1** Mit der Trilateration kann der Ort eines Punkts aus den Abständen zu drei Leuchttürmen festgestellt werden. (© Patrick Nugent)

mit dem Radius 5 cm liegt. Wenn wir dann noch erfahren, dass der Punkt 10 cm von Leuchtturm B entfernt ist, liegt er auf einem Kreis mit Radius 10 cm um B und somit auf einem der Schnittpunkte des Kreises um A mit dem Kreis um B. Liegen A und B exakt 15 cm auseinander, gibt es nur einen Schnitt- bzw. Berührungspunkt, und wir haben unser Ziel erreicht. Fast immer wird es aber zwei derartige Schnittpunkte geben. Schneiden oder berühren sich die Kreise überhaupt nicht, ist unsere Aufgabe nicht zu lösen, weil die Daten fehlerhaft sind.

Nachdem wir nun schon bei zwei möglichen Punkten angekommen sind, sollte noch eine weitere Information ausreichen, um zu entscheiden, welcher von beiden der richtige ist. Wissen wir, dass die Entfernung zum Leuchtturm C 8 cm beträgt, können wir hoffen, dass nur einer der beiden Schnittpunkte diese Bedingung erfüllt (Abb. 19.1). Dass *beide* Punkte die Bedingung erfüllen, kann nur passieren, wenn alle drei Leuchttürme exakt auf einer Geraden liegen. Das wäre aber ein grober Fehler bei der Planung der Anordnung der Leuchttürme.

Genau das Gleiche funktioniert auch im dreidimensionalen Raum, und dieses Verfahren ist die Grundlage für GPS. Man braucht dazu vier Satelliten: Die erste Messung gibt unseren Ort auf einer Kugeloberfläche um einen der Satelliten an, die zweite engt den Platz auf den Kreis auf der Oberfläche dieser Kugel ein, in dem eine Kugel um einen zweiten Satelliten die erste schneidet. Eine Kugel um einen dritten Satelliten wird wieder zwei mögliche Punkte festlegen, und eine Kugel um einen vierten Satelliten wird aus diesen zwei Punkten den richtigen auswählen.

## Die Vorfahren von GPS

GPS entstand natürlich nicht aus dem Nichts. Sein Vorfahre war ein System von Leuchttürmen, das den Schiffen auf See half, ihre Position zu bestimmen. LORAN (LOng RAnge Navigation) wurde von den USA im Zweiten Weltkrieg eingerichtet und wird auch heute noch in einigen Teilen der Welt verwendet. Das Prinzip entspricht der Trilateration von GPS: Jeder Leuchtturm enthält eine Atomuhr, und ein Schiff peilt drei Leuchttürme an, um seine Position herauszufinden. Der Unterschied zu GPS ist, dass die Leuchttürme nicht die Zeit senden, sondern ein Signal mit charakteristischen Intervallen auf einer speziell zugeordneten Frequenz. Natürlich enthält ein solches Signal nicht genügend Informationen, um den Abstand des Schiffes vom Leuchtturm zu bestimmen, aber das Schiff kann die Zeiten vergleichen, zu denen die Signale von den zwei anderen Leuchttürmen eintreffen.

Um das Ganze etwas zu vereinfachen, stellen wir uns zwei Leuchttürme A und B vor, die ihre Signale simultan aussenden. Sie kommen auf dem Schiff zu den Zeitpunkten *a* bzw. *b* an. Die entscheidende Information ist die Zeitdifferenz zwischen *a* und *b*, also *a* – *b*. Obwohl das nicht ausreicht, um den Abstand zu einem der Leuchttürme zu berechnen, kann man doch die *Differenz* der beiden Abstände ausrechnen. Ist *a* – *b* = 0,00015 s, ist der Abstand von A um 45 km größer als von B.

Zeichnet man die möglichen Standorte auf einer Seekarte ein, erhält man mit diesen Daten keinen Kreis, sondern eine Kurve, die man Hyperbel nennt. Mit einem anderen Paar von Leuchttürmen, beispielsweise B und C, kann man eine zweite Hyperbel konstruieren. Die Position des Schiffes ist der Schnittpunkt der beiden Hyperbeln.

Mit der LORAN-Methode kann man auch umgekehrt mit Empfängern an festen Plätzen den Ort eines unbekannten Senders ausfindig machen. Derartige Lauschsysteme wurden schon im Ersten Weltkrieg verwendet. Um den Standort einer versteckten feindlichen Kanone zu bestimmen, hat man drei Lauschgeräte aufgestellt, die an einer zentralen Uhr angeschlossen waren. Sie hielten die Zeit fest, in der sie der Knall der Kanone erreichte. Mit der Zeitdifferenz konnte man die Position der Kanone auf zwei Hyperbeln festlegen, die sich schnitten und damit den Standort verrieten. Diese Technik war eines der Hauptelemente der Militärtechnik, bis schließlich im Zweiten Weltkrieg das RADAR aufkam (RAdio Detection and Ranging). Heute wird außerdem die SONAR-Technik (SOund Navigation

And Ranging) unter Wasser verwendet, wo die Schallwellen weiter reichen und sich schneller ausbreiten als in der Luft.

Damit das moderne GPS-System verwirklicht werden konnte, waren eine ganze Reihe technologischer Durchbrüche nötig, wozu vor allem die Satelliten gehörten. Sowohl GPS wie auch LORAN beruhen aber in erster Linie auf höchst präzisen Uhren. Ohne sie hätte keines der Systeme eine Chance. (Akustische Lauschsysteme sind weit weniger genau, da sie mit den langsamen Schallwellen arbeiten statt mit elektromagnetischen Wellen, die sich mit Lichtgeschwindigkeit ausbreiten.) Sowohl die LORAN-Leuchttürme wie die GPS-Satelliten sind daher mit Atomuhren bestückt, das sind Uhren, die die Zeit aus der Frequenz von Energieübergängen in der Hülle eines Cäsiumatoms bestimmen. Die erste funktionierende Atomuhr wurde 1955 von Louis Essen gebaut.

Atomuhren sind aber zu groß für den Einsatz in Handys oder Navis, deshalb werden dort gewöhnliche Quarzuhren verwendet, die nicht so genau sind. Zum Glück können kleinere Unterschiede kompensiert werden, weil die Uhr gegenüber *allen* Satelliten falsch geht, wenn sie nicht genau arbeitet. Solange der Fehler nicht zu groß ist, kann er festgestellt und automatisch ausgeglichen werden.

## Einstein und das Navi

Eine Fehlerquelle bei Navis, die mehr Ärger machen könnte, führt uns zu Albert Einsteins (1879–1955) Relativitätstheorie. Viele sind überrascht, wenn sie erfahren, dass Einsteins so exotisch erscheinende Theorien ganz praktische Auswirkungen auf unsere Alltagsgeräte haben. Es ist aber tatsächlich so, dass das satellitengestützte GPS-System nutzlos wäre, wenn man die Relativitätstheorie nicht berücksichtigen würde.

Bei GPS-Satelliten treten sogar *zwei* relativistische Effekte auf, die aus den beiden Relativitätstheorien Einsteins folgen, der Speziellen und der Allgemeinen Relativitätstheorie. Der Ausgangspunkt der Speziellen Relativitätstheorie ist, dass Ruhe und Bewegung nicht absolut, sondern relativ sind. Für eine Beobachterin, die sich in Ruhe befindet und an einem Bahndamm steht, erscheint ein vorbeifahrender Zug in schneller Bewegung. Ein Passagier des Zugs fühlt sich dagegen selbst in Ruhe, während sich die Frau am Bahndamm, die ihm von draußen zuwinkt, schnell vorbeizubewegen scheint. Seit Galileis Zeiten ist wohlbekannt, dass es sich dabei nicht um Einbildungen handelt: Jemand, der sich mit konstanter Geschwindigkeit bewegt, befindet sich in der Tat bezüglich seines eigenen Bezugssystems in Ruhe, bewegt sich aber in Bezug auf jedes andere System. Durch die Forschungen einiger Physiker, zu denen Albert Einstein und Hendrik Lorentz gehörten, gelangte man im frühen 20. Jahrhundert zu einem tieferen Verständnis dafür, wie sich Messungen von Abständen, Zeitintervallen und Massen verändern, wenn man die verschiedenen Bezugssysteme mit einbezieht. Die dabei gemachten Entdeckungen waren damals erstaunlich, wurden dann aber nach und nach in den folgenden Jahrzehnten durch Experimente bestätigt.

Für das GPS-System ist der wichtigste Aspekt der Relativitätstheorie, wie sich zwei Uhren sehen, die sich relativ zueinander bewegen. Unserer Alltagserfahrung widerspricht die Tatsache, dass eine Uhr, die sich relativ zum stationären Beobachter sehr schnell bewegt, langsamer zu laufen scheint als die stationäre Uhr. Das ist aber genau die Situation, wenn man die Atomuhr auf einem Satelliten von der Erde aus abliest.

Das Hauptwerkzeug, um von einem zu einem anderen Bezugssystem überzugehen, ist die „Lorentz-Transformation". Nach ihr gilt: Wenn sich ein Satellit relativ zur Erdoberfläche mit der Geschwindigkeit $v$ bewegt, erscheint seine Uhr einem stationären Beobachter auf der Erde um einen Faktor $y$ langsamer, für den

$$y = \frac{1}{\sqrt{1 - \dfrac{v^2}{c^2}}}$$

gilt. Dabei ist $c$ wieder die Lichtgeschwindigkeit und $v$ die Geschwindigkeit des GPS-Satelliten, die etwa 3900 m/s beträgt. Setzt man diese Größen in die Gleichung für $y$ ein, erhält man $y = 1{,}000{.}000{.}000{.}08$. Das bedeutet, dass im Verlauf eines Tages ($60 \cdot 60 \cdot 24 = 86.400$ s) die Uhr des Satelliten um $0{,}000{.}000{.}000{.}08 \cdot 86.400$ s $= 0{,}000{.}007$ s oder 7 µs nachgeht.

Während die Spezielle Relativitätstheorie die Bewegung von Körpern relativ zu andern betrifft, geht es bei der Allgemeinen Relativitätstheorie um ein absolutes Phänomen: die Schwerkraft. Eine ihrer Prognosen ist, dass eine Uhr in der Nähe eines schweren Objekts, wie der Erde, langsamer tickt als in großer Entfernung von ihm.

In der Allgemeinen Relativitätstheorie wird die Rolle der Lorentz-Transformation von der sogenannten Schwarzschild-Metrik gespielt, die nach Karl Schwarzschild (1873–1916) benannt ist, der 1915 Einsteins letzte Arbeiten studiert und daraus einige konkrete Vorhersagen abgeleitet hat. Viele Jahre nach seinem Tod erlangte Schwarzschilds Werk große Bedeutung für die Untersuchung der Schwarzen Löcher.

Die wesentliche Tatsache ist, dass eine Uhr in der Nähe eines schweren Körpers wie der Erde, verglichen mit einem Raum ohne Schwerefeld, um den Faktor $b$ langsamer läuft. Für $b$ gilt:

$$b = \sqrt{1 - \frac{2GM}{rc^2}}$$

In dieser Formel ist G die „universelle Gravitationskonstante", die ungefähr $6{,}67 \cdot 10^{-11}$ m$^3$kg$^{-1}$s$^{-2}$ beträgt, M die Masse der Erde (ungefähr $6{,}0 \cdot 10^{24}$ kg) und $r$ der Abstand der Uhr vom Erdmittelpunkt in Meter. (Mehr zur Gravitation siehe Kap. 7.)

Im Fall von GPS-Satelliten muss man die Formel einmal für den Empfänger auf der Erde, zum anderen für den Satelliten auf seiner Umlaufbahn anwenden und dann die Differenz ausrechnen. Auf der Erdoberfläche beträgt $r$ im Mittel ungefähr 6371 km. Der Satellit kreist in etwa 20.200 km Höhe, sodass dort $r = 26.571$ km beträgt. Diese beiden Werte für $r$ führen auch zu zwei Werten für $b$, deren Differenz wir feststellen können. Gibt man all diese Zahlen ein, beträgt die Abweichung pro Tag ungefähr 45 μs.

Die Auseinandersetzung mit der Relativitätstheorie ist beim satellitengestützen GPS unvermeidlich, bei Leuchttürmen zur Navigation erübrigt sie sich. Da sich sowohl der

Leuchtturm wie auch das Schiff auf Meereshöhe befinden und daher $r$ für beide gleich ist, spielt die Allgemeine Relativitätstheorie keine Rolle. Darüber hinaus ist die Geschwindigkeit des Schiffes viel zu gering, als dass die Spezielle Relativitätstheorie bemüht werden muss. Für GPS sind die relativistischen Überlegungen dagegen entscheidend. Die beiden Korrekturen wirken aber in unterschiedliche Richtungen, der Gesamtfehler beträgt damit etwa $45 - 7 = 38$ µs pro Tag. Das Licht legt in dieser Zeit übrigens mehr als 11 km zurück, und mit dieser Genauigkeit würde niemand mehr an sein Ziel kommen.

Mit dieser Korrektur wird das GPS-System zu einem verlässlichen, überall verfügbaren System, von dem wir inzwischen auf der ganzen Welt abhängen. Es hilft nicht nur Touristen, die nicht mehr wissen, auf welchem Kontinent sie sind, sondern kommt auch immer ins Spiel, wenn Ort und Zeit eine große Rolle spielen: bei der automatischen Registrierung von Zeitzonen im Handy, bei der Überwachung tektonischer Platten und Verschiebungen bei Erdbeben, bei der Suche nach Überlebenden nach einer Katastrophe, bei der Verfolgung von Flugzeugen am Himmel, bei der Markierung von Eigentum und Haustieren, bei der Kontrolle von Gefangenen mit elektronischer Fußfessel, bei einer Vielzahl militärischer Aufgaben (vom Einsatz hinter den Linien bis zu Such- und Rettungsoperationen) – und, natürlich, um Minicab-Fahrern zu helfen, ihren Job besser zu machen.

# 20

## Mehr fürs Geld

### *Die Optimierung der Welt*

„Man bekommt im Leben nichts geschenkt", sagt der Volksmund und drückt damit aus, dass alles seinen Preis hat: Natürlich ist die Suche nach Freibier und Schnäppchen aller Art ein fester Charakterzug der Menschen. Eine ganze Industrie von Gurus und Selbsthilfebüchern weckt den Appetit darauf, alles billig zu bekommen, aber die Wahrheit bleibt, dass die meisten Dinge von Wert auch ihren Preis haben, sei es, dass man sie mit Geld bezahlen muss, sei es, dass sie Zeit und Mühe kosten. Jeder der einmal eine Firma oder große Projekte geleitet hat, weiß, dass man Kosten und Nutzen abwägen muss, und dass die Dinge umso komplizierter werde, je mehr auf dem Spiel steht. Die Frage ist nicht, ob sich bestimmte Kosten auszahlen, sondern was der beste Kompromiss ist, den man in einer Situation machen kann.

Bei der Beantwortung dieser Frage spielt die Mathematik eine entscheidende Rolle. Das Dilemma, vor dem wir oft stehen, hat damit zu tun, eine Vielzahl von Faktoren ausbalancieren zu müssen: Zeit, Menschen, Geld und andere Ressourcen. Bei der Suche nach einer optimalen Mischung für einen bestimmten Fall versuchen wir oft, etwas zu *maximieren*, etwa den Warenausstoß einer Firma, die Zahl der Essen, die in einem Restaurant serviert werden oder die Verfügbarkeit der Krankenschwestern in einer Klinik. Es gibt aber auch Umstände, in denen wir etwas *minimieren* wollen, beispielsweise den $CO_2$-Ausstoß bei einer Geschäftsreise, die Kosten des Militärs, um ein Land zu verteidigen oder das Budget für das Schulessen.

Man könnte noch Tausende weiterer Beispiele anführen. Sie haben alle etwas gemeinsam: Mathematiker sehen in ihnen Optimierungsaufgaben, deren Erforschung zu den wichtigsten praktischen Anwendungen der Mathematik im letzten Jahrhundert gehörte. Der Grund, warum diese Probleme nicht einfach zu lösen sind, liegt an den Einschränkungen, die sie bestimmen: also beispielsweise am Mangel an Zeit und Ressourcen, oder dass bestimmte Forderungen erfüllt sein müssen. Es ist natürlich klar, dass eine Minimierung des Budgets für das Schulessen nicht heißen kann, nur noch Chips zu servieren, und eine Maximierung des Umsatzes in einem Restaurant nicht darauf hinausläuft, alle Stühle und Tische hinauszuwerfen und die Gäste ihr Essen im Stehen einnehmen zu lassen: Beide Lösungen würden komplett fehlschlagen.

Die Herausforderung besteht also darin, eine Größe in Abhängigkeit von den relevanten Rahmenbedingungen zu optimieren. Der populärste Ansatz zu dieser Art von Problemen wird als „lineare Programmierung" (oder „lineare Optimierung") bezeichnet. Er wurde vor allem von Leonid Kantorovich und George Dantzig in den 1940er Jahren entwickelt. Der Begriff „Programmierung" stammt noch aus der Zeit, als damit noch nicht das Programmieren von Computern gemeint war. Programmierung bedeutet in diesem Zusammenhang vielmehr, in einem Rahmen oder Zeitplan eingeordnet zu sein. Die Untersuchungen zur Optimierung kamen aber zeitgleich mit programmierbaren Computern auf. Beides spielte eine ausschlaggebende Rolle bei der Fähigkeit der Menschen, komplexe logische Probleme zu lösen.

## Erdferkel und Teddybären

Wir wollen die Grundidee dieses Verfahrens am Beispiel einer Spielzeugfabrik erklären und dazu annehmen, dass sie zwei Arten von Kuscheltieren herstellt: für das abenteuerlustige Kind Erdferkel, für den traditionelleren Kunden Teddybären. Angenommen, es werden jeden Tag $A \cdot 100$ Erdferkel und $B \cdot 100$ Bären hergestellt. Die Firma will wissen, welche Tagesproduktion an $A$ und $B$ sie anstreben soll. Das Erste, was man bestimmen muss, um den Prozess zu optimieren, ist der Wert der beiden Spielzeuge. Sind beide gleich teuer, sollte die Firma dafür sorgen, $A + B$ zu maximieren. Die Gesamtzahl der Spielzeuge ist die entscheidende Größe, die auch Zielfunktion genannt wird. Ist hingegen das Erdferkel doppelt so teuer wie der Teddybär, ist die Zielfunktion $2A + B$.

Auch die Ressourcen, die man zur Herstellung der Kuscheltiere braucht, spielen eine Rolle. Wir können der Einfachheit halber annehmen, dass jedes Tier in zwei Schritten hergestellt wird. Zuerst muss es auf der Nähmaschine zusammengenäht werden, dann muss es in der Füllmaschine ausgestopft werden. Da die beiden Tiere verschiedene Formen haben, braucht man dazu verschieden lang: für 100

Erdferkel 1 h für das Nähen und 2 h für das Füllen, für 100 Teddybären 3 h für das Nähen und 1 h für das Füllen. Nun müssen wir festhalten, wie lange Näh- und Füllmaschine jeden Tag verfügbar sind. Wir nehmen 9 h für die Nähmaschine an, aber nur 8 h für die Füllmaschine, da sie längere Zeit braucht, um wieder gefüllt und eingerichtet zu werden.

In einer Formel ausgedrückt beträgt die Gesamtnähzeit für $A \cdot 100$ Erdferkel und $B \cdot 100$ Teddybären $A + 3B$. Diese Zeit ist begrenzt, es muss gelten $A + 3B \leq 9$. Die gleichen Rechnungen müssen wir für die Füllmaschine anstellen. Wir erhalten $2A + B \leq 8$. Darüber hinaus sind noch zwei ziemlich banale Einschränkungen zu beachten, dass nämlich $A$ und $B$ nicht kleiner als 0 sein können, also $A \geq 0$ und $B \geq 0$.

Nun sind wir gut gerüstet, um eine grundlegende Frage zu beantworten: Welche Werte können $A$ und $B$ angesichts dieser Vorgaben annehmen? Die Antwort kann man am schönsten geometrisch finden. Die möglichen Werte von $A$ können längs einer horizontalen Achse aufgereiht werden, die von $B$ längs einer vertikalen Achse. Das führt zu einem Graph, auf dem die Koordinaten von jedem Punkt ein Wertepaar $(A, B)$ repräsentieren (Abb. 20.1). Natürlich sind nicht alle Wertepaare mit den genannten Einschränkungen kompatibel, deshalb muss die Frage lauten: „Welche Wertepaare $(A, B)$ sind möglich?"

Wir wollen zunächst mit den trivialen Einschränkungen beginnen, der Minimalproduktion von $A$ und $B$, die jeweils null Stück beträgt. Sie haben zur Folge, dass wir uns nur mit dem oberen, rechten Quadranten des Graphs befassen müssen und den gesamten Rest außer Acht lassen können.

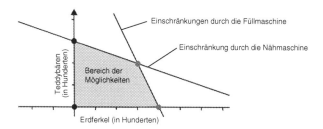

**Abb. 20.1**   Die Möglichkeiten der Spielzeugfabrik. (© Patrick Nugent)

Die anderen Einschränkungen sind ein wenig komplizierter. Die Einschränkung durch die Verfügbarkeit der Nähmaschine kann durch eine Gerade ($A + 3B = 9$) ausgedrückt werden. Punkte links und unterhalb der Geraden (wie beispielsweise $A = 3$; $B = 1$) erfüllen diese Bedingung, die anderen (wie beispielsweise $A = 2$; $B = 4$) nicht. In gleicher Weise wird der mögliche Bereich durch die Gerade $2A + B = 8$ eingegrenzt.

Die beiden Geraden sowie die horizontale und die vertikale Achse grenzen das Gebiet ein, in dem alle Bedingungen erfüllt sind. Jeder Punkt in diesem Gebiet entspricht einem Paar von $A$ und $B$, das die Fabrik pro Tag produzieren kann. Die Frage, welches Paar das optimale ist, wird dadurch nicht beantwortet, schließlich liegt auch der Punkt $A = 0$; $B = 0$ im fraglichen Gebiet, wonach aber die Fabrik stillgelegt werden würde. Unser Graph beantwortet also zunächst die Frage, was wirklich *möglich* ist.

Es ist bemerkenswert, dass alle Begrenzungslinien Geraden sind, was die Bezeichnung „linear" der linearen Programmierung erklärt. Es spiegelt die Tatsache wider, dass alle Größen, die addiert werden müssen, nur mit $A$ und $B$

zu tun haben, während *nicht-lineare* Größen wie $A^2$ oder $A \cdot B$ nicht vorkommen. Draußen in der realen Welt gibt es dagegen nicht-lineare Prozesse in großer Fülle, was es umso bemerkenswerter (und bequemer) macht, dass lineare Näherungen für die große Mehrheit der Optimierungsprobleme ausreichen. (Wenn nicht, hat das komplexe Feld der nicht-linearen Programmierung viele Techniken auf Lager.)

Es ist die Form des Gebiets der möglichen Resultate, die das wesentliche Instrument zur Optimierung darstellt. Im Beispiel unserer Spielzeugfabrik ist dieses Gebiet begrenzt. Das ist eine (wenn vielleicht auch nicht immer) schöne Neuigkeit, denn das garantiert, dass wir für das eigentliche Optimierungsproblem eine Lösung finden können. Eine andere grundlegende Eigenschaft der linearen Programmierung ist, dass der Bereich der Möglichkeiten immer konvex ist, das heißt, er hat weder Löcher noch Ausstülpungen. Etwas förmlicher ausgedrückt: Wählt man zwei beliebige Punkte in dem Gebiet und verbindet sie mit einer Geraden, liegt die Gerade immer ganz im Gebiet. Auch das ist eine willkommene Nachricht, denn konvexe Gebilde sind geometrisch viel leichter zu handhaben als ihre nicht konvexen Vettern.

Geometrisch sieht das alles erfreulich lösbar aus. Aber wie viel sind wir denn unserem Ziel, die Kuscheltierproduktion zu optimieren, näher gekommen? Der Schlüssel zu dem Problem liegt in den Ecken unseres Gebiets, die die Extrempunkte darstellen. Die erste wirklich nützliche Eigenschaft der linearen Programmierung ist, dass der optimale Wert, wenn er überhaupt existiert, immer einer dieser Extrempunkte ist. Dadurch wird das Leben sehr viel leichter, da unser Gebiet zwar unendlich viele Punkte enthält, aber nur endlich viele Eckpunkte – in unserem Fall der Erdferkel und Teddybären vier: (0, 0), (0, 3), (4, 0) und (3, 2). Um unser Problem zu lösen, müssen wir also nur herausfinden, welcher dieser vier Punkte zur maximalen Zahl $A + B$ führt. Die Summen sind 0, 3, 4 und 5, deshalb ist die Lösung unseres Problems $A = 3$ und $B = 2$. Unter den einschränkenden Voraussetzungen der Fabrik wird damit der Ausstoß am größten: Die Fabrik produziert 500 Kuscheltiere pro Tag, 300 Erdferkel und 200 Teddybären.

# Kosten und Nutzen von Glück und Leid

Das war natürlich nur ein ganz simples Beispiel, das die Grundzüge der linearen Programmierung zeigen sollte. Da es nur zwei variable Größen gab ($A$ und $B$), war das Problem der Fabrik geometrisch in einer zweidimensionalen Ebene darstellbar. In realistischeren Fällen entstehen mit der zunehmenden Zahl von Variablen komplexe und vieldimensionale geometrische Möglichkeitsräume, die man nicht so leicht graphisch darstellen kann. Aber auch für sie gilt gemäß den bekannten Prinzipien, dass sie konvex sind und dass sie endlich viele Eckpunkte haben. Das ist sehr befriedigend und macht eine esoterisch klingende Untersuchung „multidimensionaler konvexer Polytope" zu einer überraschend praktischen Aufgabe.

Wir wollen uns nun eine Klinik vornehmen, die einen Dienstplan für die Krankenschwestern aufstellen will. Wieder liegen einige Forderungen auf der Hand. Aus der Sicht der Patienten ist das Hauptkriterium, dass genügend Krankenschwestern Dienst haben, um ihre Bedürfnisse zu befriedigen – zu jeder Tageszeit und an jedem Tag der Woche. Die Krankenschwestern selbst haben andere Sorgen: Sie wollen innerhalb der Woche weder zu viel noch zu wenig arbeiten, sie brauchen genügend Ruhezeit zwischen den Schichten und wollen in der Regel möglichst wenig Nachtschichten. Haben die Krankenschwestern dazu noch unterschiedliche Qualifikationen, folgen daraus weitere Einschränkungen. Die Zielfunktion, die maximiert werden soll, zielt auf die beste Erfüllung der Forderungen der Krankenschwestern. Es zeigt sich, dass das Aufstellen des Dienstplans für die Krankenschwestern wie jede andere Aufgabe, bei der ein Ausgleich gefunden werden muss, ein zutiefst schwieriges theoretisches Rätsel darstellt (siehe Kap. 26).

Ein ganz anderes Beispiel wäre die Regierung einer kleinen Insel, die mehr Urlauber anziehen will. Es gibt mehrere Projekte, in die sie investieren könnte, die ganz unterschiedliche Touristen anlocken: Die Renovierung der historischen Tempel würde Kulturreisenden gefallen, Luxushotels und Konferenzzentren wären von Interesse für Unternehmen, und ein neuer Jachthafen würde auf Segler und Taucher abzielen. Wie kann man diese Interessen ausbalancieren? Innerhalb jeder der Kategorien wird es womöglich noch eine ganze Reihe von Projekten mit unterschiedlichem Kapital- und Zeitaufwand geben. Die Zielfunktion würde hier die Optimierung des Profits auf die Investitionen sein.

Obwohl die beiden Beispiele auf den ersten Blick ganz unterschiedlich sind, werden, wenn erst einmal die jeweiligen Rahmenbedingungen herausgearbeitet sind, beide zu multidimensionalen konvexen Polytopen führen, zu mathematischen Widerspiegelungen der Vielseitigkeit des realen Lebens. Die Herausforderung liegt nicht in der Grundstruktur des Problems, die ist nämlich relativ leicht herauszufinden, wie wir bei dem Beispiel der Spielzeugfabrik gesehen haben. Problematisch ist vielmehr die Zahl der Parameter, die aus der Komplexität des realen Lebens folgt. Wollen wir beispielsweise einen Plan für die Aufteilung von 60 Aufgaben auf 60 Personen erstellen, die alle ihre individuellen Fähigkeiten und Zeiteinschränkungen haben, ist die Zahl der Möglichkeiten $60 \cdot 59 \cdot \ldots \cdot 2 \cdot 1$ – was wieder einmal mehr ist, als das Universum Atome enthält. Realistische Szenarien umfassen viele tausend Dimensionen und Einschränkungen und führen zu einem Möglichkeitsraum mit Milliarden von Ecken. Alle jeweiligen Zielfunktionen zu berechnen und zu vergleichen ist eine völlig unrealistische Aufgabe.

Zum Glück hat 1947 der US-Mathematiker George Dantzig gegen alle Erwartungen einen Weg gefunden, um den Prozess auf ein vernünftiges Maß zu verkürzen: den Simplex-Algorithmus. Dieses Verfahren versucht, eine Zielfunktion zu optimieren, indem es ihren *Minimalwert* berechnet. (Es gibt Standardtricks, um Maximierungsaufgaben in Aufgaben der *Minimierung* zu verwandeln.) Das Verfahren beginnt mit der zufälligen Wahl eines Eckpunkts des konvexen Gebildes. Die entscheidende Erkenntnis ist: Ist die Zielfunktion bezüglich dieses Eckpunkts nicht minimiert, gibt es eine von dort ausgehende Kante, längs der die Zielfunktion abnimmt. Der Simplex-Algorithmus wandert also vom ersten Eckpunkt längs einer Kante zum nächsten Eckpunkt und von dort weiter. Wir können uns den Simplex-Algorithmus als ein kleines Tierchen vorstel-

**Abb. 20.2**   Mit dem Simplex-Algorithmus werden die Eckpunkte eines multidimensionalen Polytops auf der Suche nach der optimalen Lösung eines Problems abgearbeitet. (© Patrick Nugent)

len, das die Ecken des multidimensionalen Polytops abläuft und dabei einen Extrempunkt nach dem anderen besucht, wobei die Zielfunktion immer kleiner wird. Gelangt es an einen Punkt, von wo aus sie nicht noch kleiner wird, ist das Minimum erreicht (Abb. 20.2).

Dantzigs Algorithmus ist ein äußerst elegantes mathematisches Verfahren. Für einigermaßen große Probleme stellte es eine gewaltige Verbesserung gegenüber dem Testen aller Extrempunkte dar. Die relativen Gewinne aller möglichen Permutationen *direkt* zu vergleichen, ist praktisch unmöglich, selbst wenn man über den allerneuesten Supercomputer verfügen würde. Jahrzehnte Erfahrung mit dem Simplex-Algorithmus zeigen dagegen deutlich, dass man in der Regel mit nur wenigen Schritten, deren Zahl ungefähr der Zahl der Dimensionen entspricht, die optimale Lösung findet. Die Rechenzeit bleibt selbst bei größeren Problemen in der Industrie überschaubar. In den letzten Jahren wurde der Algorithmus noch verfeinert und verbessert. Die wichtigste Veränderung war eine präzise Regel für die Auswahl des Extrempunkts, der als nächster angesteuert wird.

Dieses Ausmaß an zeitsparender Effizienz hat den Simplex-Algorithmus zu einem der beliebtesten und wichtigsten Algorithmen der Welt gemacht. Oft wird nicht hinausposaunt, dass er verwendet wird, er arbeitet dann still im Hintergrund und wird jeden Tag milliardenfach von Personen und Organisationen in einem weiten Bereich von Industrien und Aktivitäten benutzt. Berücksichtigt man das alles, ist es keine Übertreibung zu sagen, dass George Dantzigs Simplex-Algorithmus eines der größten Geschenke der Mathematik des 20. Jahrhunderts an die Gesellschaft ist.

# 21
## Unsere „Freunde" im Cyberspace
### Die Mathematik der sozialen Netzwerke

Die Menschen waren schon immer soziale Tiere. Es ist noch nicht so lange her, dass unsere sozialen Netzwerke aus Menschen bestanden, mit denen wir – von Angesicht zu Angesicht – unsere Zeit verbrachten oder mit denen wir telefonierten oder Briefe wechselten. Der Freundeskreis konnte ganz schön groß sein – oder auch nur aus einer Person und ihrem Hund bestehen. Dieses Bild nimmt so langsam die Patina einer Aufnahme aus einer längst vergangenen Ära an. Mit erstaunlicher Geschwindigkeit ist der Begriff „soziales Netzwerk" zum Ausdruck einer Online-Version menschlicher Beziehungen geworden.

Man schätzt, dass heute über 10 % der Weltbevölkerung Mitglied von Facebook, Twitter, Google+ , Stayfriends, Xing und anderen Netzwerken sind, wobei die Zahlen ständig zunehmen. Diese Netzwerke revolutionieren nicht nur die Art und Weise, wie sich Leute begegnen, sondern beflügeln auch die Entwicklung einer neuen Art mathematischer Soziologie, die von der Tatsache angespornt wird, dass soziale Netzwerke nicht nur multilaterale Kommunikationskanäle sind, sondern auch eine umfangreiche Gruppe potentieller Kunden und Klienten darstellen und eine Zielgruppe von

Menschen mit gleichen Interessen umfassen. Aber wie kann man die Größe eines solchen „Publikums" abschätzen? Und wie den genauen Grad ihrer Vernetzung? Und was ist, wenn wie 2012 ein führendes soziales Netzwerk an die Börse geht? Wie kann man seinen Wert und Einfluss ermitteln?

## Netzwerkgesetze

Wenn wir unseren Lieblingsfernseh- oder radiosender einschalten, wird unsere Freude in der Regel nicht davon beeinflusst, wie viele das sonst noch tun. Es kann natürlich sein, dass die Gesamtzahl der Hörer oder Zuschauer einen Einfluss darauf hat, was wir auf mittlere oder lange Sicht hören oder sehen werden. Vielleicht gefällt uns eine Show, aber wenn sie nur wenige Zuschauer findet, wird sie vielleicht nicht fortgesetzt oder nach wenigen Folgen eingestellt. Was aber unseren persönlichen Eindruck als Hörer oder Zuschauer der Show betrifft, ist der Umfang des Publikums im Grunde uninteressant.

Das Sarnoff-Gesetz, das nach einem frühen Pionier des Fernsehens, David Sarnoff, benannt ist, zieht aus dieser einfachen Beobachtung folgende Konsequenz: Der Gesamtwert eines solchen Netzwerks ist proportional zu seiner Größe. Es besteht also ein *linearer* Zusammenhang. Verdoppelt oder verdreifacht sich die Zahl der Hörer oder Zuschauer, wächst für die Besitzer des Senders auch dessen Wert auf das Zwei- oder Dreifache.

Hier zählt nicht die exakte Formel für den Wert, die auch jeweils von den besonderen Umständen abhängig ist: Ist $n$ die Größe des Publikums, kann der Wert des Senders $22n+71$ betragen oder auch $3n-7$. Wichtig ist, dass die Abhängigkeit linear ist, dass also nur $n$ in der Formel auftaucht und nur Additionen und Subtraktionen vorkommen, während kompliziertere Größen wie Quadrate ($n^2$) oder reziproke Größen ($1/n$) fehlen. Mathematiker drücken die Linearität eines Zusammenhangs oft damit aus, dass er von der „Komplexität $O(n)$" ist.

Ein soziales Online-Netzwerk unterscheidet sich natürlich deutlich von dem Netzwerk des passiven Publikums eines Radio- oder Fernsehsenders. Während wir uns nicht darum kümmern müssen, dass wir der letzte verbliebene Zuschauer eines Fernsehprogramms sind, werden wir uns kaum einem sozialen Netzwerk anschließen, in dem wir allein sind. Ein soziales Netzwerk wird wertvoller, je mehr Kontakte wir mit „Freunden" aufnehmen können, je mehr Kontakte wir für unsere Arbeit verfolgen können und je mehr Promis da sind, die wir mit einem „gefällt mir" bedenken können. Das ist die Definition des Netzwerk-Effekts, der darin besteht, dass das Ganze mehr wert ist als die Summe der Einzelteile. Aber *wie viel* mehr?

Es gibt schon zahlreiche Versuche, den Wert eines Netzwerks durch die Quantifizierung des Netzwerk-Effekts zu bestimmen. Der berühmteste Ansatz stammt von dem amerikanischen Elektronikingenieur Robert Metcalfe, dem Erfinder der Ethernet-Technologie in der 1990ern. Metcalfes Gesetz war ursprünglich auf kleine Hardware-Netzwerke zugeschnitten und nicht auf weltumspannende Online-Giganten, wie wir sie heute kennen. Die wesentliche Erkenntnis seiner Argumente ist, dass der Wert des Netzwerks gemäß $O(n^2)$ anwächst, wenn man zusätzliche Geräte anschließt. Verdoppelt sich also die Zahl, vervierfacht sich der Wert. Andererseits wachsen die Kosten, um die wachsende Zahl der Teilnehmer zu bewältigen, nur gemäß $O(n)$, also linear an. Damit verspricht das Anwachsen eines Netzwerks große Gewinne, sobald eine kritische Schranke einmal überschritten ist.

Um das zu verstehen, ist es nützlicher, statt der Zahl der Teilnehmer die mögliche Zahl von Verbindungen zwischen ihnen zu analysieren. In einem Netzwerk aus zwei Personen (A und B) gibt es nur eine Verbindung. Bei einem Dreier-Netzwerk gibt es 3 Verbindungen (A&B, A&C und B&C), bei vier Teilnehmern sind es 6, bei zehn 45 und bei hundert 4950.

Die mathematische Formel dafür ist einfach: In einem Netzwerk aus $n$ Teilnehmern, die sich trivialerweise nicht mit sich selbst verbinden, kann jeder Teilnehmer mit $n-1$ anderen Teilnehmern verbunden sein. Man muss dabei Doppelzählungen vermeiden, denn A&B und B&A sind identisch. Die Gesamtzahl der Verbindungen ist daher $n$ multipliziert mit $n-1$ und dividiert durch 2 oder

$$\frac{1}{2} \cdot n \cdot (n-1).$$

Löst man die Klammer auf, wird daraus:

$$\frac{1}{2} \cdot n^2 - \frac{1}{2} \cdot n.$$

Wieder zählen hier nicht so sehr die algebraischen Details. Auffallend ist das Auftreten der quadratischen Größe $n^2$, des Quadrats der Zahl der Netzteilnehmer. Das ist die Bestätigung des Gesetzes von Metcalfe, das zusammen mit dem Gesetz von Moore zum Leitbild des „Dotcom-Booms" in den 1990ern wurde. (Moores Gesetz des technischen Fortschritts gibt an, dass die Leistungsfähigkeit der Computer sich alle zwei Jahre verdoppelt.)

Inzwischen gibt es zahllose Verbesserungs- und Alternativvorschläge für Metcalfes Gesetz, wobei einige Autoren der Ansicht sind, dass es zu optimistisch ist. Der amerikanische Computerwissenschaftler David Reed war dagegen anderer Ansicht und argumentierte, dass in bestimmten Situationen der Wert eines Netzwerks sogar noch stärker, nämlich exponentiell ansteigen kann, was mathematisch mit $O(2^n)$ bezeichnet wird. Reeds Gesetz wird abgeleitet, indem man weder die Zahl der Netzteilnehmer noch die Zahl möglicher Verbindungen zählt, sondern die Zahl der Unternetzwerke, die ein Netzwerk versorgen kann. Unternetzwerke können typischerweise Freundschaftskreise, Interessengruppen oder kommerzielle, ehrenamtliche oder gemeinnützige Unternehmen sein. Bei einem Unternetzwerk hat jeder Teilnehmer zwei Möglichkeiten: mitzumachen oder nicht. Gibt es also insgesamt $n$ Teilnehmer, ist die Zahl der möglichen Unternetzwerke $2^n$ (das ist $n$ Mal 2 mit sich selbst multipliziert).

Man kann auf die gleiche Zahl auch auf andere Weise kommen. Die Zahl der Unternetzwerke ist gleich der Gesamtzahl möglicher Einpersonengruppen (d. h. gleich der Zahl der Teilnehmer) plus der Zahl der Zweipersonengruppen, Dreipersonengruppen usw. Es ist eine mathematische Tatsache, dass die Summe all dieser Zahlen $2^n$ ist.

Exponentialformen wie $2^n$ sind dafür bekannt, extrem schnell zu wachsen. Stimmt Reeds Gesetz, vervierfacht sich der Wert eines Netzwerks, wenn sich die Teilnehmerzahl verdoppelt. Hat ein Netzwerk zu Beginn den Wert 100, wird bei einer Verdopplung der Teilnehmerzahl sein Wert $100 \cdot 100 = 10.000$. Eine weitere Verdoppelung katapultiert den Wert auf 100 Mio. Obwohl Reeds Gesetz sicher übertreibt, wenn es um den Wert des Netzwerks geht, gibt es doch einen Hinweis auf die bemerkenswerte Kraft und die Möglichkeiten, die moderne Netzwerke bieten.

## Kleine Welten und exzentrische Knoten

Die Verbindungen innerhalb von Netzwerken zu untersuchen, kann sehr unterhaltsam sein. Das Kevin-Bacon-Spiel ist ein wohlbekannter Zeitvertreib unter Kinofans. Sie versuchen dabei, Schauspieler mit Kevin Bacon über eine Reihe von Mitspielern zu verbinden. Auf Hugh Laurie trifft man schon nach zwei Schritten: Er hat beispielsweise 1985 mit Meryl Streep in *Plenty* (deutsche Fassung: *Eine demanzipierte Frau*) gespielt, die wiederum 1994 in *The River Wild* (*Am wilden Fluss*) mit Bacon vor der Kamera stand. Die Mathematiker haben eine eigene Version dieses Spiels, die Casper Goffman 1969 erfunden hat. Sie ist um den höchst produktiven Mathematiker Paul Erdös (1913–1996) konzentriert. Laut Definition hatte Erdös selbst die Erdös-Zahl 0, die 500 verschiedenen Co-Autoren der Aufsätze von Erdös haben die Erdös-Zahl 1, deren 6593 Co-Autoren die Erdös-Zahl 2 usw. Einige Mathematiker, beispielsweise solche, die stets nur Alleinautor von Veröffentlichungen waren, haben die Erdös-Zahl unendlich. Die größte bekannte *endliche* Erdös-Zahl ist aber 13, die längste Verbindung zu Erdös über Co-Autoren geht also über 13 Schritte. Es gibt nur fünf Personen mit Erdös-Zahl 13. Man sagt dann, Erdös hat im Graph dieser Gruppe von Co-Autoren die Exzentrizität 13. Unter den Mathematikern, die untereinander verbunden sind, sind Median (die mittlere) und Modus (die häufigste) der Erdös-Zahlen 5, während das arithmetische Mittel 4,65 beträgt. (Zu Durchschnitt und Mittelwert siehe Kap. 2.)

Die beiden Spiele sind auch zur Bestimmung einer Erdös-Bacon-Zahl verbunden worden, die nur Personen zugewiesen werden kann, die wissenschaftliche Arbeiten verfasst *und* in Filmen mitgespielt haben. Den Rekord mit 3 hält der Mathematiker Daniel Kleitman: Er arbeitete mit Erdös zusammen und war mathematischer Berater bei dem Film *Good Will Hunting* (die deutsche Fassung: *Der gute Will Hunting*) von 1997, in dem er auch zusätzlich noch neben Minnie Driver auftritt, einem Co-Star Bacons in *Sleepers* (1996).

Die Erdös-Bacon-Zahl illustriert auch die Fähigkeiten der Netzwerkanalyse, zu erklären, *wie* Menschen miteinander vernetzt sind. Weil sowohl wissenschaftliche Arbeiten als auch die Darsteller in Filmen sorgfältig katalogisiert und archiviert sind, stellen derartige Netzwerke der Zusammenarbeit hervorragende Beispiele für Untersuchungen „kleiner Welten" dar, wovon die beiden Spiele nur die bekanntesten Beispiele sind.

Stellen wir ein solches Netzwerk der Zusammenarbeit graphisch dar – mit einem Knoten für jeden Forscher und Geraden, die Paare von Co-Autoren verbinden –, ist die Exzentrizität eines Knotens der maximale Abstand zu einem der anderen Knoten (Abb. 21.1). Das gibt ein Maß dafür, wie zentral der jeweilige Knoten in einem Netzwerk ist:

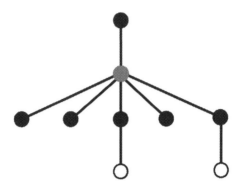

**Abb. 21.1**  Der graue Knoten hat die Exzentrizität 2, die schwarzen Knoten haben 3, die weißen Knoten 4. Damit hat das Netzwerk den Radius 2 und den Durchmesser 4. (© Patrick Nugent)

Zentrale Knoten haben eine geringe Exzentrizität, während Knoten an den Rändern die größten Werte aufweisen. Erdös hat, wie schon erwähnt, die Exzentrizität 13, aber in dem Netzwerk der mathematischen Zusammenarbeit ist die maximale Exzentrizität 23. Diesen Wert nennt man den Durchmesser des Netzwerks. Der Netzwerkradius ist der kleinste Exzentrizitätswert, den irgendein Knoten annehmen kann. In diesem Fall ist er 12: Erstaunlicherweise sind zwei Personen, Izrail Gelfand und Yakov Sinai, in diesem Netzwerk zentraler als Erdös selbst.

In einem Kreis ist der Durchmesser doppelt so groß wie der Radius. Bei Netzwerken ist das anders. Aber man kann sagen, dass der Durchmesser nie mehr als doppelt so groß wie der Radius ist. Um zwischen zwei entfernten Punkten zu navigieren, gibt es immer die Option, von einem zum Zentralknoten zu gehen und von dort zu dem zweiten Knoten. Jede dieser zwei Reisen ist mindestens so lang wie der Radius.

# Das Rätsel der sechs Zwischenschritte

Diese Spiele weisen auf ein erstaunliches Maß von innerer Verbundenheit auf unserem dicht besiedelten Planeten hin. Dem ungarischen Schriftsteller Frigyes Karinthy (1887–1938) wird zugeschrieben, zum ersten Mal die Redewendung von den „sechs Zwischenschritten" geprägt zu haben, mit der er 1929 die mittlere Zahl der Schritte beschrieb, über die zwei beliebige Personen verbunden sind. Seinerzeit meinte er eine Kette von Begrüßungen per Handschlag oder durch kulturell ähnliche Bräuche. In ihrer ganzen Allgemeinheit sind die sechs Zwischenschritte schwer zu bestätigen, aber in den Experimenten, die Stanley Milgram mithilfe des US-amerikanischen Postdienstes in den 1960ern durchführte, ergab sich für die USA ein Wert von etwa sechs.

Die Mathematiker haben über Jahrzehnte Netzwerke der Zusammenarbeit untersucht, aber seit es soziale Netzwerke gibt, haben sich für Untersuchungen der sechs Zwischenschritte weit größere Felder aufgetan. 2011 analysierte Reza Bakhshandehs Team das Twitter-Netzwerk und fand als durchschnittliche Zahl der Schritte zwischen zwei zufällig gewählten Teilnehmern 3,4. In einem Jahr zuvor ergab eine ähnliche Studie 4,1. Diese Abnahme mag vielleicht überraschen, da das Netzwerk in der Zwischenzeit sicher gewachsen war, sie spiegelt aber das „Reifen" des Netzwerks wieder: Mit dem Altern kommen nicht nur neue Teilnehmer dazu, viel wichtiger ist, dass die schon vorhandenen Mitglieder immer dichter vernetzt sind.

Ein Meilenstein wurde 2011 erreicht, als ein Team aus Johan Ugander, Brian Karrer, Lars Backstrom und Came-

ron Marlow das gesamte Facebook-Netzwerk analysierte,
zu dem damals etwa 721 Mio. aktive Mitglieder gehörten, die über 68,7 Mrd. Freundschaften verbunden waren.
Die Mitglieder hatten im Schnitt 190 Freunde, während
der Median mit 99 deutlich niedriger lag. Diese Differenz
wird durch eine kleine Zahl von Mitgliedern mit sehr vielen Freunden erklärt (das Maximum lag bei 5000). Eine
signifikante Bestätigung der Vermutung, die Karinthy fast
ein Jahrhundert zuvor geäußert hatte, war die Entdeckung,
dass 99,6 % der weltweiten Facebook-Mitglieder weniger
als sechs Schritte voneinander entfernt waren, während es
bei 92 % fünf Schritte und noch weniger waren. Die Zahlen wurden noch durch die Erkenntnis untermauert, dass
die mittlere Distanz zwischen Mitgliederpaaren weltweit
4,7 betrug, in den USA 4,3.

Das Ausmaß der inneren Verbundenheit kann noch auf
eine raffiniertere Weise gemessen werden. Eine Frage wäre
beispielsweise: Welcher Anteil von Paaren von Freunden
eines Mitglieds sind selbst untereinander Freunde? Ugander und seine Mitarbeiter fanden heraus, dass es beim me-
dianen Facebook-Mitglied etwa 14 % waren, und dass die
Zahl abnahm, je mehr Freunde dieses Mitglied hatte.

Spannend ist, dass Durchmesser und Radius des Graphs
von Facebook anhand der Daten unendlich waren. Der
Grund ist, dass 99,91 % der Mitglieder den Hauptteil des
Graphs bilden, dass es aber zahlreiche getrennte Komponenten gibt, von denen die größte über 2000 Mitglieder
umfasst.

Zählen die Größe, die innere Verbundenheit und die
mathematischen Mittel, um beides zu bestimmen, wenn
man den Wert eines Netzwerks wissen will? Sicher zählten

sie für die Besitzer von Facebook und die Investoren, als die Gesellschaft für den Börsengang 2012 mit 104 Mrd. Dollar bewertet wurde. In Karinthys Tagen waren die sechs Schritte Abstand eine soziologische und anthropologische Beobachtung, sie beschrieben aber reichlich diffus und unklar ein Netzwerk, das allerdings in keiner Weise real existierte und *benutzt* werden konnte. Die heutigen Online-Netzwerke, die gleichzeitig von Millionen Menschen genutzt werden, haben aber zu einem gewaltigen potentiellen Publikum und zu riesigen Käuferschichten und Zielgruppen geführt.

Laut der Website von Facebook verkauft sich die Firma potentiellen Werbekunden mit der Feststellung, dass die „Mitglieder Facebook als authentischen Teil ihres Lebens betrachten, sodass man sicher sein kann, mit realen Menschen in Kontakt zu treten, die reales Interesse an den Produkten der Werbekunden haben". Das ist natürlich keine Einbahnstraße. Nach den Worten von Jeff Bezos, dem Gründer von Amazon, gilt: „Machst Du Kunden in der realen Welt unglücklich, werden sie es sechs Freunden sagen. Machst Du Kunden im Internet unglücklich, können sie es 6000 Freunden sagen." Die genaue Beziehung des sozialen „Networking" zu geschäftlichen Aktivitäten ist eine Geschichte, die sich erst entwickelt. Aber die Mathematik der Netzwerkgröße, der inneren Verbundenheit und des Wertes wird dabei eine zentrale Bedeutung haben.

# 22

## Die statistischen Eigenschaften des Five o'Clock Teas

### Die Mathematik hinter der Statistik

Die Mathematik genießt in manchen Kreisen vor allem deshalb ein so hohes Ansehen, weil sie wasserdichte logische Beweise und Argumente liefern kann, die eine Theorie mit absoluter Sicherheit bestätigten. Forscher in anderen Wissensgebieten sind nicht in dieser luxuriösen Situation, die Dinge so schön bündeln zu können, ohne dass Schlupflöcher und lose Enden zurückbleiben. Unsere reale Welt ist ein allzu chaotischer Platz voller Zufälle, falscher Spuren, Fallen und Sackgassen (siehe Kap. 18).

Solche Fallen können einem Forscher leicht vorspiegeln, dass sein neu gefundenes Gesetz oder Prinzip „funktioniert". Daher müssen Wissenschaftler besonders selbstkritisch sein. Bevor sie ihre Resultate veröffentlichen, müssen sie deren Integrität prüfen und, soweit es geht, jede Möglichkeit ausschließen, dass eine auf den ersten Blick weltbewegende Entdeckung oder die neuen Wunderpillen nur ein glücklicher Zufall sind. Die wichtigsten Mittel, um sich gegen solche Zufälligkeiten zu wappnen, finden sich in der Werkzeugkiste der Statistiker, insbesondere unter den Methoden, die „Signifikanz" zu bestimmen.

Jetzt ist aber erst einmal Zeit für eine Tasse Tee.

## Die Geheimnisse von Milch und Tee

Um 1910 spielte die Biologin Muriel Bristol eine unerwartete Rolle in einem wichtigen Kapitel der Wissenschaftsgeschichte – nicht mit ihren Laborarbeiten über Algen, sondern mit einer Behauptung bei einer nachmittäglichen Party mit Freunden. Es war in England, es war fünf Uhr, und die Diskussion drehte sich sehr schnell um Tee, insbesondere darum, ob man die Milch vor dem Tee in die Tasse geben soll oder umgekehrt. (Zur Erklärung für die deutschen Leser: Engländer haben die Unart, Tee mit Milch oder Zitrone zu „verfeinern".) Dr. Bristol war Anhängerin der Theorie, dass die Milch zuerst in die Tasse muss, während ein anderer Partygast, der berühmte Statistiker Ronald Fisher, nur verächtlich anmerkte, es gebe keine Möglichkeit, den Unterschied beider Mischmethoden dingfest zu machen. Für diese Ansammlung hochkarätiger Forscher war klar, dass man ein Experiment durchführen musste, um zu einem Ergebnis zu kommen. Also wurden einige Tassen Tee zubereitet, in denen die Milch zuerst in die Tasse kam, und einige, in denen sie in den Tee geschüttet wurde. Das Ergebnis war eindeutig: Dr. Bristol konnte tatsächlich den Unterschied feststellen.

Obwohl das gewiss eine beeindruckende Erkenntnis war, kam der wirkliche wissenschaftliche Durchbruch erst später. Die Ereignisse an diesem Nachmittag setzten in Fishers Kopf etwas in Bewegung. Was müsste man tun, um die Sache mit aller wissenschaftlichen Strenge zu untersuchen? Schließlich konnte Dr. Bristol beim Erraten der Tee-Variante einfach Glück gehabt haben. Bei anderen Gelegenheiten, beispielsweise in der medizinischen Forschung, würden die Auswirkungen einer Fehldiagnose weit ernsthaftere Folgen haben als bei dem Rätsel mit Milch und Tee. Fisher machte sich daher daran, mit „randomisierten Tests", also vom Zufall gesteuerten Tests, eine Methode zur Lösung solcher Fragen zu entwickeln, in deren Mittelpunkt relativ heikle statistische Überlegungen standen.

Um die Prinzipien zu verdeutlichen, wollen wir uns ein paar medizinische Forscher vorstellen, die eine neue Behandlungsmethode (Medikament X) für ein kleines medizinisches Problem (Krankheit Y) entwickelt haben. Um X zu testen, haben sie einige Freiwillige gefunden, die an Y leiden und X einnehmen sollen, um herauszufinden, ob es ihnen hilft oder nicht. So weit, so gut, aber es gibt vieles, was dabei schiefgehen kann. Es kann sein, dass die Tests Besserung bei einigen Kranken zeigen, während andere krank bleiben. Aber wie kann man dieses gemischte Bild deuten? Waren die, bei denen das Medikament angeschlagen hat, ohnehin schon auf dem Weg der Besserung? Wie können das die Forscher herausfinden?

Bei diesem Szenario müssen sich die Forscher zwischen zwei konkurrierenden Hypothesen entscheiden. Der Fachausdruck für die vorgegebene Annahme ist „Nullhypothese". Sie besagt in unserem Beispiel, dass das Medikament X keinen Einfluss auf die Gesundheit der an Y erkrankten Patienten hat. Die „Alternativhypothese" ist, *dass* X wirkungsvoll ist. Bei Dr. Bristols Tee-Experiment war die Nullhypothese, dass sie die Reihenfolge der Zugabe von Tee und Milch nicht unterscheiden, sondern bestenfalls blind raten konnte. Die Alternativhypothese war, dass sie sehr wohl

den Unterschied feststellen konnte. Bei jedem Signifikanz-
test ist die erste Regel, dass die Forscher die Nullhypothese
*akzeptieren müssen,* bis es genug Beweise gibt, sie zugunsten
der Alternativhypothese zurückzuweisen.

Wir wollen nun in unser Labor zurückkehren und annehmen, dass die Forscher 20 an Y Erkrankte mit X versorgen
und feststellen, dass 9 davon innerhalb einer Woche gesund
werden. Das sieht für X vielversprechend aus, aber aus früheren Untersuchungen wissen die Forscher, das 25 % der
an Y Erkrankten auch ohne Behandlung im Schnitt nach
einer Woche wieder gesund sind. Es kann also sein, dass in
der Gruppe der 20 Erkrankten 9 allein schon durch Zufall
gesund wurden, ohne dass dabei das Medikament X eine
Rolle gespielt hat. Die mathematische Frage, die beantwortet werden muss, ist: Wie groß ist die Wahrscheinlichkeit,
ein so extremes Resultat wie 9/20 durch bloßen Zufall zu
erhalten, wenn das Medikament wirkungslos ist, wenn also
die Nullhypothese stimmt? Diese kritische Zahl wird als *p*-
Wert des Experiments bezeichnet. Die Berechnung des *p*-
Wertes ist für das Testen von Hypothesen entscheidend, das
in etwa wie folgt abläuft:

1. Entscheidung für einen Signifikanzwert, der von der
   Größe des Experiments und von der nötigen Strenge
   abhängt und beispielsweise 5 %, 1 % oder sogar 0,1 %
   betragen kann.
2. Berechnung des *p*-Wertes des Experiments.
3. Zurückweisung der Nullhypothese, wenn und nur wenn
   der *p*-Wert unterhalb des Signifikanzwertes liegt.

Ist (3) erfüllt, können wir sagen, dass das Medikament wirkungsvoll ist oder dass man tatsächlich feststellen kann, in

welcher Reihenfolge Tee und Milch in eine Tasse geschüttet werden. Ist dagegen der *p*-Wert größer als der Signifikanzwert, muss man die Nullhypothese akzeptieren. Das heißt nicht *notwendig,* dass das Medikament nicht wirkt oder dass die Tee-Testerin unfähig ist. Es kann auch einfach nur heißen, dass der Signifikanzwert eine zu große Hürde darstellt und dass weitere Tests nötig sind.

Die Idee ist nicht allzu kompliziert, aber die Mathematik wird kompliziert, wenn es um den Schritt (2) geht, bei dem der *p*-Wert bestimmt wird. Bei unserem Medikamententest war der *p*-Wert etwa 4,1 (siehe Kasten), was heißt, dass die Nullhypothese bei einem Signifikanzwert von 5 % zurückgewiesen werden kann. Können wir damit behaupten, dass das Medikament wirkt? Das hängt vom Kontext ab. Während dieses Niveau vielleicht für den Tee-Test bei der Party ausgereicht hätte, muss man von medizinischen Tests mehr statistische Strenge verlangen. Die Forscher würden also die Latte höher legen und Signifikanzwerte von 1 % oder 0,1 % vorgeben. In unserem Fall müssten sie also auf weiteren Tests bestehen, könnten das aber mit einem gewissen Optimismus angehen.

# Die Hürden der Signifikanz

Es gibt je nach Kontext verschiedene Verfahren, um den entscheidenden *p*-Wert zu bestimmen. Bei unseren beiden Beispielen wäre die angemessene Methode, die sogenannte Binomialverteilung einzubeziehen. Wäre Dr. Bristol nicht in der Lage, die Reihenfolge Milch-Tee zu erkennen, wären ihre Chancen, das richtige Ergebnis zu erraten, 50 %. Wir wollen nun die Bedingungen ein wenig verändern und uns vorstellen, dass sie vor acht Tassen Tee sitzt, deren Entstehung (Tee oder Milch zuerst?) durch den Wurf einer Münze entschieden wurde. Sie gibt nun bei allen Tassen die richtige Reihenfolge an. Die $p$-Werte antworten auf die Frage „Wie groß ist die Wahrscheinlichkeit, dass dieses Ergebnis durch bloßes Raten erreicht wurde?" Sie hat die Chance $1/2$, die Tasse richtig zu erraten, bei zwei richtig erratenen Tassen beträgt sie $1/2 \cdot 1/2 = 1/4$, bei drei Tassen $1/2 \cdot 1/2 \cdot 1/2 = 1/8$ usw. Die Chance, alle acht Tassen richtig zu erraten beträgt also:

$$\left(\frac{1}{2}\right)^8 = \frac{1}{256}$$

was etwa $0{,}004$ entspricht. Dieser $p$-Wert liegt sowohl unter einem Signifikanzwert von 5 % wie auch von 1 %.

Was ist aber, wenn Dr. Bristol nur sieben Tassen richtig errät? Dieses Problem ist schon schwerer zu behandeln. Deshalb wollen wir zuvor noch eine spezifischere Frage beantworten: Wie groß ist die Wahrscheinlichkeit, dass sie die ersten beiden Tassen richtig, die dritte falsch und die übrigen wieder richtig errät? Die Wahrscheinlichkeit, alle acht Tassen richtig zu erraten, haben wir schon mit $1/256$ berechnet. Nun gibt es aber acht Möglichkeiten, falsch zu raten: beim ersten, zweiten usw. Mal. Jede dieser acht Möglichkeiten hat die gleiche Wahrscheinlichkeit $1/256$, sodass insgesamt Dr. Bristols Chance, sieben der acht Tassen richtig zu erraten

$$8 \cdot \frac{1}{256} = \frac{1}{32} = 0{,}03$$

beträgt. Deshalb addieren wir zu dem Wert 1/32 den obigen Wert 1/256, was einen $p$-Wert von 9/256 oder 0,035 ergibt. Da dies immer noch unter dem Signifikanzwert 5 % (0,05) liegt, würde Dr. Bristol den Test auch bestehen, wenn sie einmal falsch rät.

# Blind- und Doppelblindversuche

Bei unserer Erörterung des Tests von Medikamenten haben wir einen mysteriösen, aber äußerst bedeutsamen Faktor außer Acht gelassen: den Placebo-Effekt. Inzwischen weiß man sehr gut, dass auch Behandlungen ohne jeden medizinischen Wirkstoff Verbesserungen bei vielen Krankheitssymptomen verursachen können. Bei einem Test muss man also nicht nur zeigen, dass das Medikament X besser ist als gar nichts, man muss vielmehr auch beweisen, dass es besser wirkt als ein Placebo.

Um das einzubeziehen, werden bei medizinischen Test typischerweise eine Experimentgruppe und eine Kontrollgruppe untersucht. Beide Gruppen erhalten Pillen oder Spritzen, aber nur die Experimentgruppe erhält welche mit X, während der Kontrollgruppe gleich aussehende Zuckerpillen ohne X oder Spritzen mit einer Kochsalzlösung ohne X verabreicht werden. Danach wird das Resultat bei beiden Gruppen statistisch untersucht.

Der Placebo-Effekt ist ein seltsames und noch wenig verstandenes Phänomen. Es ist daher für ein objektives Experiment entscheidend, dass die Testpersonen nicht wissen, zu welcher Gruppe sie gehören: Es wird ein Blindversuch durchgeführt. Um noch strenger vorzugehen, ist es inzwischen Standard, dass selbst die Forscher, die den Test durchführen, nicht wissen, wem sie ein Placebo geben und wem das Medikament. Solche Doppelblindversuche sind der Eckpfeiler der modernen medizinischen Forschung.

Sowohl beim Testen von Medikamenten als auch bei anderen Untersuchungen gibt es immer die Möglichkeit, dass die Schlussfolgerungen in die falsche Richtung gehen, selbst wenn die statistischen Tests streng ausgelegt sind. Das Experiment kann ein „falsches positives Ergebnis" liefern, worauf die Forscher die Nullhypothese zurückweisen, obwohl sie akzeptiert werden müsste. Die Forscher würden in diesem Fall das Medikament fälschlicherweise als wirkungsvoll einstufen oder Dr. Bristol Tee-Kenntnisse zuschreiben, die sie nicht hat. Die Wahrscheinlichkeit dafür wird durch den Signifikanzwert gegeben. Beträgt er 5 %, heißt das, dass die Wahrscheinlichkeit für ein falsches positives Ergebnis 5 % beträgt.

Im Gegensatz dazu bedeutet ein „falsches negatives Ergebnis", die Nullhypothese zu akzeptieren, wenn sie eigentlich zurückgewiesen werden müsste. Gegen diese Art von Fehler kann man viel schwerer vorgehen. Es könnte zum Beispiel sein, dass das Medikament X über den Placebo-Effekt hinaus einen bestimmten Einfluss auf Y hat, dass dieser aber zu gering ist, um im klinischen Test sichtbar zu werden und daher das falsche negative Ergebnis hervorruft. Oder die Tee-Testerin ist in 60 % der Fälle erfolgreich, was mehr ist als bei bloßem Raten, aber nur wenig mehr. Wieder könnte das bei einem zu klein angelegten Test untergehen. Das Problem der falschen negativen Ergebnisse hängt mit einem der am häufigsten falsch verstandenen Begriffe der Statistik zusammen: der *Signifikanz.*

# Wann ist die Signifikanz signifikant?

Die Einordnung eines Tests als „signifikant" legt nahe, dass das Ergebnis im Sinne von Bedeutung signifikant ist, also wichtig und wesentlich. Es kann sich aber auch ganz anders verhalten. Signifikanz ist ein Unterscheidungsmerkmal, das regelmäßig bei Journalisten und selbst bei Wissenschaftlern Konfusion auslöst.

Wir wollen das mit einem der Lieblingsbeispiele der Wahrscheinlichkeitstheoretiker erklären: dem Werfen einer Münze. Jede reale Münze hat, auch wenn sie genauestens überprüft worden ist, mit einer gewissen Wahrscheinlichkeit einige Abweichungen oder Baufehler, die ein klein wenig die Wahrscheinlichkeiten beim Werfen der Münze beeinflussen. Es kann beispielsweise sein, dass als Folge eines Herstellungsfehlers die Wahrscheinlichkeit, Zahl zu werfen, 50,01 % beträgt. In fast jeder Hinsicht ist das *kein* signifikanter Unterschied. Er wird bei einfachen Experimenten sicher nicht erkannt. Wirft man die Münze 10.000 Mal und erhält 5001 Mal Zahl, beträgt der *p*-Wert 49,6 % und liegt somit weit oberhalb der 5 %-Schranke des Signifikanzwertes. (Die genauere Beweisführung läuft ähnlich wie beim Binomialtest des Medikaments X.) Technisch gesehen ist das ein „falsches negatives Ergebnis", da uns der Test zu der Annahme verleitet, die fehlerhafte Münze sei vollkommen in Ordnung.

Für die Praxis zählt das nicht. Die Münze ist so nahe daran, absolut fehlerfrei zu sein, dass es keinen Unterschied macht. Mit genügend Zeit und Mühe könnte man aber ein Experiment durchführen, das den Fehler beweist. Angenommen, eine Maschine wirft die Münze 100 Mio. Mal und man erhält 50.010.000 Mal Kopf. Daraus folgt mit dem Binomialtest ein $p$-Wert von 0,023. Damit haben wir den klaren Beweis eines Fehlers, wenn wir das 5 %-Niveau der Signifikanz zugrunde legen. Mit einem noch größeren Aufwand (mit noch mehr Würfen) können wir auch das 1 %-Niveau, das 0,1 %-Niveau und jedes andere Niveau unterschreiten. Allerdings dauern dann die Tests sehr lange.

Wir müssen also unterscheiden, ob ein Ergebnis *wissenschaftlich* oder *statistisch* signifikant ist. Das sind zwei ganz verschiedene Feststellungen, was weitgehend übersehen wird und gern zu Missverständnissen führt. Es kann sein, dass fünf Minuten Extraschlaf in jeder Nacht die Wahrscheinlichkeit reduzieren, bestimmte Krankheiten zu entwickeln, und es kann sein, dass man das, bezogen auf ein bestimmtes statistisches Signifikanz-Niveau nachweisen kann. (Wir können uns schon die Schlagzeilen vorstellen: „Lebe länger mit nur 5 min mehr Schlaf pro Tag!") Die wirklich interessante wissenschaftliche Frage ist aber nicht die nach der statistischen Signifikanz, sondern, ob der gesundheitliche Segen durch die Extraminuten ausreicht, um sein Leben entsprechend zu ändern.

Der Ökonom Milton Friedman sagt, der einzige relevante Test einer Hypothese sei der Vergleich der Vorhersage mit der Erfahrung. Gewiss, die Mathematik kann keine messbaren Urteile über das abgeben, was wirklich wichtig ist: Solche Urteile müssen auf unseren Erfahrungen basieren. Es gilt aber trotzdem, sei es im Labor oder auf der Tee-Party: Eine wesentliche Voraussetzung um solche Urteile zu fällen, besteht darin, mit der Statistik der Signifikanz klar zu kommen.

**Medikament X – eine Fallstudie zur Binomialverteilung**

Für unseren fiktiven Medikamententest benötigen wir den alles entscheidenden $p$-Wert, die Wahrscheinlichkeit, dass mindestens 9 der 20 an Y Erkrankten sich ohnehin binnen einer Woche erholen. Wir wissen, dass die Wahrscheinlichkeit, dass ein beliebig ausgewählter Patient auf natürliche Weise innerhalb einer Woche gesund wird, 25 % beträgt (0,25). Und wir wissen, dass die Binomialverteilung damit den $p$-Wert liefert.

Wir wählen zunächst 9 Personen aus. Die Wahrscheinlichkeit, dass sie gesund werden, ist $0,25^9$, während die Wahrscheinlichkeit, dass die übrigen 11 Personen krank bleiben, $0,75^{11}$ ist. Die Wahrscheinlichkeit, dass genau die 9 ausgewählten Personen gesund werden, ist daher $0,25^9 \cdot 0,75^{11}$. Das Nächste, was wir wissen müssen, ist die Zahl möglicher Kombinationen von 9 Personen, die aus den 20 ausgewählt werden können.

Die Antwort kann besonders prägnant mit „Fakultäten" ausgedrückt werden (siehe Kap. 31). Die Fakultät einer Zahl $n$ ist das Produkt aller ganzen Zahlen von n bis 1. Beispielsweise ist $5! = 5 \cdot 4 \cdot 3 \cdot 2 \cdot 1$. Es zeigt sich, dass in unserem Beispiel die Zahl der Möglichkeiten, 9 Personen aus den 20 zu wählen

$$\frac{20!}{9! \cdot 11!}$$

beträgt. Führt man diese Ergebnisse zusammen, ist die Wahrscheinlichkeit, dass genau 9 Personen gesund werden:

$$\frac{20!}{9! \cdot 11!} \cdot 0,25^9 \cdot 0,75^{11} = 0,027,$$

also etwa 2,7 %. Für statistische Tests ist es aber üblicher, die Wahrscheinlichkeit zu berechnen, dass mindestens neun Personen schon durch bloßen Zufall gesund werden. Das bedeutet, die entsprechenden Ausdrücke für 9, 10, 11, ..., 20 aufzuaddieren. Das Ergebnis ist ein Gesamt-$p$-Wert von 0,041 oder 4,1 %.

# 23

## Im Auge des Sturms
### *Fixpunkte und Balanceakte*

Zu den Dogmen des Buddhismus gehört, dass alles im Fluss ist – ob wir es wollen oder nicht. Für Buddhisten wie für Nicht-Buddhisten kann dieser Gedanke allzu spürbar werden. Die Sehnsucht nach Friede und Gleichgewicht inmitten von Situationen, die fragil und ungewiss sind, haben wohl alle von uns schon gespürt. Vielleicht haben deshalb die menschlichen Gesellschaften angesichts der Wechselhaftigkeit des Lebens immer hohen Wert auf die Fähigkeit gelegt, am Ruder zu bleiben und es mit ruhiger Hand zu führen. Es ist ein Gefühl, das am berühmtesten in den Anfangszeilen von Rudyard Kiplings Lobgesang auf den Stoizismus mit dem Titel *If …* (in der deutscher Übersetzung von Lothar Sauter: *Wenn …*) formuliert wurde: „Wenn Du beharrst, da alle um dich zagen und legen ihren Kleinmut dir zur Last …"

Inseln der Stabilität inmitten von weiten Bereichen der Konfusion in den unterschiedlichsten Zusammenhängen faszinierten Mathematiker und Physiker schon immer. So entstand zu Beginn des 20. Jahrhunderts mit der Topologie ein völlig neues Forschungsfeld, in dem nach konstanten Eigenschaften von Formen gesucht wurde, die alle Veränderungen dieser Formen überleben. Es war überraschend (und ermutigend für alle, die eine Welt im ständigen Fluss beklagten), dass viele Theoretiker Theoreme über „Fixpunkte" und „gutartige", stabile Plätze inmitten von höchst verwirrenden Situationen zu entdecken begannen. Diese Forschung führte zu Debatten, die von den Grundlagen der Physik bis zu Fragen reichten, wie die menschlichen Gesellschaften und die Ökonomie funktionieren.

## Kaffee und Donuts

Der ungarische Mathematiker Alfréd Rényi (1921–1970) hat eine berühmte Beschreibung eines typischen Mathematikers formuliert: „Er ist eine Maschine, die aus Kaffee Theoreme macht." Er hatte dabei aber nicht die direkte Eingebung vor Augen, die den holländischen Mathematiker und Philosophen Luitzen E. J. Brouwer (1881–1966) angesichts des Kaffeesatzes in seiner Tasse überkam. Als er über schwierige mathematische Probleme nachgrübelte, rührte er den Kaffee mit einem Löffel um, und ließ ihn dann wieder zur Ruhe kommen. Das sah nicht nach einem der größten naturwissenschaftlichen Experimente in der Geschichte der Menschheit aus, aber Brouwer zog aus dieser simplen Situation einen überraschenden Schluss: dass es in der Kaffeebrühe mindestens einen Punkt geben musste, der an exakt die gleiche Stelle zurückkehren würde, an der er vor dem Umrühren war.

Er arbeitete daraufhin seinen berühmten Fixpunktsatz heraus, der wiederum einen ganzen Rattenschwanz an Resultaten hervorbrachte, die Auswirkungen nicht nur in der Mathematik hatten, sondern weit darüber hinaus. Die

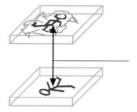

**Abb. 23.1**   Der mit dem Pfeil markierte Punkt im zerknüllten Papier liegt über dem entsprechenden Punkt auf dem glatten Papier. (© Patrick Nugent)

Information, die Brouwers Satz enthält, ist allerdings begrenzt: Er sagt nichts darüber, *wo* im Kaffee dieser Fixpunkt zu finden ist, sondern nur, *dass* er irgendwo existieren muss.

Brouwer fand noch andere Beispiele für Fixpunkte in der realen Welt. Um eines dieser Beispiele zu verstehen, nehmen wir zwei identische Seiten der gleichen Ausgabe einer Zeitung und legen eine glatt auf den Boden, während wir die andere zerknüllen und auf die glatte Seite legen, sodass sie nicht über die Ränder ragt. Brouwers Satz garantiert nun, dass mindestens ein Punkt des Knäuels exakt über dem entsprechenden Punkt der glatten Seite liegt. Brouwers Satz gilt also auch, wenn die geometrische Manipulation kompliziert ist. Während sich der Kaffee in der Tasse nur neu anordnete, ist die Zeitung auf äußerst komplizierte Weise deformiert, sodass sogar mehrere Punkte des Knäuels über den entsprechenden Punkten der glatten Seite liegen können (Abb. 23.1).

Das einfachste Beispiel für die Anwendung des Brouwer'schen Satzes ist ein Abschnitt einer Geraden. Werden die Punkte längs dieser Linie neu geordnet, garantiert Brouwers Satz, dass es einen Punkt gibt, der an der gleichen Stelle liegt wie im Original. Dieses Beispiel ist leicht nachzuvollziehen. Wir wollen dazu zwei Maßbänder nehmen und das eine flach auf den Boden legen (es entspricht dem Abschnitt der Geraden). Das andere falten wir so oft wir wollen und legen es dann vorsichtig auf das glatte Stück am Boden, sodass es nicht über die Ränder hinausragt. Mindestens eine Zahl auf dem gefalteten Band liegt dann genau über dieser Zahl am Boden. Das gilt selbst, wenn das Band nicht nur gefaltet, sondern auch noch gedehnt oder zusammengequetscht wird. Im Kleingedruckten steht aber noch, dass alle Verformungen *kontinuierlich* erfolgen müssen. Der Satz wird nicht erfüllt, wenn man das zweite Band zerschneidet und die beiden Hälften vertauscht: Dann gibt es keinen Fixpunkt. Und noch etwas ist zu beachten: Die Endpunkte des Abschnitts müssen Teil des Experiments sein. Um zu sehen warum, stellen wir uns Wasser vor, das durch eine unendlich lange Leitung fließt. Fließt das gesamte Wasser um 10 cm nach vorn, gibt es keinen Fixpunkt.

Es stellt sich nun natürlich die Frage, ob *alle* Formen auf diese Weise Fixpunkte erzeugen. Die Antwort wird deutlich, wenn man Brouwers Kaffeetasse zu einem Donut umformt, also einen Torus (siehe Kap. 16). Damit das Ding Kaffee enthalten kann, stellen wir uns einen kreisförmigen Trog mit einem Loch in der Mitte vor. Wird in ihm der Kaffee umgerührt, kreist er um das Loch, und es gibt keinen Grund, warum sich auch nur ein einziges Kaffeeteilchen wieder am gleichen Platz einfinden sollte. Der ganze Inhalt kann sich einfach ein paar Grad im Uhrzeigersinn oder gegen ihn drehen, wobei keine Fixpunkte entstehen. Brouwers Satz gilt also nicht universell, sondern nur für einige Formen, für andere dagegen nicht. Es gilt für jeden eindimensionalen Abschnitt einer Linie, für zweidimensionale Scheiben, drei- oder mehrdimensionale Kugeln, solange die Ränder Teil der Form sind und die Neuanordnung kontinuierlich ist. Mehr noch: Da es ein *topologisches* Ergebnis ist, gilt es für jede Form, die aus der ursprünglichen durch Ziehen und Pressen entstehen kann. So entspricht ein rechtwinkliges Zeitungspapier einer Scheibe, oder Brouwers dreidimensionale Kaffeetasse einem dreidimensionalen Ball.

Im Wesentlichen heißt das, dass jede geometrische Form, die (anders als der Torus) keine Löcher hat und deren Grenzen (anders als bei einem unendlich langen Rohr) Teil des Gebildes sind, die Bedingungen erfüllt.

## „Du bist HIER"

Eine Landkarte ist das Ergebnis einer ganz besonderen Art der erwähnten Deformationen. Die Mathematiker verwenden das Wort „Karte" und „Kartierung" („mapping") auf recht verschiedene Weise, aber normalerweise versteht man unter eine Karte (beispielsweise von unserer Heimatstadt) einfach eine geschrumpfte Version der Realität, also so etwas wie eine Miniaturausgabe der Stadt. 1922 machte der polnische Mathematiker Stefan Banach (1892–1945) eine wichtige Entdeckung, was Miniaturisierungen betraf. Wird eine Form so geschrumpft, dass die verkleinerte Version innerhalb des Originals zu liegen kommt, also der Stadt-plan innerhalb der Stadtgrenzen bleibt, gibt es bei dem Schrumpfungsprozess wieder einen Fixpunkt.

Banachs Schrumpfungsgesetz verzichtet auf einige der Forderungen des originalen Fixpunktsatzes von Brouwer. Erstens: Die Ränder müssen weiterhin innerhalb des Ori-ginals bleiben, aber es spielt keine Rolle, ob die Form Lö-cher enthält. Zweitens: Während der Brouwer'sche Satz die Existenz von mindestens einem Fixpunkt garantiert, sagt uns Banach, dass es *genau einer* ist. Die Schlussfolgerung ist also strenger. Drittens: Am wichtigsten ist jedoch, dass dieser Punkt nun leicht zu finden ist. Auf der Karte ist der Fixpunkt der Ort in der Stadt, wo sich die Karte befindet, es ist der Punkt mit der Botschaft „Du bist HIER". Mar-kiert man den Punkt mit einer Nadel, dann ist der Ort der Nadel in der Stadt durch seine Position auf der Karte exakt beschrieben. Es gibt keinen anderen Ort in der Stadt, der diese Bedingung erfüllt. Die Schrumpfung muss im Übri-gen nicht gleichmäßig erfolgen, obwohl das bei Karten in einem bestimmten Maßstab meist der Fall ist. Es sind selbst extreme Deformationen erlaubt. Die einzige Bedingung ist, dass jedes Punktepaar nach der Schrumpfung auf der Karte einen kleineren Abstand haben muss als in der Realität.

Was ist mit dem Fixpunkt? Bleibt er fix, wenn mehre-re Schrumpfungen stattfinden? Das kann man mit einem beliebten Partytrick herausfinden, indem man mit einer Videokamera einen Bildschirm abfilmt, der die Videoka-mera zeigt. Der Effekt ist ein unendlich oft ineinander ver-schachteltes Bild, das sich in einem langen Tunnel verliert. Das Schrumpfen des Bildes von Schritt zu Schritt endet in einem einzelnen Punkt, dem „Licht am Ende des Tunnels".

Das ist der eine und einzige Fixpunkt, und seine Lage ist in jedem der verschachtelten Bilder gleich. Man kann das beweisen, indem man auf dem Bildschirm den Punkt markiert. Während es zahlreiche Umrisse des Bildschirms gibt, gibt es nur einen Punkt.

## Die Haare der Kokosnuss

Man könnte nach all dem meinen, dass das Interesse an Fixpunkten mit den donutförmigen Kaffeetassen und den Tricks mit den Zeitungen und der Videokamera nur ein läppisches Gesellschaftsspiel ist. Das ist alles ganz interessant, aber hat es irgendeine Bedeutung? Eine Folge aus Brouwers Überlegungen ist, dass wir ganz sicher sein können, dass es genau in diesem Moment irgendwo auf der Erde einen Punkt gibt, an dem keinerlei Wind weht. Dieser Schluss ist die Konsequenz aus einer der bahnbrechenden Entdeckungen Brouwers, dem berühmten „Satz vom (gekämmten) Igel". Es besagt, dass bei einem kugelartigen Objekt, das mit Stacheln bedeckt ist wie ein Igel oder mit Haaren wie eine Kokosnuss, irgendwo ein Schopf stehen bleibt, wenn man versucht, alle Haare glatt zu kämmen. Wenn wir jeden Haarstrang als Repräsentanten der Windrichtung auf dem Globus interpretieren, deutet der Schopf auf Windstille – möglicherweise auf das Auge eines Zyklons (Abb. 23.2).

Das Theorem war eines der ersten Ergebnisse der Topologie, und die topologischen Kriterien bedeuten, dass es nicht nur für eine Kokosnuss oder die Erde anwendbar ist, sondern für jede Form, die man in die Form einer Kugel zerren oder verdrehen kann. Wieder ist es so, dass es nicht für For-

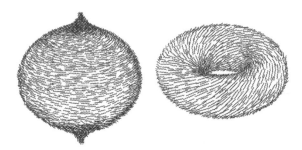

**Abb. 23.2** Anders als auf einer Kugel kann man die Haare auf einem Torus vollständig glatt kämmen, ohne, dass irgendein Schopf oder eine Krone stehen bleibt. (© Patrick Nugent)

men anwendbar ist, die dieser Definition nicht genügen, und wieder zählt der Donut-Torus zu diesen Ausnahmen. Ein mit Haaren bedeckter Bagel ist eine etwas unappetitliche Vorstellung, aber man könnte auf ihm *alle* Haare glatt kämmen. Auf den Ringen des Saturn könnte beispielsweise überall Wind wehen.

Der Mathematiker Heinz Hopf (1894–1971) hat diese „Kämmbarkeit" auf einer Vielzahl von Formen untersucht, und sein Index-Theorem von 1926 erweiterte Brouwers Analyse auf Formen im mathematischen Hyperraum, wo mehr als drei Dimensionen ins Spiel kommen. Während die vertraute zweidimensionale Oberfläche der Kokosnuss-Kugel nicht flach gekämmt werden kann, ist das bei ihrer höherdimensionalen Schwester, der 3-Hyperkugel, anders: Sie kann gekämmt werden. Ein simpler Haarring, der auch 1-Kugel genannt wird, kann ebenfalls gekämmt werden, die 4-Hyperkugel aber nicht. Dieses Resultat ist so schön wie unerwartet: Hyperkugeln mit einer ungeraden Zahl an Dimensionen können ohne Schopf gekämmt werden, solche mit einer geraden Zahl nicht.

# Sieg, Niederlage und Patt

Fixpunktsätze können Einsichten in unerwartet viele Phänomene vermitteln. Sie spielen ihre ganz bestimmte Rolle bei der Beschreibung von Gleichgewichtspunkten in Konkurrenz- und Marktszenarien. Sie sind sogar so spannend, dass zwei Mathematiker, Piet Hein und John Nash, ein Brettspiel erfunden haben, das *Hex* heißt und die Stärke der Fixpunktsätze in der Praxis zeigt.

Besonders reizvoll an *Hex* ist seine Einfachheit. Es gibt zwei Spieler, wobei der eine schwarze, der andere weiße Figuren hat. Der Name des Spiels kommt vom Design des Spielfelds, das in hexagonale Zellen eingeteilt ist. Das Spielfeld ist zunächst leer, und die Spieler stellen abwechselnd ihre Figuren in die Zellen. Jeder Spieler ist zunächst im Besitz von zwei gegenüberliegenden Ecken des Spielfelds: Schwarz könnte Nord und Süd besitzen, Weiß Ost und West. Jeder Spieler hat das Ziel, mit den eigenen Figuren eine Brücke zu bilden, die seine Ecken verbindet.

Ein Vorteil von *Hex* gegenüber anderen Spielen wie *Drei gewinnt* oder *Schach* ist, dass der Sieg eines der Spieler garantiert ist. Ein Spieler verliert sicher, wenn ein Weg von seiner einen zu seiner anderen Ecke vollständig blockiert ist, und das passiert nur, wenn der andere Spieler seine Verbindung hergestellt hat und damit gewinnt.

Um diese Tatsache als mathematisches Theorem zu formulieren, könnten wir sagen, dass es unter allen möglichen Anordnungen schwarzer und weißer Figuren auf dem Spielfeld auch eine Kette gibt, die entweder Weiß oder Schwarz zum Sieger macht. Mathematische Aussagen wie diese erfordern einen strengen mathematischen Beweis, gleichgültig, wie einleuchtend sie erscheinen. Und in diesem Fall ist Brouwers Fixpunktsatz genau das richtige Instrument, der das leistet. Man kann im Übrigen auch umgekehrt vorgehen: Aus der Annahme, dass jedes *Hex*-Spiel einen Sieger hat, kann man auch den Brouwer'schen Fixpunktsatz für eine zweidimensionale Scheibe ableiten.

Man kann sich auch höherdimensionale Versionen des Spiels überlegen, wobei die Umsetzung in die Praxis aber nicht so leicht ist. Die dreidimensionale Version kann man mit drei Spielern an einem Computer spielen. Die Spieler haben wieder gegenüberliegende Ecken besetzt (Nord/Süd, Ost/West, oben/unten) und wollen im Spielraum Brücken bauen. Auch dieses Spiel endet gemäß dem Brouwer'schen Theorem für eine dreidimensionale Kugel garantiert mit Sieg und Niederlage, aber nicht mit einem Patt.

Brouwers Theorem tritt im Rahmen der Spieltheorie auch noch auf andere Weise auf: bei dem klassischen Spiel *Schere-Stein-Papier* (oder *Schnick-Schnack-Schnuck*). Die zwei Spieler zählen hier bis drei und zeigen mit der Hand, welche der drei Möglichkeiten sie gewählt haben. Haben beide die gleiche Wahl getroffen, ist der Ausgang unentschieden, andernfalls schneidet die Schere das Papier, das Papier wickelt den Stein ein, und der Stein zerschmettert die Schere. Gewöhnlich versucht man mit dem Spiel, aus einer Sackgasse zu kommen, in die eine leichtfertig getroffene Entscheidung geführt hat. Wenn man das Spiel aber ernster nimmt, könnte man versuchen, eine Taktik zu finden, mit der man besser abschneidet. Sie beruht auf der Art und Weise, wie der Gegner spielt. Merken wir, dass er öfter Schere wählt, sollten wir häufiger Stein wählen und weniger oft Papier. Die Reaktion des Gegners könnte aber sein, nun öfter Papier zu wählen, womit eine subtile strategische Schlacht begonnen hätte – oder auch nicht.

Angenommen, einer der Spieler trifft seine Wahl völlig zufällig. Dann gibt es keine Strategie, um seine Schwächen auszunutzen. Unsere beste Antwort wäre, ebenfalls zufällig zu wählen und so zumindest dem Gegner keinen Ansatz zu geben, seine Strategie zu ändern. In diesem Fall sind beide Spieler in einer Situation blockiert, die Spieltheoretiker mit Gleichgewicht bezeichnen.

1951 bewies John Nash, dass jedes Spiel einer großen Klasse, die sich nicht auf Spiele mit zwei Spielern beschränkt, garantiert irgendwo eine Gleichgewichtssituation hat, in der keiner der Spieler über einen Ansatz verfügt, seine Strategie zu ändern, selbst wenn er die vollständigen Informationen über die Taktik des Gegenspielers hat. Nash leitete zunächst im Rahmen seiner Dissertation diesen wichtigen Schluss als Auswirkung von Brouwers Fixpunktsatz ab. Der Schluss wurde zum Angelpunkt der aufblühenden Spieltheorie und trug dazu bei, dass Nash 1994 den sogenannten „Wirtschaftsnobelpreis" erhielt.

Nashs Ergebnis und die vielen Varianten des Themas, die in der Folgezeit gefunden wurden, faszinieren uns immer noch. Sie sind sehr wertvoll bei der Analyse von Situationen, in denen die Möglichkeit zu gewinnen gegen die Gefahr zu verlieren abgewogen werden muss und in denen die beste eigene Taktik vom Verhalten der anderen abhängt (siehe Kap. 15). Das Konzept von Nashs Gleichgewicht kann die vertrautere Vorstellung einer Pattsituation erhellen und tiefe Einsichten in politische oder diplomatische Sackgassen liefern. Das Konzept gehört inzwischen zur Standardterminologie in der Ökonomie, wo ein Markt in dem idyllischen Augenblick im Gleichgewicht ist, in dem alle Preise der Waren so festgelegt sind, dass sich Angebot und Nachfrage exakt ausgleichen.

Als Luitzen Brouwer seinen Kaffee umrührte, konnte er mit Sicherheit nicht die weitreichenden Konsequenzen ahnen, die seine Erkenntnisse nach sich ziehen würden.

# 24

## Ein kleiner Schritt ...
### Die Mathematik der Raumfahrt

Was immer man für Maßstäbe anlegt: Das spektakulärste Ereignis in der Menschheitsgeschichte fand im Juli 1969 statt, als Neil Armstrong und Buzz Aldrin als erste Menschen den Fuß auf den Mond setzten. Es war nur zwölf Jahre, nachdem die Sowjetunion mit dem Start von Sputnik, dem ersten Satelliten der Erde, ein Wettrennen ins All ausgelöst hatte. Millionen von Menschen, die rund um die Welt diese Bilder im Fernsehen sahen, hatten das Gefühl, einen Augenblick von historischer und technologischer Bedeutung mitzuerleben.

Ein wenig Anteil an diesem geschichtlichen Ereignis hatte Richard Arenstorf, der sechs Jahre vorher mathematische Analysen durchgeführt hatte, mit denen die Mondlandung erst möglich wurde. Kurz gesagt: Er zeichnete die Karte mit dem Weg, den Apollo 11 einschlagen musste. Dazu musste er sich zunächst mit einer der lästigsten Fragen in der Geschichte der Mathematik herumschlagen, dem sogenannten Dreikörperproblem.

Die Gesetze der Planetenbewegung wurden von Johannes Kepler im 17. Jahrhundert aufgestellt und später von Isaac Newton erklärt (siehe Kap. 7). Von zentraler Bedeutung war Keplers Entdeckung, dass die Planeten die Sonne nicht in Kreisen, sondern in Ellipsen umrunden. Newton bezog diesen Effekt bei der Analyse der Wechselwirkung der Schwerkraft zwischen dem jeweiligen Planeten und der Sonne mit ein. Aber was ist, wenn ein drittes Objekt auf der Bühne erscheint – sei es ein anderer Planet oder ein Mond, der den Planeten umkreist? Dieses „Dreikörperproblem" erwies sich als unvergleichlich schwieriger als die Zweikörperversion Keplers.

## Vom Paar zur Dreiecksbeziehung

Betrachtet man zwei Körper im Raum, sagen wir A und B, sind nur zwei Kräfte beteiligt, nämlich die Schwerkraft, die A auf B ausübt, und die von B auf A. Tritt nun ein dritter Körper C hinzu, erhöht sich die Zahl der wirksamen Kräfte auf sechs. Bei zwei Körpern gibt es im Wesentlichen drei Möglichkeiten, die von der Stärke der Kräfte abhängen: Die beiden Körper können sich anziehen bis sie zusammenstoßen, sie können sich auf elliptischen Bahnen umrunden und die beiden Körper können nach einer Begegnung wieder voneinander wegfliegen. (Die Flugbahn wäre eine Parabel oder Hyperbel, also eine Kurve, die mit der Ellipse unendlicher Länge eng verwandt ist. Der Körper würde nie zurückkommen.)

Mit dem Auftritt eines dritten Körpers wird die Situation weit komplexer. Erstens: Beim Zweikörperproblem ist die Geometrie zweidimensional. Obwohl der Planet und die Sonne durch den dreidimensionalen Raum treiben, definieren ihre Bewegungen eine zweidimensionale Ebene, in der sich die beiden Himmelskörper umrunden. Das ist beim

**Abb. 24.1**  J. C. Sprotts Modell des Wegs eines Planeten, der zwei stationäre Sterne gleicher Masse umläuft. Das Bild zeigt das dem Dreikörperproblem innewohnende Chaos. (© Patrick Nugent)

Dreikörperproblem anders. Die drei Objekte treiben typischerweise durch alle drei Dimensionen (Abb. 24.1).

Aber die Schwierigkeiten sitzen noch tiefer. Das Zweikörperproblem ist durch Periodizität gekennzeichnet, das heißt, dass ein Planet, der einen Stern umläuft, das immer wieder auf dem gleichen Weg machen wird. Bei einem typischen Dreikörperproblem ist alles anders. Die Regularität fehlt, es kommt zu keinen Wiederholungen, und die Bahnen durch den Raum sind höllisch kompliziert und verweigern sich jeder einfachen Beschreibung. Dieses höchst komplizierte Problem wurde von einigen der größten Köpfe unter den Mathematikern untersucht, darunter von dem Schweizer Leonhard Euler (1707–1783) im 18. Jahrhundert sowie von seinem Vorgänger Newton, der aber schließlich aufgab und 1684 im Anhang seiner Schrift *De Motu Corporum in Gyrum* erklärte, dass die Beschreibung dieser Bewegungen durch exakte Gesetze, die nur einfache Rechnungen erfordern, die Möglichkeiten des menschlichen Geistes übersteigt.

1887 erwachte aufgrund einer Initiative von ganz unerwarteter Seite das Interesse am Dreikörperproblem erneut. König Oskar II. von Schweden, der selbst einen Abschluss in Mathematik an der Universität von Uppsala gemacht hatte, setzte ein Preisgeld von 2500 Schwedischen Kronen für die Lösung des größten offenen mathematischen Problems aus. Die Mathematikerin Gösta Mittag-Leffler, die ihn beriet, schlug das Dreikörperproblem vor, worauf sich eine neue Generation von Geometern an die Aufgabe machte, darunter auch der Franzose Henri Poincaré (1854–1912). Eine vollständige Analyse durch die Forscher, die sich der Herausforderung stellten, stand zwar noch immer aus, aber Poincaré konnte immerhin einen bemerkenswerten Fortschritt erzielen, und so erhielt er den von König Oskar II. ausgesetzten Preis.

Mehr noch: Poincarés Arbeiten über das Dreikörperproblem wurde zum Ausgangspunkt eines ganz neuen intellektuellen Arbeitsgebiets, der Chaostheorie. Poincaré stellte fest, dass schon die kleinste Änderung der Anfangsbedingungen des Systems – etwa die Zunahme des Gewichts des Monds um ein Sandkorn oder die Vergrößerung des Abstands eines Planeten von der Sonne um einen Millimeter – auf lange Sicht zu einem völlig anderen Ergebnis führen könnte. (Wir kennen dieses Prinzip eher als „Schmetterlingseffekt", ein Begriff, der in den 1960ern von Edward Lorenz geprägt wurde; siehe Kap. 17.)

Gerade als die Mathematiker an der Aufgabe verzweifelte, eine vollständige Lösung des Dreikörperproblems zu finden, setzte der Astronom Karl Sundman (1873–1949) die Welt mit einem Ansatz in Erstaunen, den er zwischen 1906 und 1912 in einer Reihe von Arbeiten veröffentlichte. Sundman war ein sehr zurückhaltender Mann, der an Universitäten und Observatorien in Europa Astronomie studiert hatte, bevor er in seiner finnischen Heimat einen Lehrauftrag an der Universität von Helsinki annahm. Er fing mit Daten an, die die Anfangsposition und Anfangsgeschwindigkeit von drei Körpern beschrieben und entwickelte eine Formel, mit der man den Zustand des Systems zu jeder beliebigen Zeit in der Zukunft beschreiben kann.

Sundmans Arbeit war eine Glanzleistung. Er erhielt zwar nicht den Preis König Oskars II., der an Poincaré vergeben war, wurde aber mit dem Pontécoulant-Preis der französischen Académie des Sciences bedacht, der sogar in Anerkennung seiner außerordentlichen Leistung verdoppelt wurde. Aber trotz alledem waren mit Sundmans Arbeiten die Akten über den „Fall Dreikörperproblem" noch nicht geschlossen. Der Grund war die mysteriöse und ganz und gar ungewöhnliche Art seiner Lösung.

Die übliche Ellipsenbahn eines Planeten beim Zweikörperproblem wird durch eine einfache, kurze Gleichung beschrieben. Sundmans Lösung für das Dreikörperproblem ist weit höllischer: Sie besteht aus einer unendlichen Reihe. Das heißt, dass der Ort der Körper durch eine Prozedur beschrieben wird, die unmöglich auszuführen ist: durch das

Aufaddieren unendlich vieler Größen. Hier ein Beispiel, wie eine solche Reihe aussehen kann:

$$a_0 + a_1 s + a_2 s^2 + a_3 s^3 + a_4 s^4 + \cdots.$$

In dieser Reihe sind $a_0, a_1, a_2, \ldots$ feste Größen, die aus den Anfangswerten des Systems berechnet werden, also aus den anfänglichen Positionen und Geschwindigkeiten. Der Term $s$ entspricht der Kubikwurzel der Zeit $t$, die seit Beginn der Rechnung verstrichen ist.

Aber was kann man mit einer unendlichen Reihe anfangen, wo doch natürlich das Aufaddieren von unendlich vielen Zahlen unmöglich ist? In der Tat sind die Naturwissenschaftler oft mit einem derartigen Rätsel konfrontiert, und gewöhnlich addieren sie die ersten paar Terme auf, vielleicht zehn, vielleicht hundert, vielleicht mithilfe der modernen Computer auch 1 Mio. – je nachdem, welche Genauigkeit erfordert ist. Fast immer erzielt man mit diesem Verfahren gute Näherungslösungen, weil die Summe konvergiert, sich also einem Wert annähert. Leider funktioniert das bei Sundmans Formel nicht. Seine Reihe konvergiert nur außerordentlich langsam, und um nützliche Informationen aus ihr zu ziehen, müsste man $10^{10^8}$ Terme aufaddieren. Das ist eine unvorstellbar große Zahl, eine Eins mit 100 Mio. Nullen!

## Ein Schutzwall gegen das Chaos

An diesem Punkt sollten wir uns vielleicht an das erinnern, was wir in unserem Sonnensystem beobachten können, denn dies widerspricht ganz offensichtlich den wilden Zahlen und der gerade erläuterten Unvorhersagbarkeit der Planetenbewegungen. Das aktuelle Dreikörpersystem, das *wir* bewohnen – Sonne, Erde, Mond – hat nicht den geringsten Hauch von Chaos und ähnelt in keiner Weise der nicht beschreibbaren Situation, die Sundman beschrieben hat. Ganz im Gegenteil – und für uns Menschen ein Segen: Unser eigenes Dreikörperproblem ist zahm und vorhersagbar.

Die Erklärung ist, dass es um jeden Planeten ein Gebiet der Stabilität gibt, das nach dem amerikanischen Astronomen und Mathematiker George William Hill (1838–1914) Hill-Sphäre genannt wird. Innerhalb der Hill-Sphäre der Erde wird die Bewegung jedes Mondes oder Satelliten von der Schwerkraft der Erde dominiert, und wir können sicher sein, den Einfluss der Sonne ignorieren zu dürfen. Der Radius der Hill-Sphäre wird durch den Ausdruck

$$a \cdot \sqrt[3]{\frac{m}{3M}}$$

bestimmt. Dabei ist $a$ der Radius der Umlaufbahn des Planeten um das Zentralgestirn (der Einfachheit halber wird eine Kreisbahn statt einer Ellipsenbahn angenommen). Im Fall der Erde gilt $a = 149{,}6 \cdot 10^6$ km. Des Weiteren ist m die Masse des Planeten – im Fall der Erde $6 \cdot 10^{24}$ kg, während M die Masse der Sonne ist, die etwa $2 \cdot 10^{30}$ kg beträgt.

Setzt man diese Größen ein, erhält man als Radius der Hill-Sphäre um die Erde 1,5 Mio. km. Da unser Mond nur 0,4 Mio. km entfernt ist, liegt er mit Sicherheit innerhalb dieser Sphäre. Deshalb kann man das Dreikörperproblem Sonne-Erde-Mond in Form von zwei Zweikörperproblemen (Sonne-Erde, Erde-Mond) behandeln.

Bevor wir aber zu optimistisch über unsere stabile Umgebung urteilen, sollten wir uns daran erinnern, dass bei der Reise zum Mond notwendigerweise drei Objekte ins Spiel kommen. Wir können zwar dank Hill den Einfluss der Sonne ignorieren, aber wir müssen den Einfluss eines dritten Körpers berücksichtigen, den des Raumschiffs. In diesem Fall gibt es aber Möglichkeiten, die Mathematik des Problems zu vereinfachen, weil einer der drei beteiligten Körper, das Raumschiff, außerordentlich viel leichter ist als die anderen beiden. Vernachlässigt man den winzigen Effekt der Schwereanziehung des Raumschiffs auf Erde und Mond, bleiben von den sechs Kräften nur noch vier übrig: Die Anziehung von Erde und Mond untereinander und beider Anziehung auf das Raumschiff. Diese Vereinfachung hat noch eine Konsequenz. Wie beim Kepler'schen Zweikörperproblem kann man annehmen, dass alle Bewegungen auf der zweidimensionalen Ebene stattfinden, die durch die Bewegung von Erde und Mond definiert wird.

Obwohl das Problem nun einfacher ist als das voll entfaltete Dreikörperproblem, ist auch die abgespeckte Version weit davon entfernt, leicht lösbar zu sein. Es wurden zwar im Laufe der Jahrhunderte etliche Angriffe unternommen, die vollständige mathematische Lösung würde aber die geometrische Beschreibung jeder möglichen Bewegung des Raumschiffs umfassen, was mathematisch eine unlösbare Aufgabe ist. Zum Glück ist aber aus dem Blickwinkel der Raumfahrt eine solche vollständige Lösung überhaupt nicht nötig.

# Achterbahn zum Mond

Damit sind wir wieder bei Richard Arenstorf und der Aufgabe, einen Menschen zum Mond zu befördern. Das gesamte Projekt lief während des Rennens zum Mond im Kalten Krieg und war vom nationalen Stolz bestimmt, mit dem sowohl die USA wie die Sowjetunion ihre jeweiligen Anstrengungen umgaben. Die Politiker auf beiden Seiten vergaßen nicht, dass die Raumfahrt eine spektakuläre Demonstration der friedfertigen Seite des technischen Fortschritts darstellte, dessen Furcht erregende Seite man jederzeit, wenn nötig, auch todbringend einsetzen konnte. Die Sowjetunion konnte die ersten Erfolge für sich verbuchen: Nicht nur, dass sie 1957 Sputnik I ins All schickte, sondern auch, dass sie mit dem Aufschlag von Luna 2 im Jahre 1959 die erste unbemannte Raumsonde auf den Mond brachte. Die Politiker der USA waren gezwungen, den letzten noch möglichen Triumph anzustreben, nämlich einen Menschen auf den Mond zu befördern. Dieses Versprechen, das Präsident Kennedy verkündete, zwang die USA, Geld und Zeit dafür zu investieren und die vielen damit verbundenen Schwierigkeiten zu bewältigen – auch auf dem Gebiet der zugrunde liegenden Mathematik.

In diesem Zusammenhang wurde Richard Arenstorf, ein Mathematiker, der bei der NASA arbeitete, zum letzten in einer Reihe von Denkern, die sich dem Dreikörperproblem zuwandten. Arenstorf konzentrierte sich auf die eingeschränkte zweidimensionale Version des Problems. Er strebte keine vollständige Lösung an, sondern in erster Linie *stabile Umlaufbahnen*. So wie Planeten auf elliptischen Umlaufbahnen einen Stern umrunden, würde ein Satellit

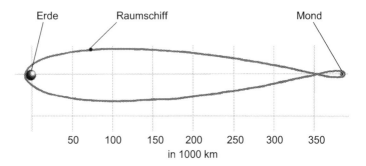

Erde          Raumschiff                    Mond

50     100     150     200     250     300     350
in 1000 km

**Abb. 24.2** Weg von Apollo 11 zum Mond nach den Berechnungen von Richard Arenstorf. (© Patrick Nugent)

auf einer von Arenstorfs Umlaufbahnen sowohl Erde wie Mond umrunden. 1963 gelang es ihm, eine ganze Familie solcher Bahnen zu berechnen. Es zeigte sich, dass eine Arenstorf-Umlaufbahn einer Acht mit der Erde und dem Mond in den beiden Schlaufen ähnelt. Diese Umlaufbahnen sind stabil und periodisch, das heißt, sie stellen sich immer wieder von selbst ein und vermeiden das Chaos, das mit dem allgemeinen Dreikörperproblem verbunden ist (Abb. 24.2). Arenstorf hatte sogar die Vision von einem „Weltraumbus", der statt eines Satelliten, der die Erde umrundet, ständig auf einer solchen Bahn fliegen soll.

Der Weltraumbus ist Zukunftsmusik, aber Arenstorfs Umlaufbahnen haben sich in vielen Fällen als der richtige Weg für Reisen zum Mond erwiesen. Das Raumschiff benützt seine Raketenstufen, um von der Erde abzuheben und in die Umlaufbahn zu kommen. Gelingt das exakt und fliegt es mit der richtigen Geschwindigkeit in die richtige Richtung, erledigt die Schwerkraft den Rest der Arbeit. Für das Raumschiff bleibt nur noch die Aufgabe, vom Mond wieder wegzukommen.

Mehr noch: Indem Arenstorf einige komplizierte Rechnungen auf einem der frühen Computer durchführte, konnte er die Umlaufbahnen möglichst nah an den Oberflächen von Mond und Erde verlaufen lassen und damit Start und Landung jeweils so effizient wie möglich machen. 1966 wurde Arenstorf in Anerkennung seiner Erfolge mit der Medal for Exceptional Scientific Achievment der NASA ausgezeichnet. Es ist keine Übertreibung zu sagen, dass die Entdeckung der Arenstorf-Umlaufbahnen der mathematische Durchbruch war, der den historischen Ausflug von Apollo 11 zum Mond ermöglichte.

„Ein kleiner Schritt für den Menschen, aber ein gewaltiger Schritt für die Menschheit." Dieser Satz fasste den Triumph der Astronauten von 1969 zusammen. Auch die Mathematiker machten mit Arenstorfs Sieg über eine Version des tückischen Dreikörperproblems einen gewaltigen Schritt voran. Das war aber weder das letzte Mal, dass sich Forscher mit dem Dreikörperproblem befassten, noch war es das letzte Mal, dass der mathematische Fortschritt uns weiter hinaus ins All führte. Die unbemannte Raumfahrt, die Voyager-Raumsonden eingeschlossen, hat uns weit jenseits von Jupiter, Saturn, Uranus und Neptun vordringen lassen. Inzwischen haben die Sonden das Sonnensystem verlassen und sind der Schwerkraft der Sonne entkommen. Das gelang ihnen, indem sie nahe an Planeten vorbeiflogen, dort Fahrt aufnahmen und damit weiter weg von der Sonne geschleudert wurden. Das ist ein weiterer Trick, der durch eine sorgfältige Analyse des Dreikörperproblems ermöglicht wurde.

# 25

## Tulpenspekulation und Hedgefonds

### *Futures, Optionen und das Auf und Ab der Finanzmärkte*

Als 2007/2008 die Finanzkrise „ausbrach" und die Kredite platzten, waren es ganz besonders die Besitzer von zweitklassigen amerikanischen Hypotheken, deren Profite abstürzten. Das Ansehen der Banken fiel auf den tiefsten Punkt in der modernen Geschichte. Ihre glitzernden Finanzmodelle und exotischen Produkte sahen nun so schäbig aus wie des Kaisers neue Kleider. Zu den Hochglanzprodukten der Banken, die ihnen die meiste Schande einbrachten, gehörten die Derivate. Diese komplexen Finanzinstrumente wurden von vielen als die Ursache angesehen, dass sich die Kreditblase gefüllt hatte, die irgendwann platzen musste.

Die Finanzmodelle, die Banker verwenden, um den Wert von Waren und Produkten (Schulden eingeschlossen) zu bestimmen, sind zweifellos kompliziert. Trotzdem sind die Grundideen hinter dem Derivatehandel überraschend simpel. Es gibt sie auch schon sehr lange: Vor etwa 400 Jahren fand eines der ungewöhnlichsten Ereignisse in der Geschichte der Ökonomie statt, die Entstehung und das Platzen der holländischen Tulpenblase.

# Futures für den Profit, Optionen gegen das Risiko

Einige Jahrzehnte vor den 1630ern begannen die Tulpen die Gefühle der Europäer zu fesseln, nachdem die ersten Exemplare aus dem Osmanischen Reich eingeführt worden waren. Diese Blumen wurden zu Luxusgegenständen und Statussymbolen – und ihr Preis stieg. Neue Sorten wurden gezüchtet und eingeführt, und spezielle Tulpenhändler begannen, riesige Profite einzustreichen.

Solche Moden kommen und gehen natürlich, aber so etwas, wie den sprunghaften Anstieg des holländischen Tulpenmarktes zwischen November 1636 und Februar 1637 hatte es bisher noch nie gegeben. Die Preise erreichten immer neue Rekorde, nachdem einzelne Tulpenzwiebeln mehr Geld einbrachten, als ein Handwerker in zehn Jahren verdienen konnte. Aber nicht jeder, der Tulpenzwiebeln kaufte, wollte mit den Blumen sein Heim schmücken. Die Leute rochen den Profit und waren bereit, ihr Land und anderes Eigentum zu verkaufen, um Tulpenzwiebeln zu erwerben. Sie erwarteten, die Zwiebeln später mit Profit weiterverkaufen zu können, aber im Februar 1637 war alles vorbei: Die Tulpenblase platzte, und der Wert der Tulpenzwiebeln sackte um 95 % ab. Das Vermögen vieler, die zur falschen Zeit investiert hatten, war verloren.

Es war nicht nur das besonders gewaltige Ausmaß der Tulpenblase, das diese Episode von anderen Aufstiegen und Abstürzen des Markts unterschied, sondern auch die technischen Details der verwendeten Finanzinstrumente. Es waren frühe Formen von Derivaten, wie sie auch heute noch weltweit gehandelt werden. Die bekanntesten sind Fortunes und Optionen. Sie sind aus dem Wunsch entstanden, sich gegen unbekannte Ereignisse in der Zukunft abzusichern und sind für die, die meinen, sie könnten die Zukunft vorhersagen, der Versuch, von diesem Wissen zu profitieren.

Um das Prinzip zu erklären, wollen wir einen kleinen Seitenweg einschlagen, der von den Tulpen zu Reis führt. Der Reismarkt ist ein weiterer unter den ältesten eingeführten Derivate-Märkten der Welt. Stellen wir uns vor, dass die Restaurantbesitzerin Alison vom Bauern Brian Reis kaufen will. Die beiden schließen einen Vertrag, wonach Brian in genau drei Monaten Alison 100 kg Reis für 1 € pro Kilo verkaufen wird. Dieser Vertrag ist ein „Future". Warum schließen die beiden so einen Vertrag? Es könnte sein, dass Alison den Reis jetzt nicht braucht und ihr Warenbudget besser planen kann, wenn sie weiß, wann sie wie viel Reis zu welchem Preis kaufen wird. Umgekehrt könnte es sein, dass der Bauer Brian gerade keinen Reis hat, weil die Ernte noch bevorsteht. Auch er kann von der Sicherheit profitieren, dass der Handel stattfinden wird. Es könnte auch andere praktische Gründe geben. Beide Vertragspartner haben den Vorteil, sich in den folgenden Monaten nicht um den Reispreis kümmern zu müssen. Er könnte steigen oder fallen, ohne dass das die beiden berührt. Anderson und Brian „hedgen" sich mit diesen Vereinbarungen gegen die Unwägbarkeiten des Marktes.

Die Möglichkeit, zu hedgen, ist nicht das einzige Motiv, mit Futures zu handeln. Es kann sein, dass eine Partei oder beide eine Profitmöglichkeit sehen. Das hängt davon ab, was jeder über den Reispreis in der Zeit zwischen Vertragsabschluss und Warenlieferung denkt. Nimmt Alison an, dass in den nächsten drei Monaten der Reis über 1 € pro Kilo ansteigt, kommt sie besser dabei weg, von Brian einen Future zu kaufen, statt später den Reis zum aktuellen Marktpreis. Vielleicht will sie ja überhaupt keinen Reis, hofft aber, den Reis unmittelbar nach Erhalt für 2 € je Kilo wieder verkaufen zu können und damit 100 € Gewinn einzustreichen. Sie hat also auf einen steigenden Reispreis gewettet.

Auch Brian hat vielleicht spekuliert, aber seine Hoffnung ist, dass die Reispreise fallen. Beträgt der Marktpreis nach drei Monaten nur noch 50 Cent je Kilo, fährt er mit dem Vertrag mit Alison besser, als wenn er seinen Reis zum Tagespreis verkauft. Wieder muss er nicht einmal eigenen Reis zu verkaufen haben. Er braucht nur Reis für 50 Cent pro Kilo zu kaufen und sofort für die vereinbarten 1 € pro Kilo an Alison weiterzuverkaufen, und schon hat er 50 € verdient.

Bei einer „Option" ist im Gegensatz zu einem „Future" Alison *nicht* verpflichtet, die vereinbarte Menge Reis zum vereinbarten Preis (dem sogenannten Basispreis der Option) zu kaufen, sondern hat nur die Garantie, den Kauf tätigen zu können, wenn sie es will. Brian kann dagegen aus dem Handel nicht aussteigen. Was kann aber Brian bei dem Handel gewinnen? Anscheinend nichts, deshalb wird er auf den Deal nur eingehen, wenn ihm Alison eine Prämie für sein Einverständnis zahlt. Sie kann schlimmstenfalls ihre Prämie verlieren und muss den Rest des Deals aufgeben.

Genauer gesagt ist dieser Deal eine „Call-Option". Die Alternative dazu wäre eine „Put-Option", bei der Brian zusagt, Alison zum vereinbarten Preis am vereinbarten Tag die vereinbarte Menge Reise zu liefern, es aber auch lassen kann. Jetzt muss Brian an Alison eine Prämie zahlen, weil sie nicht aussteigen darf.

## Tulpenmanie und Tulpenmisere

Zurück in die berauschenden Tage von 1636, als der Handel mit Tulpen-Futures um sich griff! Das war eine natürliche Entwicklung bei einem Produkt, das von den Jahreszeiten abhängig war, denn die Zwiebeln konnten nur im Sommer ausgegraben und verkauft werden. Im Rest des Jahres steckten sie im Boden, und es gab keinen realen Handel mit Zwiebeln. Im Herbst 1636 tauchte nun eine frappierende Idee auf, die von den holländischen Gerichten im folgenden Jahr gebilligt wurde. Mit den heutigen Begriffen formuliert wurden alle Tulpen-Futures automatisch in Call-Options verwandelt. Statt gezwungen zu sein, die Tulpen zum vereinbarten Preis zu kaufen, konnten die Käufer aussteigen und stattdessen eine kleine Gebühr zahlen, die als Ausgleich für den Verkäufer gedacht war und auf 3,5 % des Preises festgesetzt wurde.

Diese (im Nachhinein) desaströse Änderung heizte ein letztes verrücktes Strohfeuer des Tulpenhandels an. Verlockt von weiter steigenden Preisen, sagten die Käufer immer aberwitzigere Preise zu, wobei sie durch die Provisionen des neuen Sicherheitsnetzes gut abgesichert waren. Irgendwann erschien den Verkäufern aber alles zu riskant. Wenn sie aller Wahrscheinlichkeit nach nur 3,5 % des Verkaufspreises erhalten würden, sollte dieser Preis ganz besonders hoch sein.

Dann trat die Katastrophe ein, und der Tulpenmarkt brach zusammen. Die Spekulanten sahen keine Chance mehr, Profit zu machen und zahlten, um ihre Verluste zu begrenzen, die Provision. Als nun die Deals in großen Massen platzten, war niemand mehr bereit, die früheren hohen Preise zu zahlen. Verkäufer, die hohe finanzielle Risiken eingegangen waren, um sich am Markt einzudecken, blieben auf ihren wertlos gewordenen Zwiebeln sitzen.

## Die Brown'sche Molekularbewegung an der Börse

Die Mathematik stand seit der Zeit der Tauschgeschäfte im Mittelpunkt des Handels. Aber die moderne Finanzmathematik musste nach dem Tulpen-Crash noch 250 Jahre auf ihr Aufblühen warten. Am Beginn des 20. Jahrhunderts war dann die Preisgestaltung von Optionen eines ihrer Hauptuntersuchungsobjekte. Der französische Mathematiker Louis Bachelier (1870–1946) setzte alles daran, um die Regeln und Bedingungen zu überdenken, denen Käufer und Verkäufer zustimmen könnten. Kehren wir zu unserem Beispiel mit Alice und Brian zurück. Wenn Alison eine Call-Option von Brian kaufen will, welche Prämie sollte dann Brian von ihr verlangen? Und worauf sollte sich Alison einlassen? Und wenn Alison schon nach einem Monat ihre Option an einen Dritten verkaufen will, was könnte sie verlangen?

Bevor sich Bachelier mit diesen Fragen befassen konnte, musste er Wege finden, die unvorhersagbaren Hochs und Tiefs des Preises der zugrunde liegenden Waren zu beschreiben – des Preises von Tulpen, von Reis oder was auch immer. Er entwickelte einen neuen Ansatz dafür, der später, als er in einem ganz anderen Zusammenhang wiederentdeckt wurde, den Namen „Brown'sche Molekularbewegung" bekam.

Sie ist nach dem Botaniker Robert Brown (1773–1858) benannt, der sich fragte, welche Kräfte die scheinbar zufälligen Bewegungen kleiner Bruchstücke von Pollenkörnern in Wasser verursachten. Diese Frage wurde später von Albert Einstein beantwortet, der ein mathematisches Modell für Teilchen in Wasser aufstellte, die ständig von Milliarden von Wassermolekülen hin und her gewirbelt werden. Experimente durch Jean-Baptiste Perrin (1870–1942) zeigten, dass Einsteins mathematisches Modell die Wirklichkeit hervorragend beschreibt. Dieser Triumph war das letzte ausschlaggebende Beweisstück dafür, dass Materie aus Molekülen besteht. Die Finanzmathematik kann mit Recht darauf stolz sein, dass Bachelier sein Modell unabhängig von Einstein und lange vor ihm entwickelt hatte.

Bacheliers Modell beginnt mit einem Term $B_t$ für die Brown'sche Molekularbewegung, wobei t die Zeit repräsentiert. Im Verlauf der Zeit nimmt $B_t$ per Zufall zu oder ab. Nun bestimmt $B_t$ den Preis der Ware nicht allein. Bei der Brown'schen Molekularbewegung nehmen wir an, dass das Teilchen zur Zeit $t = 0$ noch ruht und wir ab dann seine Bewegung analysieren. Im Kontext des Marktgeschehens beginnt die Ware aber nicht mit dem Preis 0. Um das zu korrigieren, addieren wir $S_0$, den Anfangspreis der Ware, also den Preis zur Zeit $t = 0$.

Einige Preise schwanken erheblich, während andere eher konstant sind. Diese Schwankungsintensität nennt man *Volatilität v*. Das Produkt aus $B_t$ und $v$ wird die Schwankungen des Preises entweder verstärken oder dämpfen. Führen wir das alles zusammen, gilt für den Preis der Ware $S_t$ zur Zeit $t$ bei einem Anfangspreis $S_0$ und einer zufälligen Änderung $B_t$, verstärkt durch die Volatilität $v$:

$$S_t = S_0 + v \cdot B_t.$$

Können wir nun auf der Basis dieses Modells sagen, was eine Option wert ist? Die Antwort ist: die Differenz zwischen dem Marktpreis $S_T$ am Tag der Abrechnung (d. h. zur Zeit $T$) und dem vereinbarten Basispreis $K$. Wie viel sollte jemand für eine Option zahlen? Hier ist die Antwort: nicht mehr als $S_T - K$. Das Problem ist natürlich, dass man $S_T$ nicht kennt, bevor die Zeit $T$ erreicht ist. Zum Glück erlaubt uns aber Bacheliers Formel, den Preis $S_T$ im Voraus abzuschätzen.

Die entscheidende Größe ist der erwartete Preis, der ungefähr dem Durchschnitt aller möglichen Preise entspricht, die gemäß ihrer Wahrscheinlichkeit gewichtet werden (siehe Kap. 15). Bachelier argumentiert also, dass der korrekte Preis einer Option der Erwartungswert von $S_T$ $K$ ist. Mehr noch: Eine genauere Analyse der Brown'schen Molekularbewegung erlaubt ihm, eine explizite Gleichung für diese Wert anzugeben. In sie können Händler die relevanten Parameter (Volatilität, Anfangspreis, Zeit bis zur Einlösung der Option) eingeben, dann lösen sie die Gleichung und entscheiden, ob die Option ein guter Deal ist oder nicht. Das ist natürlich ein Durchschnittsresultat, das manchmal zu niedrig, manchmal zu hoch ausfallen wird. Insgesamt gesehen bringt das Verfahren aber passable Ergebnisse.

Bacheliers Modell wurde später in Finanzkreisen von einem anderen Modell verdrängt, das in den 1970ern von den amerikanischen Wirtschaftswissenschaftlern Fischer Black und Myron Scholes entwickelt wurde und zum Standard in der Industrie aufstieg. Ihr Ansatz ist im Wesentlichen gleich: Man fängt mit der Brown'schen Molekularbewegung an und benützt sie, zusammen mit einem Maß für die Volatilität, um den Preis der Waren zu modellieren. Dann berechnet man den Erwartungswert und zuletzt leitet man eine Formel für den Preis einer Option ab. Die einzige Differenz ist technischer Art. Während das Modell von Bachelier auf einer Standardform der Brown'schen Molekularbewegung aufgebaut ist ($B_t$), benützen Black und Scholes eine geometrische Brown'sche Molekularbewegung der Form $e^{B_t}$, in der wieder die Zahl $e$ auftaucht (etwa 2,718), eine Zahl, die eine herausragende Rolle bei mathematischen Ansätzen spielt, mit denen das Wachstum gemessen wird.

Zwischen den beiden Modellen gibt es einen feinen Unterschied: Die gewöhnliche Brown'sche Molekularbewegung ändert sich auf additive Weise, will man also die Änderungen über zwei Monate berechnen, addiert man die Änderungen jedes Einzelmonats. Im geometrischen Modell von Black und Scholes multipliziert man die Änderungen, wie man Zinssätze multipliziert (siehe Kap. 2). Die Änderung erlaubte, zusätzliche ökonomische Hintergrunddaten in das Modell einzubauen, wie beispielsweise den zugrunde liegenden Zinssatz.

# Die Welt der Derivate

Das Modell von Black und Scholes ist heute noch das Standardverfahren für den Handel mit Optionen. Zum großen Teil hat es gut mit der Erfahrung übereingestimmt. Auf jeden Fall haben viele Leute damit viel Geld gemacht. Zur gleichen Zeit hat aber die Finanzkrise des 21. Jahrhunderts wie nie zuvor den ganzen Apparat und Mechanismus der Finanzspekulationen in ein schlechtes Licht gerückt. Zu den Bedenken gehört, dass Derivate Meta-Produkte sind. Einfach gesagt: Es sind Wetten auf den Preis der zugrunde liegenden Waren, oder, noch mehr reduziert: Es sind Wetten auf diese Wetten. Die Expansion des Derivate-Markts zeigt aber, dass diese Papiere ein Eigenleben entwickelt haben und nun ihr Wert den Wert der Waren in den Schatten stellt, von dem sie eigentlich abgeleitet wurden. 2010 schätzte der Analyst Paul Wilmott den Nominalwert des internationalen Derivatemarktes auf 1,2 Billiarden US-Dollar. Das ist 20 Mal mehr als das jährliche Bruttoinlandsprodukt aller Länder dieser Erde.

Nassim Nicholas Taleb gehört zu den heftigsten Kritikern der Formel von Black und Scholes und ähnlicher Instrumente. Er greift die Grundfeste der Finanzmathematik an: Bacheliers Brown'sche Molekularbewegung. Während diese die Schwankungen des Marktes von Tag zu Tag befriedigend beschreibt, scheitert sie bei der Abschätzung langfristiger Abläufe und unvorhergesehener Desaster – angefangen vom Platzen einer Blase (Tulpen 1637, Immobilienmarkt der USA 2007) bis zu vom Menschen verursachten oder natürlichen Katastrophen wie dem 11. September oder dem Tsunami in Japan von 2011. Taleb bezeichnet solche einmalige, das ganze Spiel ändernde Ereignisse als „schwarze Schwäne". Werden sie vom Modell übersehen, können sie den Markt in einen Zustand völliger Konfusion bringen.

Mit klug angewandten Modellen können Einzelne, ein Unternehmen oder ganze Länder reich werden. Die traditionelle Vorsicht und das Wissen um die Grenzen von Gleichungen und das Unvorhersagbare im Leben bleiben aber ein wesentlicher – und manchmal vergessener – Grundpfeiler der Finanzwelt. Nach den Worten von Emanuel Derman und Paul Wilmott, die nach dem Finanzcrash von 2007/2008 ihr Buch *Financial Modeliers' Manifesto* online veröffentlichten, gilt: „Unsere Erfahrungen in der finanziellen Arena haben uns gelehrt, bei der Anwendung der Mathematik auf Märkte demütig zu bleiben und gegenüber anspruchsvollen Theorien, die letzten Endes versuchen, das menschliche Verhalten zu modellieren, extrem skeptisch zu sein. Wir schätzen Einfachheit, aber wir wollen doch darauf hinweisen, dass unsere *Modelle* simpel sind – und nicht die *Welt*."

# 26

# Ärger im Lehrerzimmer
## Die trickreiche Welt der Stundenpläne

Glück hat, wer zur rechten Zeit am rechten Platz ist. Das kann zu einem erfolgreichen Durchbruch führen, der in eine glänzende Karriere mündet. Auf einer banaleren und wörtlicheren Ebene, aber ebenfalls für die Karriereaussichten ganz praktisch, gehört es zur alltäglichen Routine von Schülern, Studenten und ihren Lehrern und ist in ganz unauffälligen Stundenplänen eingefangen. In der Regel ist es aber ziemlich schwierig, sich ein derartiges Schema von Unterrichtsstunden und Aktivitäten zu überlegen.

Die Organisatoren müssen einen kühlen Kopf bewahren und viele Hürden überwinden, bevor alles funktioniert: Die Unterrichtsfächer, Jahrgänge, Klassen, Lehrer (Vollzeit- und Teilzeitlehrer), Räume (und deren Ausstattung), das Budget, die Aktivitäten außerhalb des Lehrplans und noch vieles mehr müssen koordiniert werden. Die Aufgabe steckt voller Fallstricke und stellt eine gewaltige Herausforderung dar: Man erzeugt beim Versuch, sie zu lösen, gigantische Zahlen und wird mit der größten Frage konfrontiert, mit der sich die theoretische Computerwissenschaft heute beschäftigt.

In der Fachsprache der Mathematik gehört das Erstellen von Stundenplänen zum Themenbereich der Zeitplanerstellung oder Zeitablaufsteuerung („scheduling"), die in der Logistik, bei der Produktion und überall in Organisationen und Bildungseinrichtungen wie Schulen und Universitäten notwendig ist. Will man beispielsweise ein Auto bauen, können einige Arbeiten parallel abgewickelt werden, etwa das Zusammenbauen des Motors und die Montage der Türen. Andere Arbeiten müssen aber in einer besonderen Reihenfolge erfolgen. Es ist keine gute Idee, die Räder zu montieren, bevor die Antriebswelle eingebaut ist. (Oder, wie das deutsche Sprichwort sagt: „Zuerst die Hose, dann die Schuhe.") Solche Überlegungen haben Henry Ford auf die Idee mit dem Fließband gebracht. Ein Stundenplan in der Schule mag zu den einfacheren Zeitablaufplanungen gehören, weil er nur dafür zu sorgen hat, Konflikte zu vermeiden und nicht dafür, bestimmte Reihenfolgen einzuhalten. Dadurch wird das Problem aber ganz und gar nicht leichter, und es gibt keine schnellen Patentlösungen.

Mathematiker beschreiben das Erstellen von Stundenplänen in der Terminologie der Netzwerke, was zunächst etwas überraschen mag. Wir beginnen mit einer Liste der zu erledigenden Aufgaben, die vielleicht die Unterrichtsstunden an einem Tag umfasst: Physik für die 7. Klasse, Englisch für die 9. Klasse usw. Jeder dieser Aufgaben ordnen wir einem Knoten im Netzwerk zu. Das Hauptproblem ist, dass viele der Aufgaben nicht gleichzeitig erledigt werden können. Wir berücksichtigen das, indem wir die entsprechenden Aufgabenpaare mit einer Linie verbinden. So wird beispielsweise der Knoten, der Englisch für die 9. Klasse durch Studienrat Suckfüll darstellt, mit dem Knoten verbunden, der Chemie für die gleiche 9. Klasse durch

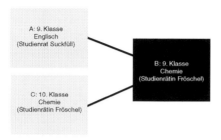

**Abb. 26.1** Dieses kleine Netzwerk hat die chromatische Zahl 2, da A und C jeweils in Konflikt mit B stehen, aber nicht miteinander. Für größere Netzwerke ist dieser Wert schwer zu bestimmen. (© Patrick Nugent)

Studienrätin Fröschel vorsieht – ein Knoten, der wiederum mit dem Knoten Chemie für die 10. Klasse ebenfalls durch Frau Fröschel verbunden ist usw. Unser Beispiel besteht nun aus drei Knoten, wobei A mit B und B mit C verbunden ist, nicht aber C mit A (Abb. 26.1).

Haben wir nun diesen Graph mit seinen Knoten und Verbindungslinien, ist das Nächste, Farbe ins Bild zu bringen. Dazu weisen wir jedem Knoten eine Farbe zu, achten aber darauf, dass keine Linie zwei Knoten gleicher Farbe verbindet. Rot könnte dann für die Stunde 9–10 Uhr stehen, Grün für 10–11 usw. Solange wir keine gleichfarbigen Knoten verbinden, gibt es keinen Ärger mit Überschneidungen der Zeitfenster. Wir sind nun aber bei einer wichtigen Frage angekommen: Wie viele verschiedene Farben sind mindestens nötig? Für Mathematiker ist diese Zahl die „chromatische Zahl" des Netzwerks, und für unsere Schule repräsentiert sie eine fundamentale Information: Wie viele Zeitfenster sind nötig, damit alle Unterrichtsstunden gehalten werden können? Übersteigt die chromatische Zahl die Zahl der verfügbaren Zeitfenster an einem Schultag, ist das Organisationsproblem nicht zu lösen. Aber angenommen, das ist nicht der Fall. Hat man dann die chromatische Zahl bestimmt? Gibt es möglicherweise verschiedene Möglichkeiten der Farbzuweisung und mehrere gleichwertige Stundenpläne?

## Gibt es den idealen Plan?

Bis jetzt klingt diese Diskussion über Knoten und Farben nach einem unterhaltsamen Zeitvertreib mit Kreide, Bleistift und Lineal und nach der Hoffnung auf eine plötzlich auftauchende gute Idee, wie alles seinen richtigen Platz finden kann. Es ist aber leider ganz anders. Die Mathematiker haben solche Aufgaben in den letzten Jahrzehnten intensiv untersucht und kamen für die Gestalter von Stundenplänen zu einem entmutigenden Ergebnis. Allein das Finden der chromatischen Zahl eines Netzwerks ist schon ein schwieriges Problem, das im Mathematikerjargon „NP-Vollständigkeitsproblem" genannt wird. Seine Lösung ist sehr zeitaufwendig. Im Allgemeinen ist es unwahrscheinlich, dass man schnell eine Lösung findet! (Was NP bedeutet, wird weiter unten erklärt.)

Natürlich sind Kreide, Bleistift und Lineal schon vor Jahren in der Schublade verschwunden, und man könnte nun fragen, was im Computerzeitalter „schwierig" und „zeitaufwendig" bedeutet. Die Antwort auf diese Fragen ist auch von der verwendeten Software, der Rechenleistung des Computers und der Genialität der Methode abhängig, oder? Das ist alles wahr, aber es gibt noch etwas Kompliziertes bei der Aufgabe, das absolut objektiv und weitgehend unabhängig von den Fortschritten der Technik ist. Es fällt in den Bereich der Rechenkomplexität, in ein Gebiet, das sowohl in den Mathematik-Fakultäten der Universitäten wie auch in den Forschungslabors der Softwarefirmen untersucht wird. Die Idee ist, die Komplexität einer Aufgabe zu quantifizieren, indem man die Mindestzahl der Schritte zu ihrer Lösung angibt: Je weniger Schritte nötig sind, umso leichter ist die Aufgabe.

Offensichtlich spielt dabei die Größe des Netzwerks eine Rolle. Dabei ist die entscheidende Frage, wie stark der Rechenbedarf bei zunehmender Netzwerkgröße ansteigt. Die Forschung hat bisher dazu festgestellt, dass man in einem allgemeinen Netzwerk mit $n$ Knoten etwa $2^n$ Schritte benötigt (das ist $n$ Mal 2 mit sich selbst multipliziert), um die chromatische Zahl zu bestimmen. Das sind ziemlich schlechte Nachrichten, denn der Ausdruck wächst mit zunehmendem $n$ rasant an. Während man bei $n = 10$ noch mit $2^{10}$ Schritten auskommt, sind es bei einem Netzwerk mit 30 Knoten schon $2^{30}$ Schritte, also mehr als einer Milliarde. Es ist leicht zu sehen, dass diese Rechnungen explodieren und außer Kontrolle geraten. Ein Netzwerk mit 90 Knoten (was einem Stundenplan mit 90 verschiedenen Unterrichtsstunden entspricht) benötigt schon eine Computerleistung, die die Lebenszeit des Universums übersteigt, selbst wenn jeder Schritt nur eine Nanosekunde dauert. Das ist die verheerende Macht des exponentiellen Wachstums!

# To P or not to P – das ist die polynomische Frage

Es ist aber nicht alles verloren. Die meisten praktischen Computerprogramme gehören zu den freundlicheren Algorithmen mit polynomischem Wachstum. Um zu verdeutlichen, was das heißt, wollen wir uns eine brandneue Methode zur Analyse von Netzwerken vorstellen, die mit nur $n^2$ Schritten die chromatische Zahl eines Netzwerks mit $n$ Knoten berechnen kann. Das würde eine gigantische Beschleunigung darstellen. Für ein Netzwerk mit 10 Knoten würde man nur 100 Schritte benötigen und bei 90 Knoten 8100 Schritte, was ein moderner Computer-Prozessor in einem Augenblick erledigt, statt das Lebensalter des Universums zu brauchen.

Für den geübten Blick wird die Geschwindigkeit der beiden Algorithmen schon in den beiden algebraischen Ausdrücken deutlich: dem exponentiellen mit $2^n$ und dem polynomialen mit $n^2$. Andere Beispiele polynomialer Ausdrücke wären $n^3$, $n^4$ oder $n^5$. Diese algebraischen Kennzahlen erlauben uns, die Schwierigkeit der Aufgaben zu klassifizieren. Man weiß, dass es viele Aufgaben gibt, die innerhalb einer „polynomialen" Zeit gelöst werden können. Die Klasse solcher polynomial lösbarer Aufgaben wird traditionellerweise einfach mit P bezeichnet. Eine hilfreiche und in gewisser Weise vereinfachte Faustregel besagt, dass zu P alle Aufgaben gehören, die mit einem Algorithmus gelöst werden können, der schnell genug ist, um in der realen Welt nützlich zu sein.

Für unsere herausfordernde Aufgabe, einen Stundenplan zu entwerfen, wäre ein Algorithmus ein Segen, der die Aufgabe schnell, das heißt in einer polynomialen Zeit erledigen könnte. Gibt es diesen Algorithmus? Die theoretische Frage ist, ob die Stundenplan-Aufgabe innerhalb der P-Klasse liegt. Die schlechte Nachricht ist, dass sie das, soweit wir wissen, nicht tut.

Es gibt aber eine ganz ähnliche Aufgabe wie die mit dem Stundenplan, die schnell erledigt werden kann, nämlich eine Lösung auf ihre Tauglichkeit zu überprüfen. Wenn wir uns ein 90-knotiges Netzwerk vorstellen, das einem Stundenplan-Problem entspricht und beispielsweise mit nur acht Farben auskommt, können wir ziemlich schnell herausfinden, ob die angebotene Lösung unsere Erwartung erfüllt. Wir müssen nur alle Verbindungslinien daraufhin überprüfen, ob darin zwei Knoten gleicher Farbe verbunden werden. Lösungen dieser Art können zwar in polynomialer Zeit *überprüft* werden, die Lösung zu finden, ist aber sehr schwer, da das Stundenplan-Problem „in NP" ist (ein Fachausdruck, der ausdrückt, dass das Problem nur in „Nicht deterministischer Polynormaler Zeit" gelöst werden kann).

Und genau da liegt das Problem. Das größte Rätsel der theoretischen Computerwissenschaft ist, ob jede Aufgabe die zur Klasse NP gehört, auch zu P gehört. Auf den ersten Blick ist die Antwort ein Nein. Es ist auch wahr, dass die meisten (aber nicht alle) Computerwissenschaftler glauben, dass P nicht in dieser Weise NP gleichen kann. Manchmal wird behauptet, dass das von den Mathematikern längst als ein Grundgesetz des Universums akzeptiert worden wäre,

wenn sie nur die Anforderungen an Beweise für sich übernommen hätten, wie sie in anderen Wissenschaften gelten.
In den 50 Jahren, nachdem der österreichische Mathematiker Kurt Gödel (1906–1978) zum ersten Mal auf diese
Frage hingewiesen hat, haben sich viele talentierte Gelehrte
intensiv dieser Frage gewidmet, darunter vor allem Stephen
Cook, Leonid Levin und Richard Karp, deren Analyse in
den frühen 1970er Jahren die Frage zu einer der größten in
der gesamten Mathematik aufwertete. Die Früchte dieser
Forschungsarbeit ist, dass es bestimmte Aufgaben zu geben
scheint – darunter das Erstellen von Stundenplänen –, die
sich in NP, aber nicht in P befinden.

Die Mathematiker legen aber ganz andere, viel strengere
Maßstäbe an. Für sie ist es nicht ausreichend, nur festzustellen, dass Stundenpläne nicht in P zu liegen *scheinen*. Nötig
ist ein felsenfester Beweis dafür. Der ist aber bis heute nicht
in Sicht – weder für das Erstellen von Stundenplänen, noch
für irgendwelche andere NP-Aufgaben.

Stundenpläne zu erstellen ist wirklich etwas Besonderes.
Es ist nicht nur in NP, es ist auch „NP-komplett". Das bedeutet, es ist unter den NP-Aufgaben „maximal schwierig",
und wenn irgendeine NP-Aufgabe außerhalb von P liegt
(d. h. definitiv nicht polynomial berechenbar ist), gilt das
auch für das Erstellen von Stundenplänen. Umgekehrt gilt,
dass das so bescheidene Stundenplan-Problem eine unerwartete Bedeutung bekommt: Findet jemand einen schnellen Weg, um es ganz allgemein zu knacken, wäre das einer
der größten und überraschendsten Erfolge der modernen
Mathematik, da daraus automatisch folgen würde, dass damit auch der Beweis P = NP erbracht wäre.

# Probieren geht über Studieren – eine mathematische Notlösung

Man würde nun jedem die Frage verzeihen, wie es denn auch nur einer Schule auf Erden gelingen konnte, funktionierende Stundenpläne aufzustellen, wenn diese doch mathematische Rätsel derart monströsen Ausmaßes bergen. Sicher werden sich nur wenige, die damit beauftragt sind, Stundenpläne aufzustellen, in den doppelten Terror von exponentiellem Wachstum und NP-Vollständigkeit begeben wollen. Die Wahrheit ist, dass es zwar keine mathematisch perfekte Lösung gibt, dass es aber Notlösungen gibt, mit deren Hilfe man mit dem Computer individuell zugeschnittene Verkörperungen des Problems bearbeiten kann.

Zuerst einmal muss man nicht unbedingt die chromatische Zahl des Graphs kennen. Die Zahl der Zeitfenster an einem Schultag liegt in der Regel fest. Wenn sieben Unterrichtsstunden vorgesehen sind, bringt es keinen Vorteil, den gesamten Stundenplan in sechs Stunden zu pressen, selbst wenn das möglich wäre. Wir brauchen also nicht die allerbeste mögliche Lösung, sondern sind auch mit einer zufrieden, die gut genug ist.

Zweitens bezieht sich die NP-Vollständigkeit auf das Problem in seiner allgemeinsten Form, also darauf, eine Methode zur Bestimmung der chromatischen Zahl für *jedes* irgendwie denkbare Netzwerk zu finden. Unter bestimmten Voraussetzungen kann aber das Netzwerk vorgeprägt sein, sodass das Problem leichter zu lösen ist. Eine solche Vereinfachung ist, dass jede Schulklasse in etwa gleich viele Unterrichtsstunden hat und dass das Gleiche auch für die

Arbeitszeiten der Lehrer gilt. Dadurch erhält das Netzwerk insgesamt eine Symmetrie, die man ausnützen kann, indem man einen sogenannten „genetischen" Algorithmus anwendet.

In den vergangenen Jahren sind genetische Algorithmen beliebte, praktische Werkzeuge geworden. Sie entstammen der Forschung im Bereich der Künstlichen Intelligenz (siehe Kap. 8) und suchen nicht nach der optimalen Antwort wie es ein traditionelles Computerprogramm tun würde. Sie raten stattdessen, dann versuchen sie, das Ergebnis zu verfeinern oder anzupassen und „erfühlen" sich sozusagen ihren Weg zu einer praktikablen Gesamtlösung. Man geht so vor, dass man einige Knoten des Netzwerks zufällig einfärbt und versucht, diese eingefärbten Regionen zu erweitern, wobei man Konflikte vermeidet, Änderungen zulässt oder auch wieder einen Schritt rückgängig macht. Der Begriff „genetischer Algorithmus" wurde in Analogie zur Evolution gewählt, die auf dem zweistufigen Prozess der zufälligen Mutation (die „Wahl") und der darauf folgenden natürlichen Selektion (die „Verbesserung") beruht. Dieser Ansatz ähnelt verblüffend der Art und Weise, wie ein Mensch solche Probleme angreifen würde, wobei der Computer den Vorteil der hohen Geschwindigkeit hat, nie gelangweilt ist und keine Frustration kennt (außer wenn er abstürzt). Wir sind also auf seltsamen Umwegen letzten Endes wieder bei Kreide, Bleistift und Lineal gelandet und probieren aus, wie wir zum Ziel kommen.

Heute werden genetische Algorithmen in allen möglichen toppaktuellen Anwendungen eingesetzt – vom Knacken von Codes bis zur künstlichen Kreativität, der Erzeugung von Bildern oder von Musik durch den Computer. Unter diesen spannenden Manifestationen der Möglichkeiten des 21. Jahrhunderts befindet sich aber offensichtlich auch das trostlose Problem, Stundenpläne zu entwerfen: eine trügerisch banale Angelegenheit mit wirklich bemerkenswerten versteckten Tiefen.

# 27

## Es werde Licht!
### Der große Nutzen der geometrischen Optik

Von kosmischen Weiten bis in mikroskopische Nähen können wir im 21. Jahrhundert mehr sehen als je zuvor – und das bis ins allerkleinste Detail. Es ist keine Übertreibung zu sagen, dass die optische Linse und der gewölbte Vergrößerungsspiegel zwei der größten Durchbrüche in der Geschichte der Menschheit darstellen. Sie haben die Art und Weise revolutioniert, wie wir uns selbst, die Welt um uns herum und das ganze Universum wahrnehmen. Die Optik hat unzählige Anwendungen gefunden, die von unmittelbar praktischen Dingen bis zur vordersten Front der Wissenschaft reichen. Und allen liegen ein paar fundamentale geometrische Ideen zugrunde.

Die Linse selbst wurde nicht nur einmal erfunden. Im 9. Jahrhundert gab es schon „Lesesteine", die aus rudimentären Linsen bestanden, und das allgemeine Phänomen von Menschen hergestellter Vergrößerungslinsen geht bis auf die Assyrer um 1000 v. Chr. zurück. Aber erst in der frühen europäischen Renaissance machte die optische Technik ernsthafte Fortschritte mit der ersten Brille, die um 1300 in Italien geschaffen wurde. Die Verwendung von Linsen für wissenschaftliche Beobachtungen musste noch bis in das frühe 17. Jahrhundert warten, als die neuen Erfindungen des Mikroskops und des Teleskops eine Schlüsselrolle bei der wissenschaftlichen Revolution und bei der Etablierung des heliozentrischen Planetensystems spielten (siehe Kap. 7). Supergelehrte wie Isaac Newton erforschten in dieser Zeit die Eigenschaften des Lichts. Mit Experimenten mit ungewöhnlich geformten Spiegeln legte Newton die Grundlagen für die Technik der modernen Astronomie.

Um solche optischen Geräte, die Vorgänger unserer heutigen Mikroskope und Teleskope zu schaffen, musste man zuerst die Geometrie verstehen, die hinter der Reflexion, Brechung, Beugung und Bündelung von Licht steht.

## Gewölbte Spiegel

Das Prinzip eines konventionellen flachen Spiegels ist ganz einfach: Seine Oberfläche wirft Licht, das unter einem bestimmten Winkel einfällt mit dem gleichen Winkel, aber in entgegengesetzte Richtung zurück. Ein Laserstrahl, der von links im Winkel von 30° zu einer gedachten Senkrechten auf der Oberfläche auf einen Spiegel fällt, wird im Winkel von 30° nach rechts reflektiert. In dieser Hinsicht hat das Licht nichts Besonderes. Bei gleichen Randbedingungen reagiert es wie Schallwellen oder auch wie ein Ball, der gegen eine Wand geworfen wird.

Ein Gerät wie das Blitzlicht profitiert aber von einem weit exotischer geformten Spiegel, der das Licht der Birne reflektiert: Er hat die Gestalt eines Paraboloiden. Ohne diesen Spiegel würde das Blitzlichtbirnchen sein Licht in alle Richtungen verteilen. Der reflektierende Hintergrund

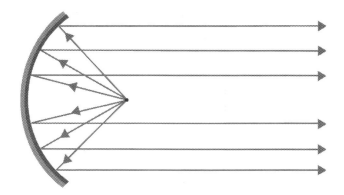

**Abb. 27.1**   Die Birne im Brennpunkt eines parabolischen Spiegels erzeugt perfekt parallele Lichtstrahlen, was für den Bau optischer Geräte von großer Bedeutung ist. (© Patrick Nugent)

ist also nötig, um das Licht zu bündeln. Idealerweise sollte das Licht parallel nach vorn strahlen und einen schönen direkten Strahl anstelle des Streulichts bilden.

Die geometrische Definition des Paraboloids ist, dass er alle Punkte umfasst, deren Abstand von einem festen Punkt (dem Brennpunkt) gleich dem von einer ebenen Fläche (der Leitfläche) ist. Beim Blitzlicht ist im Brennpunkt das Birnchen montiert. Während das Blitzlicht ein technischer Newcomer ist, hat die Parabelform schon die alten Griechen fasziniert. Trifft ein horizontaler Lichtstrahl auf einen Punkt des Spiegels, wird er so reflektiert, dass er in Richtung Brennpunkt geht. Umgekehrt garantiert die Spiegelform, dass das Licht eines Birnchens im Brennpunkt den Spiegel horizontal verlässt (Abb. 27.1).

Das gleiche Prinzip gilt auch für Radioteleskope und Satellitenschüsseln, die ebenfalls eine parabolische reflektierende Oberfläche haben. In diesem Fall treffen die Radiowellen parallel ein und werden, wenn der Spiegel gut justiert ist, alle im Brennpunkt gebündelt, wo genau der Sensor für den Empfänger angebracht ist.

## Brechung, Beugung und alle Farben des Regenbogens

Licht, das auf eine Oberfläche trifft, wird reflektiert. Es wird hingegen gebrochen, wenn es von einem Medium in ein anderes übertritt. Das zeigt die vertraute Erfahrung, dass uns ein Stock, der zur Hälfte im Wasser steht, geknickt erscheint. Auch der Stöpsel in der Badewanne sitzt nicht dort, wo ihn unser Auge vermutet, weil das Licht, das von ihm unter Wasser ausgeht, seine Richtung ein wenig ändert, wenn es durch die Wasseroberfläche in der Luft oberhalb des Wasserspiegels dringt und sich dann weiter auf dem Weg in unser Auge macht.

Diese Brechung des Lichts folgt aus der Tatsache, dass sich das Licht in verschiedenen Medien mit unterschiedlicher Geschwindigkeit ausbreitet. Der gewöhnlich angegebene Wert für die Lichtgeschwindigkeit – 299.792,458 km/s – gilt für das Vakuum. In Wasser wird das Licht auf 1/1,33 abgebremst, und in Glas breitet es sich noch langsamer aus. Hier ist der Faktor 1/1,62.

Die Zahlen 1,33 und 1,62 werden „Brechungsindex" genannt. Jedes Medium hat seinen eigenen Brechungsindex, der mathematisch durch $c/v$ definiert ist, also durch die Lichtgeschwindigkeit im Vakuum $c$, geteilt durch die Geschwindigkeit $v$ in dem jeweiligen Medium. Der Brechungsindex gibt also den Bremsfaktor für das Licht an. Entscheidend ist, dass der Brechungsindex eines Materials auch angibt, um welchen Winkel sich die Richtung eines Lichtstrahls beim Übergang von einem Medium zu einem anderen ändert.

Ein bedeutender Fortschritt wurde im 17. Jahrhundert von dem holländischen Astronomen Willebrord Snellius (1580–1626) gemacht. Das Snellius'sche Gesetz, wie es genannt wird, bildet die Grundlage für das fundamentale Brechungsgesetz. (Eigentlich ist es eine Art Neuentdeckung, denn das gleiche Gesetz wurde schon im 10. Jahrhundert von dem persischen Gelehrten Ibn Sahl erkannt.)

Um das Snellius'sche Gesetz verstehen zu können, müssen wir uns noch mit der Sinusfunktion befassen. Wenn wir uns einen Stab von 1 m Länge vorstellen, der im Winkel $\Theta$ gegenüber der Horizontalen gehalten wird, so ist der Sinus des Winkels $\Theta$ (*sin* $\Theta$) der Quotient aus der Höhe des einen Endes des Stabs (in m), das hochgehoben wird, dividiert durch die Stablänge (1 m). Damit ist *sin* $0° = 0$ und *sin* $90° = 1$. Mit anderen Worten: Die Sinusfunktion (siehe Kap. 29) ist ein Maß für den Winkel zwischen zwei Geraden (hier: dem Boden und dem Stab).

Im Gesetz von Snellius beziehen sich die Gradzahlen auf die Senkrechte auf der Einfallsebene, die sogenannte Normale. Fällt der Strahl also senkrecht ein, ist der Winkel, den man in das Gesetz einsetzen muss $0°$. (Ein solcher Strahl ändert seine Richtung beim Übergang in ein anderes Medium nicht.)

Um das Snellius'sche Gesetz zu verstehen, wollen wir einen Laserstrahl annehmen, der mit dem Winkel $\Theta_1$ gegenüber der Normalen auf das Wasser in einer Badewanne trifft. Im Wasser läuft der Strahl mit dem Winkel $\Theta_2$ weiter. Die Beziehung zwischen $\Theta_1$ und $\Theta_2$ gibt an, in welchem Ausmaß der Lichtweg beim Übergang geknickt

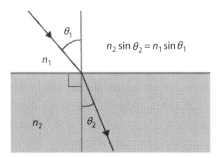

**Abb. 27.2**   Das Snellius'sche Gesetz beschreibt die Lichtbrechung, indem es den Winkel $\Theta_1$ über die Brechungsindizes mit dem Winkel $\Theta_2$ verbindet. (© Patrick Nugent)

wird. Ist $\Theta_1 = \Theta_2$, wird der Strahl überhaupt nicht verändert (Abb. 27.2).

Das Snellius'sche Gesetz verbindet die beiden Winkel $\Theta_1$ und $\Theta_2$ mit den Brechungsindizes der beiden Medien, die wir $n_1$ und $n_2$ nennen wollen, und lautet:

$$\frac{\sin\Theta_1}{\sin\Theta_2} = \frac{n_2}{n_1}.$$

Ein Beispiel: Wenn unser Laserstrahl das Badewasser unter 45° trifft und der Brechungsindex von Luft etwa 1 ist, während der von Wasser, wie oben erwähnt, 1,33 beträgt, gilt nach dem Snellius'schen Gesetz:

$$\frac{\sin 45°}{\sin\Theta_2} = \frac{1,33}{1}.$$

Führt man diese Rechnung durch, erhält man für $\Theta_2$ ungefähr 32°. Die Differenz von $\Theta_1$ und $\Theta_2$ gibt an, um wie viel der Lichtstrahl geknickt wird. In unserem Fall sind es 13°.

Der Knick sorgt für die Illusion, dass wir den Badewannen-stöpsel nicht dort sehen, wo er wirklich ist.

Wie wir sehen werden, hat sich das Snellius'sche Gesetz als äußerst wichtig erwiesen. Jede optische Technik erfordert, dass man versteht, wie Licht in verschiedenen Medien, insbesondere in Glas, gebrochen wird. Das ist aber noch nicht alles, denn wir sind im Zusammenhang mit der Brechung noch über etwas hinweggegangen: Der Winkel, in dem das Licht gebrochen wird, hängt nicht nur vom Medium ab, sondern auch von der Wellenlänge des Lichts. In unserer obigen Rechnung haben wir die Zahlen für gelbes Licht eingesetzt, das die Wellenlänge von etwa 600 nm hat (1 Nanometer oder nm $= 10^{-9}$ m). Es ist ein Naturgesetz, dass Licht mit einer kürzeren Wellenlänge, wie etwa Violett, das eine Wellenlänge von 400 nm hat, weniger stark gebrochen wird als Licht mit einer größeren Wellenlänge wie etwa Rot (700 nm).

Diese Tatsache hat Newton 1672 bei seinem berühmten Experiment zur Brechung ausgenützt, als er weißes Licht durch ein Glasprisma fallen ließ, worauf sich die verschiedenen Lichtkomponenten gemäß ihren Brechungsindizes zu einem Regenbogen auffächerten.

## Linsen, Teleskope und Mikroskope

Es war das Jahrhundert Newtons, in dem eine Revolution stattfand, was das Verständnis der Optik und die Herstellung und Anwendung optischer Linsen betraf. Am Ende des späten Mittelalters existierten bereits Lesehilfen für den Alltag, aber erst der holländische Brillenmacher Zacharias

Janssen (um 1588–1631) hatte die umwälzende Idee, einige Linsen in einem Rohr hintereinander zu montieren: Die neuen Teleskope erlaubten, weit entfernte Objekte mit unvorstellbarer Genauigkeit zu untersuchen, und die Mikroskope brachten zum ersten Mal den Naturwissenschaftlern die Welt der ganz kleinen Dinge direkt vor die Augen.

Die Wirkung der Linsen beruht auf einer zweifachen Brechung: einmal beim Eintritt des Lichts in die Linse, das zweite Mal beim Austritt. Schleift man die Wölbung der beiden Linsenseiten sorgfältig, kann die doppelte Brechung bewirken, dass parallele Lichtstrahlen an einem Punkt, dem Brennpunkt, gebündelt werden. Die *Stärke* der Linse wird durch den Abstand $f$ des Brennpunkts bestimmt. Je stärker die Linse ist, umso kleiner ist der Wert von $f$ und umso näher liegt der Brennpunkt. Die Formel der Linsenmacher, die von dem Philosophen René Descartes (1596–1650) im 17. Jahrhundert entdeckt wurde, verbindet diese entscheidende Distanz mit drei Zahlen: dem Brechungsindex des Linsenmaterials, den wir $n$ nennen wollen, und zwei Größen, die die Geometrie der Linse bestimmen (Abb. 27.3).

Geometrisch beschreibt die Formel Linsen, deren gewölbte Flächen Ausschnitte von Kugeloberflächen sind. Der Einfachheit halber wollen wir uns hier nur mit konvexen Linsen befassen, deren beide Seiten sich wie ein Kissen nach außen wölben. Die gleichen Ideen gelten aber auch bei konkaven Linsen. Die noch ausstehenden zwei Größen sind die Radien dieser zwei Ausschnitte einer Kugeloberfläche, $R_1$ und $R_2$. Die Linsenformel sieht dann so aus:

$$\frac{1}{f} \approx (n-1) \cdot \left( \frac{1}{R_1} + \frac{1}{R_2} \right).$$

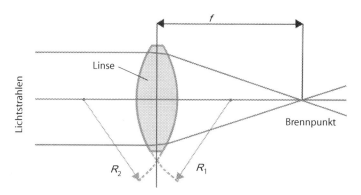

**Abb. 27.3**  Die Formel der Linsenmacher verbindet die Geometrie der Linse mit ihrer optischen Stärke. (© Patrick Nugent)

(Das Zeichen ≈ bedeutet „ungefähr".) Die Formel erlaubt detaillierte Rechnungen, wie die Form einer Linse korrekt geschliffen sein muss, um einen bestimmten Effekt zu erzielen. Aus ihr können wir auch einige vertraute Eigenschaften von Linsen ablesen. Je ausgeprägter die Wölbung oder Krümmung der zwei Seiten der Linse ist, umso kleiner sind die Werte von $R_1$ und $R_2$, und umso kleiner ist daher auch $f$, was zu einer stärkeren Linse führt.

## Reflexionen über den Raum

Die Brechungseigenschaften von Linsen bestimmten die ersten Teleskope, die im frühen 17. Jahrhundert auf den Markt kamen, eingeschlossen das von Galilei entwickelte, in dem konvexe und konkave Linsen kombiniert waren. Aber Newtons Experimente führten auch zum ersten funktionierenden Spiegelteleskop, das mit gewölbten Spiegeln

statt mit Linsen arbeitete. Sein Design ähnelte einer Para-
bolantenne für den Satellitenempfang, es war aber in eine
Röhre eingebaut. Im Brennpunkt war statt eines modernen
elektronischen Sensors ein zweiter Spiegel montiert, der
eben war und das Bild nach oben in das Auge eines Beobachters lenkte, der in die Röhre schaute.

Variationen von Newtons Teleskop werden auch heute
noch benutzt. Die meisten heutigen professionellen astronomischen Geräte haben aber eine andere Konstruktion,
die um 1910 von Georg Ritchey (1864–1945) und Henri
Chrétien (1879–1956) erfunden wurde. Damit ein Teleskop ordentlich arbeitet, müssen die auf den Parabolspiegel
fallenden Strahlen parallel sein, was kein Problem ist, wenn
das Objekt beispielsweise ein ferner Stern ist. Die Astronomen von heute schätzen aber ein größeres Gesichtsfeld. Das
Problem ist dann, dass Licht, das aus verschiedenen Win-
keln einfällt, optische Störungen hervorruft, die als „Koma"
bekannt sind. Das Teleskop von Ritchey und Chrétien versucht diese Fehler zu vermeiden, indem es an Stelle des
parabolischen und des ebenen Spiegels zwei hyperbolische
Spiegel verwendet. Die hyperbolischen Spiegel sind weniger steil gewölbt als Parabolspiegel und besser in der Lage,
Strahlen aus einem breiten Winkelbereich einzufangen.
Der zweite hyperbolische Spiegel korrigiert die Verzerrung,
die der erste verursacht.

Der Aufbau von Ritchey und Chrétien gilt heutzutage als
der beste. Er wird zum Beispiel im Hubble Space Telescope
der NASA verwendet, das über 20 Jahre lang die Erde mit
7,5 km/s umrundet hat. Es trägt einen hyperbolischen Primärspiegel mit 2,4 m Durchmesser und hat mehr als eine
halbe Million Bilder von über 30.000 Objekten im Welt-

raum gemacht. Auf der Erde haben die Bilder von Hubble Anlass zu Tausenden von Forschungsarbeiten gegeben und die allerneuesten Überlegungen zum Alter des Universums und der Möglichkeit von Leben außerhalb unseres Planeten angeregt.

So Ehrfurcht gebietend das alles ohne Zweifel ist: Es gibt doch einen Haken im Design von Ritchey und Chrétien. Hyperboloide sind beträchtlich schwerer herzustellen als Paraboloide, und selbst bei Hubble konnte ein Fehler nicht vermieden werden, der ein paar Wochen nach seinem Start 1990 entdeckt wurde. Es stellte sich heraus, dass der Primärspiegel eine kleine Ungenauigkeit aufwies: Er war an den Rändern um ganze 0,0022 mm zu flach. Zur weltweiten Erleichterung der Astronomen konnte der Fehler 1993 erfolgreich korrigiert werden – es müssen also nicht nur wir hinfälligen Menschen von Zeit zu Zeit unsere Augen vom Optiker überprüfen lassen! Der Geometrie der Optik ist zu verdanken, dass Korrekturen möglich sind.

# 28
# Der Kampf gegen die Seuche
## Mathematische Modelle der Ausbreitung von Epidemien

Denkt man daran, wie die Menschheit im Laufe der Jahrhunderte Krankheiten zu bekämpfen versuchte, tauchen ganz unterschiedliche Bilder auf: Volksheilkunde mit Rezepturen, die schlecht und recht halfen, Blutegel, von denen man annahm, sie könnten schier alles heilen, den Aderlass, auf den man jahrhundertelang setzte, die einst hoch geachtete und heute verworfene Theorie einer Balance von vier Körpersäften und dann die modernen Wunder wie die Antibiotika und schließlich die intensive Hightech-Gesundheitsindustrie, die durch die moderne medizinische Forschung ermöglicht wird. In der heutigen Welt spielt auch die Mathematik eine beträchtliche Rolle im andauernden Krieg gegen die Ausbreitung ansteckender Krankheiten. Epidemien mathematisch zu modellieren und diese Modelle mit dem Computer durchzurechnen kann zu tiefen Einsichten in das Geschehen führen, nachdem eine Epidemie ausgebrochen ist – und damit unschätzbare Informationen für den Fall liefern, dass schnell gehandelt werden muss. Die Modelle können bei der Planung einer Reihe geeigneter Gegenmaßnahmen helfen, etwa bei der Verteilung von Gegenmitteln, dem Start von Impfprogrammen oder, im Fall von Tierkrankheiten, der Durchführung von

Notschlachtungen und Quarantänemaßnahmen. Solche Notfallprogramme können auf den Verlauf von Epidemien großen Einfluss haben, sie können sie stoppen und viele Leben retten. Sie sind aber auch sehr kostspielig und sollten nicht leichtfertig durchgeführt werden, wenn sie nicht wirklich nötig sind.

## Das SIR-Modell der Seuchenausbreitung

Die Modellierung von Epidemien begann mit dem sogenannten SIR-Modell, das von William O. Kermack und Anderson G. McKendrick stammt und im Jahre 1927 vorgestellt wurde. Es unterteilt die Bevölkerung in drei Klassen, die auch die Bezeichnung „SIR" erklären: erstens die Ansteckbaren (engl. Susceptible), also die, die noch nicht infiziert sind, zweitens die Infizierten und drittens die Geheilten (engl. Recovered), von denen man annimmt, dass sie nun immun sind. In diesem Modell muss jeder zu einer der drei Klassen gehören, es wird dabei aber beispielsweise die Tatsache ignoriert, dass einige Personen von Natur aus gegen die Krankheit immun sind.

Um die Mathematik zu vereinfachen, macht das SIR-Modell weitere vereinfachende Annahmen. Etwa, dass die Größe der Bevölkerung konstant ist, das heißt, dass niemand geboren wird und niemand stirbt. Unnötig zu sagen, dass das nicht sehr realistisch ist und gerade den entscheidenden Punkt einer Epidemie *nicht* erfasst. In Wirklichkeit ist das gar nicht so unangebracht, denn Epidemien verlaufen oft so schnell, dass einzelne Geburten und Todesfälle für die Zahlen irrelevant sind. Natürlich können ausgefeiltere

**Abb. 28.1**    Das SIR-Basismodell. (© Patrick Nugent)

Modelle auch eine dynamische Bevölkerungsentwicklung, also Geburten und Todesfälle, mit einbeziehen. Erstaunlich ist, dass das SIR-Modell trotz seiner offensichtlichen Grenzen einige wesentliche Aspekte der Entwicklung einer Epidemie gut beschreibt.

Wir wollen annehmen, dass in einem Land 1 Mio. Menschen leben und dass diese Zahl für das SIR-Modell konstant bleibt. Es muss also immer $S+I+R=1$ Mio. gelten. Noch allgemeiner: Wenn p die Größe einer Bevölkerung ist, ist die erste Gleichung des Modells $S+I+R=p$.

Die Zahlen $S$, $I$ und $R$ werden sich nun alle beim Ausbruch der Epidemie ändern, und genau dieses Anwachsen oder diese Abnahme der drei Zahlen ist von Interesse. Dazu müssen wir verstehen, wie eine Person von der einen Klasse in die andere wandert (Abb. 28.1).

Die Zahlen, die das SIR-Modell liefert, bestimmen die Antworten auf entscheidende Fragen: Hält sich die Epidemie? Oder bleibt ihr Ausbruch stecken? Wie schnell breitet sie sich aus? Wie viele Personen werden insgesamt infiziert?

Um diese Antworten zu finden, müssen wir noch zwei wichtige Zahlen definieren. Sie beschreiben, wie leicht Menschen erkranken und wie schnell sie wieder gesund werden können. Wir wollen mit der Genesungs- und Immunisierungsrate beginnen, die wir r nennen wollen. Mathematisch gesehen ist *r* die Rate der Menschen, die aus dem Bereich *I* (infiziert) in den Bereich *R* (geheilt) wandern. Je größer *r* ist, umso schneller werden die Erkrankten wieder gesund. Genauer gesagt: Die Durchschnittszeit der Erkrankung, d. h. die Zeit des Aufenthalts in I, beträgt $1/r$.

Die Größe von *r* variiert natürlich je nach Krankheit. Wir wollen nun eine ansteckende Krankheit namens *Mathematitis* annehmen, die im Schnitt die Menschen 7 Tage plagt, womit $r = 1/7$ ist. Sind an einem bestimmten Tag 3500 Menschen krank, gehören also zu *I*, so ist am folgenden Tag 1/7 von ihnen (500) wieder gesund und gehört zu *R*, das um diese Zahl ansteigt.

Wie schnell man gesund wird, sagt uns natürlich noch nichts darüber, wie leicht man sich anstecken kann. Die Infektionsrate wird durch eine andere Zahl bestimmt, die wir *i* nennen. Im SIR-Modell gibt sie an, wie schnell die Menschen von *S* nach *I* wandern. Einige Krankheiten kann man sich leicht holen, ihr *i*-Wert ist hoch, aber vielleicht ist auch ihr *r*-Wert hoch, und man wird schnell wieder gesund. Andere Krankheiten sind weniger ansteckend (kleiner *i*-Wert), dauern aber länger (kleiner *r*-Wert). Die gefährlichsten Krankheiten sind natürlich die mit hohem *i*-Wert und kleinem *r*-Wert.

Wenn wir die Infektionsrate analysieren, ist noch etwas zu berücksichtigen, was wir bei der Genesung übersehen haben: Die Wahrscheinlichkeit für einen gesunden Menschen, sich anzustecken, hängt nicht nur von *i* ab, also der Art der Krankheit, sondern auch davon, wie viele Infizierte es schon gibt. Selbst bei einer höchst ansteckenden Krankheit sind wir sicher, solange sie niemand in unserer Nähe hat. Umgekehrt hängt die Ausbreitung der Krankheit nicht nur von $i$ ab, sondern auch von der Zahl der Menschen, die für die Ansteckung anfällig sind. Wenn schon alle infiziert sind, kann sich die Krankheit nicht weiter ausbreiten, so ansteckend sie auch sein mag.

Deshalb ist also die vollständige Definition von i etwas komplexer: Jede kranke Person wird jeden Tag einen bestimmten Anteil i der noch Gesunden anstecken. Das bedeutet, dass jeder Kranke die Krankheit mit einer täglichen Rate $i \cdot S$ verbreitet. Die Gesamtrate der Infektion ist also das Produkt dieser Rate mit der Zahl der Infizierten ($I$). Das alles zusammengenommen ergibt, dass die Zahl der Menschen, die an einem Tag von $S$ nach $I$ wandern gleich $i \cdot S \cdot I$ ist.

Wir wollen für einen Ausbruch von Mathematitis $i = 0,001$ annehmen. Damit steckt jeder Infizierte pro Tag ein Tausendstel der noch Gesunden an. Ist $S = 200.000$, werden $(0,001 \cdot 200.000) = 200$ am nächsten Tag krank. Sind also von Anfang an $I = 50$ Menschen krank, steigt entsprechend die Zahl der neu Infizierten auf $200 \cdot 50 = 10.000$.

## Virulenz und Impfung

Wenn wir im SIR-Modell Geburten und Sterbefälle ignorieren, kann $S$ nur abnehmen, wenn jemand infiziert wird, während $R$ nur zunehmen kann, wenn jemand geheilt wird. Die mittlere Klasse $I$ kann dagegen anwachsen (Zustrom von $S$) oder abnehmen (geheilt nach $R$ entlassen). Die Kurve von $I$ in Abhängigkeit von der Zeit gibt Auskunft über den Verlauf der Epidemie. Zum großen Teil ist er durch eine einzige wichtige Zahl bestimmt, die die Epidemie beschreibt: die „Basis-Reproduktionsrate", die wir mit $b$ bezeichnen wollen. Sie gibt die Zahl der Personen an, die direkt von einer einzigen kranken Person infiziert werden, die man in eine sonst noch gesunde Gruppe $S$ mit 100.000 Personen gibt. Man hat die Zahl $b$ für eine Vielzahl von Krankheiten bestimmt. Für Pocken liegt sie beispielsweise zwischen 6 und 7, während sie bei Masern zwischen 12 und 18 liegt, jeweils auf 100.000 Menschen bezogen.

Im SIR-Modell ist der Wert von $b$ als

$$b = p \cdot \frac{i}{r}$$

definiert, wobei $p$ die Anzahl der Personen bezeichnet, $i$ die Infektionsrate und $r$ die Genesungsrate. Die Zahl $b$ kann uns sehr viel sagen, insbesondere, ob der Ausbruch der Infektion sich fortsetzen wird oder bald zu Ende geht. Ist der Wert von $b$ größer 1, wird der Ausbruch weitergehen, ist $b$ kleiner als 1, wird er enden.

Schließen wir nun in das Modell noch Geburten und Todesfälle ein, taucht ein neues Phänomen auf: Ist die Basis-Reproduktionsrate $b \geq 1$, kann die Infektion endemisch werden, das heißt, dass der Krankenstand in etwa konstant bleibt und weder signifikant anwächst noch zurückgeht. Die Windpocken zählen zu den Krankheiten, die fast überall auf der Welt endemisch sind.

Wie viele Menschen werden bei einer Epidemie infiziert? Wieder hängt das von der Basis-Reproduktionsrate ab. Insbesondere ist beim SIR-Modell der Anteil der Bevölkerung, der am Ende gesund bleibt, eine Zahl $x$, die zwischen 0 und 1 liegt. Diese Zahl $x$ folgt der algebraischen Gleichung

$$x = e^{b(x-1)},$$

wobei $e$ wieder 2,718… ist. Angenommen, für Mathematitis gilt $b=1{,}5$. Der Wert von $x$ wird dann bei 0,42 liegen, das heißt, dass 42 % der Bevölkerung während der Mathematitisepidemie gesund bleiben.

Von grundlegender Bedeutung für die Gesundheit in einer Gesellschaft ist das Impfniveau bei Krankheiten, gegen die man vorsorgen kann, wie etwa Mumps. Die Geimpften schützen nicht nur sich selbst gegen die Krankheit, sondern scheiden auch als Überträger aus. Eine Impfung bietet also die Möglichkeit, eine Krankheit durch eine kollektive Aktion einzuschränken. Das ruft geradezu nach einem mathematischen Modell, um das Niveau der „Durchimpfung" zu berechnen, das ausreicht, um die Ausbreitung einer Krankheit in der gesamten Bevölkerung zu verhindern.

Die Immunisationsschwelle t einer Krankheit ist der Anteil der Bevölkerung, der immun sein muss, um die Infektion am Anwachsen zu hindern. Sie schwankt je nach Krankheit, kann aber aus der Basis-Reproduktionsrate $b$ berechnet werden. Die beiden Größen $t$ und $b$ sind über folgende Gleichung verbunden:

$$t = 1 - \left(\frac{1}{b}\right).$$

Im Fall von Mumps weiß man, dass b zwischen 4 und 7 liegt, unsere Gleichung liefert daher als Immunisationsschranke $t=1-1/4=0{,}75$ bis $t=0{,}86$. Das sagt uns, dass die Ärzte Mumps in Schranken halten können, wenn sie für ein Immunisationsniveau sorgen können, das 86 % der Bevölkerung übersteigt.

# Tote und Untote: die Welt der Zombies

Die Epidemiologen haben zahlreiche Varianten des SIR-Modells entwickelt, um die realen Verhältnisse einer Infektionskrankheit besser mit einbeziehen zu können. Der erste naheliegende Schritt ist, Geburten und Todesfälle einzubauen. Einige Krankheiten hinterlassen beim Kranken keine Immunität, deshalb muss das Modell eine Neuinfektion zulassen, womit die neue Klasse SIRS entsteht (das zweite *S* steht wieder für Susceptible). Bei einer weiteren Variation wird die Infektion in eine Latenzperiode, während der jemand trotz Ansteckung noch keine Symptome zeigt, und die eigentliche Zeit der Erkrankung eingeteilt (SLIR-Modell, *L* für Latenz). Zu anderen Faktoren, die man einbeziehen kann, gehört die natürliche Immunität gegenüber einer Krankheit, die zu der erworbenen Immunität kommt. Dazu kommen Gegenmaßnahmen, die die Bevölkerung zum Schutz unternimmt (Impfungen und Behandlungen) und weitere Faktoren, die oft vom Zufall bestimmt sind.

Eine beträchtlich größere Herausforderung ist, die Ausbreitung von Seuchen in Bezug zu den geographischen Gegebenheiten räumlich darzustellen. Man weiß, dass sich Krankheiten auf dem Land anders verbreiten als in der Stadt. Ein besonderes Problem beim Modellieren ist noch, dass man einzubeziehen muss, dass der Erreger Stämme entwickeln kann, die gegen Medikamente resistent sind.

All diese und noch weitere Anpassungen führen das SIR-Modell näher an die Realität heran. Aber sie machen auch das Gleichungssystem immer komplizierter, daher spielt auch die Leistungsfähigkeit der Computer eine Rolle.

Wenn Gleichungen nicht exakt gelöst werden können, gibt es ein ganzes Arsenal von ausgefeilten Techniken der numerischen Analyse (siehe Kap. 17), die man einsetzen kann, um zu Näherungslösungen zu gelangen.

Diese Verfahren sind oft sehr rechenintensiv, aber durch die mathematische Modellierung mit dem Einsatz von Computern, die die konventionelle medizinische Forschung ergänzt, wird der moderne Kampf gegen Krankheiten immer erfolgreicher geführt. Mathematik ist nicht das Gleiche wie medizinische Behandlung und Vorsorge, sie kann aber immer noch äußerst wertvolle Informationen liefern. Lord Kelvin hat 1883 in „Electrical Units of Measurements" geschrieben: „Nur wenn man das, wovon man spricht, messen und mit Zahlen beschreiben kann, versteht man etwas davon – sonst bleiben die Kenntnisse dürftig und unbefriedigend."

Krankheiten sind ein ernstes Thema, aber wie eine Gruppe kanadischer Epidemiologen unter der Leitung von Philip Munz gezeigt hat, kann man es auch mit ein wenig Humor angehen: 2009 untersuchte sie eine Zombie-Epidemie, wie sie in Filmen wie *Night of the Living Death* (George A. Romero, 1968, in deutscher Fassung *Die Nacht der lebenden Toten*, 1971) auf der Erde ausbrach. Ihr SZR-Modell beruht auf drei Zuständen: *S* für gesund (Susceptible), *Z* für Zombie und *R* für beseitigt (Removed). Gesunde Erdenbürger können Zombies werden, indem sie gebissen werden oder eines natürlichen Todes sterben. Beseitigte Menschen können als Zombies wiederauferstehen, aber Zombies können auch zu den Beseitigten wandern, wenn ihre Köpfe abgetrennt werden oder ihr Hirn zerstört wird – der klassische Weg, Untote zu erledigen. Munz und sein

Team analysierten diverse Varianten des Modells, wobei sie Wohlbekanntes aus Zombie-Filmen einbauten, wie etwa die Länge der Inkubationszeit zwischen dem Biss und der voll entwickelten Zombizität. Das führte zum SIZR-Modell mit $I$ für die neu Infizierten zwischen $S$ und $Z$. Das Ergebnis ihrer sorgfältigen Analyse wird keinen Fan von Horrorfilmen überraschen: Selbst die Verhängung einer Quarantäne reicht nicht aus, um den Ausbruch der Zombieseuche aufzuhalten. Wenn nicht in einem ganz frühen Stadium Maßnahmen ergriffen werden, wird sich die Zombieseuche auf lange Sicht in ein Weltuntergangsszenario verwandeln, in dem alle menschenähnlichen Wesen entweder Zombies sind – oder (endgültig) tot.

Das alles zeigt, wie breit einige mathematischer Techniken angewandt werden können. Im Bereich der öffentlichen Gesundheitsfürsorge können sie dazu beitragen, mit ganz realen Problemen um Leben und Tod klarzukommen. Die gleichen Ideen können aber auch nützlich sein, wenn es um Elemente der Popkultur geht, wie etwa um Zombiefilme und die Verbreitung von Memen im Internet.

# 29

## Die Welt der
## Wellen und Teilchen

### *Die Mathematik von Licht und Schall*

Beim Begriff „Wellen" denken wir gerne an den Urlaub am Strand und das Meer, das unsere Füße umspielt, oder zumindest irgendetwas, was mit Wasser zu tun hat. Für den Physiker kommen aber Wellen in den verschiedensten Bereichen vor: Licht und Schall sind die zwei wichtigsten Beispiele. Die Erkenntnis, dass Schall wirklich eine Welle ist, eine Welle von Vibrationen, geht bis ins antike Griechenland zurück. Im frühen 19. Jahrhundert wurde auch klar, dass das Licht Wellencharakter hat, und zur gleichen Zeit begann der französische Mathematiker und Physiker Joseph Fourier (1768–1830) mit einer intensiven Untersuchung von Wellenformen im Zusammenhang mit dem Wärmetransport. Seine Entdeckungen der Grundlagen und mathematischen Eigenschaften von Wellen hatten weit über die Wärme hinaus große Bedeutung – und wirkten sich stark auf das intellektuelle Klima des napoleonischen Frankreich aus.

Die Analysen Fouriers begannen mit der einfachsten Wellenform, der Sinuswelle, zusammen mit dem Phänomen von Obertönen, die wir aus der Musik kennen. Am wichtigsten war die Erkenntnis Fouriers, wie aus einfachen

Sinuswellen komplexere Wellenformen gebildet werden können – eine Einsicht, die eine Hauptrolle bei den technologischen Revolutionen des 20. Jahrhundert spielen sollte, wie etwa der Synthetisierung von Musik, der Erforschung der Ozeantiefen oder der Untersuchung der Sterne.

## Geheimnisse der Sinuswelle

Um uns eine Sinuswelle vorzustellen, beobachten wir ein Rad, das sich mit konstanter Geschwindigkeit gegen den Uhrzeigersinn dreht und an dem ein Lämpchen angebracht ist. Der vertikale Abstand des Lämpchens von der Achse in Abhängigkeit von der Zeit bildet eine glatte regelmäßige Kurve, die von den Mathematikern Sinuskurve oder Sinuswelle genannt wird. Für den Graph der Sinusfunktion $y = sin$ t, die diese Welle beschreibt, tragen wir die vertikale Position $y$ (vertikale Achse) gegen die Zeit t (horizontalen Achse) auf (Abb. 29.1). Die Sinuswelle ist das wichtigste Beispiel einer Welle, da sie im wahrsten Sinne des Wortes die Quelle für alle anderen Wellen ist.

Die Sinusfunktion hat eine schöne Schwester, nämlich die Kosinusfunktion, für die $y = cos$ t gilt. Sie ist fast mit der Sinuskurve identisch, aber um das Viertel eines Zyklus nach rückwärts verschoben. Denken wir an unser Lämpchen zurück, so ist es nun die horizontale Position, die gegen die Zeit aufgetragen wird.

Sinus- und Kosinusfunktion sind Generationen von Schülern aus einem ganz anderen Gebiet vertraut: von der Geometrie der Dreiecke oder Trigonometrie. In einem rechtwinkligen Dreieck ist der Sinus des Winkels $\Theta$ der

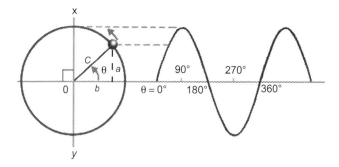

**Abb. 29.1**  Die Sinuswelle kann man als die Vertikalkomponente einer kreisförmigen Bahn in Abhängigkeit von der Zeit beschreiben. (© Patrick Nugent)

Quotient aus der ihm gegenüber liegenden Kathete *a* des Dreiecks und der Hypotenuse *c*: $sin\, \Theta = a/c$. Was hat aber dieses kantige Dreieck mit der glatten Welle zu tun, mit der wir uns gerade beschäftigt haben? Es gibt ein Dreieck, das in dem Bild des rotierenden Rads steckt. Wir können es sehen, wenn wir uns vorstellen, dass das Lämpchen mit der Nabe über eine Stange verbunden ist. Jetzt haben wir drei Längen: Den horizontalen Abstand des Lämpchens von der Nabe, seinen vertikalen Abstand von der Nabe und die Länge der Stange. Der vertikale und der horizontale Abstand schließen einen rechten Winkel ein. In dem rechtwinkligen Dreieck ist die Stange die Hypotenuse c, der vertikale Abstand die Gegenkathete *a* und der horizontale Abstand die Ankathete *b*, wenn es um den Winkel $\Theta$ zwischen der Stange und der Horizontalen geht.

Um alles zu vereinfachen, wollen wir annehmen, dass die Stange die Länge 1 hat, also ist *c* = 1. Damit ist $sin\, \Theta = a/1 = a$. Das passt perfekt zu der Tatsache, dass die Sinuswelle als die graphische Darstellung der vertikalen Position des Lämpchens erschien.

Physikalische Wellen werden durch zwei Eigenschaften beschrieben: die Zahl der vollständigen Schwingungen pro Zeiteinheit, also die Frequenz, die normalerweise in Schwingungen pro Sekunde oder Hertz (Hz) angegeben wird, und ihre Amplitude (bei Wasserwellen beispielsweise in Meter). Der „Kammerton" $a^1$, auf den die Instrumente in einem Orchester eingestimmt werden, hat beispielsweise eine Frequenz von 440 Hz (in manchen Orchestern auch etwas mehr, z. B. 443 Hz). Schallwellen mit höheren Frequenzen erzeugen höhere Töne. Die verschiedenen Frequenzen von Lichtwellen werden von uns als unterschiedliche Farben wahrgenommen. Grünes Licht hat beispielsweise eine Frequenz von etwa 590 THz (1 Terahertz oder THz = 1 Billion Hertz). Eng verbunden mit der Frequenz ist die Wellenlänge. Das ist der Abstand der Wellenberge. Für den Kammerton $a^1$ beträgt die Wellenlänge etwa 78 cm, während die des grünen Lichts 510 nm beträgt (1 Nanometer oder nm = $10^{-9}$ m). Für jede Welle gilt: Die Verdopplung der Frequenz bedeutet die Halbierung der Wellenlänge und umgekehrt.

Wellenlänge und Frequenz bestimmen also die Abstände der Wellenberge und -täler, sagen aber nichts über die Höhe der Wellenberge aus. Die zweite Grundgröße einer Welle ist die Amplitude. Bei unserem rotierenden Rad ist die Amplitude durch seinen Radius gegeben, also die Länge der Stange. Bei Schall- und Lichtwellen bedeutet eine größere Amplitude, dass die Welle mehr Energie transportiert. Wir nehmen die Amplitude einer Schallwelle als Lautstärke, die einer Lichtwelle als Helligkeit wahr.

Diese Größen können alle in mathematischer Form ausgedrückt werden. Wir beginnen mit einer Sinuswelle der Frequenz 1, für die $y = sin\ t$ gilt. Für eine Welle mit der doppelten Frequenz gilt dann $y = sin\ 2t$. Das entspricht einem Rad, das sich doppelt so schnell dreht. Die Amplitude kann geändert werden, indem man beispielsweise die Stange länger macht. Bei doppelter Länge gilt $y = 2\ sin\ t$. Bei Schallwellen bedeutet die Verdopplung der Amplitude eine Zunahme der Lautstärke.

Bestimmte Zunahmen der Frequenz einer Schallwelle haben eine besondere Bedeutung und werden intuitiv von den meisten Menschen wahrgenommen. Die Verdopplung der Frequenz erzeugt einen Klang, der mit dem ursprünglichen perfekt harmoniert, aber höher ist. Die Musiker nennen das eine Oktave, während die Mathematiker dazu „1. Oberton" (oder „2. Harmonische") sagen (die Ausgangswelle ist der Grundton). Obertöne können bei Saiteninstrumenten erzeugt werden, indem man eine schwingende Saite in der Mitte mit dem Finger festdrückt. Dadurch wird die Wellenlänge halbiert und die Frequenz verdoppelt. Der 1. Oberton ist eine Sinuswelle mit der Gleichung $y = sin\ 2t$. Sie wird der Kürze halber auch mit $S_2$ bezeichnet. Höhere Obertöne entstehen durch entsprechende Reduktionen der Wellenlänge und Vergrößerungen der Frequenz. Der 2. Oberton (3. Harmonische) hat beispielsweise eine Frequenz, die dreimal so groß wie die des Grundtons ist. Die Gleichung lautet $y = sin\ 3t$ oder $S_3$. Musikalisch gesehen handelt es sich um eine Oktave plus eine Quinte über dem Grundton.

Musiker verstehen mit ein wenig Praxis sehr schnell, was die Variation von Frequenz und Amplitude bewirkt. Das ist aber allein noch nicht entscheidend für die Qualität eines Klangs. Kaum jemand wird den Klang einer Flöte mit dem einer Geige verwechseln, selbst wenn sie den gleichen Ton mit der gleichen Lautstärke spielen. Der Grund ist, dass zum eigentlichen Ton noch sogenannte Obertöne mitschwingen, die dem Instrument sein „Timbre", also seine Klangfarbe geben. Sie bereichern den Klang und folgen aus der Tatsache, dass physikalische Wellen selten in völlig reiner Form auftreten. Mit der richtigen Ausrüstung, also beispielsweise einem Oszillographen, können wir das direkt beobachten. Jedes Musikinstrument zeigt dort seine ganz typische und höchst komplizierte Kombination aus Sinuswellen, die sich von Instrument zu Instrument unterscheidet.

Bei all dieser Verschiedenheit haben alle Wellenformen doch die gleiche Grundstruktur: ein ganz bestimmtes Muster, das sich ständig wiederholt. Es ist diese Regelmäßigkeit, die uns hilft, die Geometrie der Wellen zu verstehen.

## Fourier und der Kampf gegen den Lärm

Bis jetzt haben wir nur einzelne, isolierte Wellen in einer wohlgeordneten Welt betrachtet. In der Wirklichkeit sind die Wellen aber nicht isoliert, sie interferieren vielmehr miteinander. Das kann man am besten mit unserem Anfangsbeispiel, den Wasserwellen, beschreiben. Die Wissenschaftler benützen Wellenbecken, um das Verhalten von Wellen zu untersuchen. Dort können sie mit verschiedenen Frequenzen und Amplituden experimentieren. Lässt man ein Paddel in dem Becken vibrieren, verbreitet es kreisförmige Wellen nach außen. Mit zwei Paddeln sind wir aber schon im Reich der Interferenzen. An Stellen, wo die beiden Wellen synchron sind, verstärken sie sich und erzeugen eine Welle mit doppelter Amplitude. An anderen Stellen dagegen, wo die Wellen exakt im Gegentakt schwingen, löschen sie sich gegenseitig aus, und das Wasser bleibt glatt. Die Interferenzen scheinen auf einem ziemlich komplizierten Prozess zu beruhen, die mathematischen Gleichungen sind aber recht einfach und enthalten nur Additionen. Sind $V$ und $W$ die beiden Wellen, dann gilt für die Überlagerung der beiden Wellen, wenn sie interferieren, die Summe $V + W$ (Abb. 29.2).

Interferenz ist nicht auf Wasserwellen beschränkt: Das gleiche Phänomen zeigen auch andere Wellen, Schallwellen eingeschlossen. Interferenz ist beispielsweise die Grundlage von Kopfhörern, die Lärm dämpfen sollen. Kann man den Umgebungslärm mit der Welle $W$ beschreiben, versuchen die Kopfhörer das genaue Gegenteil zu produzieren: die Welle $- W$. Überlagert man $W$ mit $- W$, kann man hoffen, dass sie sich vollkommen auslöschen, sodass der Besitzer der Kopfhörer völlige Stille genießen kann: $W - W = 0$.

Während die Mathematiker die elegante Symmetrie der Sinusfunktion schätzen, muss sich der Rest der Welt (genauer gesagt: die Welt der Kreativen) mit vielen sehr unordentlichen Wellen befassen. Wie kann ein Kopfhörer zur Lärmauslöschung exakt die Gegenwelle produzieren? Die gleiche Frage taucht in vielerlei Gestalt auf, beispielsweise im Kontext des musikalischen Samplings. Wie kann ein Computer den Klang eines Instruments, wie einer Posaune, reproduzieren?

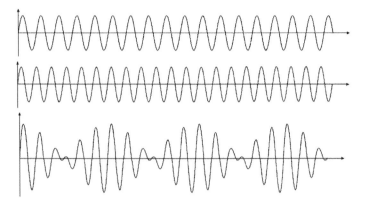

**Abb. 29.2** Wenn zwei Wellen interferieren, entstehen komplexe Wellenformen. Die zwei Wellen verstärken sich an bestimmten Stellen, während sie sich an anderen auslöschen. (© Patrick Nugent)

Die Antwort liefert in jedem Fall ein Zweig der Mathematik, die „harmonische Analyse", die über Methoden verfügt, eine komplexe Wellenform aus aufaddierten Sinuswellen zu konstruieren, sodass sie genau in der richtigen Weise interferieren.

Der Schlüssel dieser Theorie ist das Fourier-Theorem, das nach dem schon erwähnten französischen Physiker Joseph Fourier benannt ist. Dieses überraschende Theorem besagt, dass man *jede* Wellenform erzeugen kann, indem von einer Sinuswelle ausgeht und sie mit der zugehörigen Kosinuswelle und den verschiedenen Obertönen beider in der richtigen Zahl und Stärke überlagert.

Mathematisch gesehen beginnen wir wieder mit einer Welle *W*, die vielleicht den Ton einer Trompete repräsentiert. Wir haben vor, den Ton künstlich im Computer zu reproduzieren. Die einfachste Welle, die ein Computer erzeugen kann, ist eine Sinuswelle $S_1$. Es ist leicht, $S_1$ so anzupassen, dass ihre Frequenz der von $W$ entspricht. Das ist der Ausgangspunkt. Dazu benötigen wir noch die zugehörige Kosinuswelle $C_1$.

Jede dieser Wellen wird von einer ganzen Familie von Obertönen begleitet, die vom Computer sehr leicht produziert werden können: $S_2$, $S_3$, $S_4$ … zusammen mit $C_2$, $C_3$, $C_4$ … Das Fourier-Theorem besagt nun, dass es Zahlen $a_1$, $a_2$, $a_3$ … und $b_1$, $b_2$, $b_3$ … gibt, die das Gewicht angeben, mit dem die einzelnen Sinus- und Kosinuswellen aufaddiert werden müssen. Mit den richtigen Koeffizienten erhält man zwei Folgen: eine für die Sinuswellen $a_1S_1$, $a_2S_2$, $a_3S_3$ … und eine für die Kosinuswellen $b_1C_1$, $b_2C_2$, $b_3C_3$ … Das Wunder geschieht, wenn man *alle* resultierenden Wellen aufaddiert, d. h. ihnen erlaubt zu interferieren. Haben wir unsere Analyse perfekt durchgeführt, erhalten wir nun die Welle, die wir synthetisieren wollen. Das Ergebnis sieht so aus:

$$W = a_1S_1 + b_1C_1 + a_2S_2 + b_2C_2 + a_3S_3 + b_3C_3 + \cdots$$

Diese langwierige Gleichung kann mit der üblichen Sigma-Bezeichnung für Summen knapper schreiben:

$$W = \sum a_nS_n + b_nC_n.$$

Dabei steht $n$ wie üblich für die Zahlen über die aufaddiert wird. Es ist wenig überraschend, dass auf diese Weise viele verschiedene Wellenformen konstruiert werden können. Bemerkenswert und äußerst nützlich ist aber, dass man so mit *allen* Wellenformen verfahren kann. Es fehlt nun aber noch ein Zwischenschritt: Um den Klang einer Trompete erfolgreich synthetisieren zu können, müssen wir die Größen von $a_n$ und $b_n$ kennen, die angeben, welches Gewicht die Obertöne haben. Fourier vervollständigte sein Werk, indem er eine Methode angab, wie man diese Größen mit einer scharfsinnigen Analyse, der man $W$ unterziehen muss, exakt bestimmen kann. Sie sagt uns, mit welchem Gewicht (d. h. mit welcher Lautstärke) die einzelnen Obertöne zum Gesamtklang beitragen.

Joseph Fouriers Werk über die Wellenformen im Rahmen seines großartigen Theorems ist für die moderne Welt unbezahlbar. Am deutlichsten fällt seine Bedeutung ins Auge, wenn es um akustische Technologien geht wie das Sampling von Klängen, die Aufnahme von CDs und das digitale Radio, also immer da, wo Klänge in Summen interferierender Sinuswellen, die getreu nach Fouriers Methode abgestimmt sind, zerlegt und wieder zusammengesetzt werden. Fouriers Einfluss reicht aber noch viel weiter. Heute verwenden Wissenschaftler aus einem weiten Spektrum von Disziplinen seine Ideen, selbst wenn auf den ersten Blick gar keine Wellen beteiligt sind. Beispielsweise kann man mit Fourier Geheimcodes knacken und die Multiplikation von riesigen Zahlen erleichtern.

Die Wissenschaftler nutzen sogar Fouriers Theorem, wenn es um die Struktur der Materie geht. Beispielsweise kann die innere Struktur eines Kristalls durch die Brechung der Lichtstrahlen beschrieben werden, die ihn durchdringen. Da Sinuswellen je nach Frequenz unterschiedlich gebrochen werden, können Wissenschaftler nur mithilfe von Fourier die sich ergebenden Muster analysieren. Auch wenn man als Ozeanograph die Tiefen des Atlantiks mit einem

SONAR erforscht oder wenn man als Astronom ein Radioteleskop verwendet, um den Nachhimmel abzuscannen, und selbst wenn man einfach nur Musik hören will, indem man über WLAN im Netz surft: Man kommuniziert insgeheim mit Fourier.

---

**Die Sägezahnwelle: harmonische Analyse in der Praxis**

Während die Sinuswelle wunderschön glatt und symmetrisch ist, gibt es viele Wellenformen, für die das ganz anders ist. So ist beispielsweise die Sägezahnwelle – wie schon ihr Name sagt – von spitzen Ecken geprägt. Sie ist ein gutes Beispiel aus der Praxis für Fouriers Methode der harmonischen Analyse, denn sie kann in der Tat ganz gegen ihr Aussehen als die Kombination einer Sinuswelle mit einer passenden Sammlung von Obertönen dargestellt werden. In gewisser Weise ist das Beispiel besonders durchsichtig, da es ohne Kosinuskomponenten auskommt und da sich die Amplituden der Sinuswellen als besonders einfach erweisen (Abb. 29.3).

Wir gehen wie üblich von einer Sinuswelle mit der gleichen Frequenz aus, die unsere Sägezahnwelle aufweist. Dann nehmen wir den 1. Oberton $S_2$. Es zeigt sich nach Anwendung der Fourier'schen Analyse, dass man die Hälfte der Amplitude der Grundwelle nehmen muss: $1/2\ S_2$.

Aus dem Grundton und dem mit ihm interferierenden 1. Oberton erhält man $S_1 + 1/2\ S_2$. Dazu kommt der 2. Oberton mit einer Amplitude von 1/3, der 3. mit 1/4 usw. Fährt man auf diese Weise fort, erhält man immer bessere Annäherungen an die Sägezahnwelle. Die Formel, die bis ins Unendliche geht, lautet:

---

Sägezahnwelle

Näherung bis $S_4$

Näherung bis $S_{20}$

**Abb. 29.3**   Näherungen einer Sägezahnwelle. (© Patrick Nugent)

$$W = S_1 + \frac{1}{2}S_2 + \frac{1}{3}S_3 + \frac{1}{4}S_4 + \frac{1}{5}S_5 + \cdots$$

oder in der Kurzfassung

$$W = \sum \frac{1}{n}S_n$$

(mit $n$ von 1 bis unendlich). Die Formel ist die mathematische Beschreibung einer Sägezahnwelle, die ausschließlich aus Beiträgen glatter Sinuswellen zusammengesetzt ist.

# 30

# Das Leben mit der Suchmaschine
## *Der Algorithmus hinter Google*

In der Science-Fiction wurde lange Zeit mit der Idee von Reisenden gespielt, die sich zwischen Paralleluniversen bewegen, in denen ganz unterschiedliche Formen von Leben existieren. Einige sagen, dass wir seit dem Aufstieg des Internets in den 1980ern alle ein derartiges Doppelleben führen, weil wir ständig zwischen unserer virtuellen und unserer physischen Existenz hin und her springen. Unsere Shoppingtour in der Haupteinkaufsstraße spiegelt sich in der Erfahrung, uns durch das Angebot eines Online-Anbieters zu klicken. Wir teilen unsere Urlaubsfotos mit Freunden bei einer Tasse Kaffee – oder über Facebook. Wir können unsere Lebensweisheiten unserer Kollegin ins Ohr flüstern – oder sie aller Welt per Twitter mitteilen. Und für längere Diskussionen oder einfach nur, um Dampf abzulassen, können wir in das Reich der Blogs verschwinden. Und das ist nur der Anfang. Selbst wenn man nicht in ein soziales Netzwerk abtaucht, hat das World Wide Web für uns den ersten Platz eingenommen, an dem wir geheimen Vergnügungen nachgehen können und wo wir jede Information finden können: vom Wetter von morgen über unseren Stammbaum bis zum aktuellen Supermarktangebot.

Das Web bildet eine außerordentliche Fundgrube an Informationen, die Ende 2012 einige Billionen untereinander vernetzter Webseiten umfasste. Ohne ein Navigationssystem, das den Sucher mit dem Gegenstand seiner Suche verbindet, wäre selbst ein kleiner Ausschnitt des derzeitigen Netzes völlig nutzlos. Es ist daher wenig überraschend, dass das neue Verb „googeln" in den letzten Jahren Teil unserer Alltagssprache geworden ist. Das ist zum einen ein Zeugnis für die Marktbeherrschung eine bestimmten Firma, aber noch mehr die Bestätigung, wie wesentlich ein Kompass für das Navigieren im Netz ist: eine Suchmaschine. Natürlich ist das alles mathematisch zusammengestrickt, und die Fäden sind es wert, entwirrt zu werden.

## Crawler und Cacher

In den Hauptquartieren von Google und anderen Suchmaschinen werden ständig Kataloge des Internets erstellt und auf den neuesten Stand gebracht. Diese Kataloge enthalten die in Caches (*to cache* = verstecken, zwischenspeichern) gesicherten Versionen aller Webseiten, die durchforstet wurden: als Kopien in einem reduzierten Archivierungsformat. Der Job, diesen Katalog herzustellen und auf dem neuesten Stand zu halten, wird von einer ganzen Armee von „Web-Crawlern" (*to crawl:* krabbeln, kriechen) erledigt, die in Angriffswellen vorgehen: Ein Crawler durchforstet einen Teil des Webs auf der Grundlage der Ernte früherer Durchsuchungen. Er ergänzt dann den Katalog mit neuen Links oder Seiten, die er gefunden hat, und markiert sie, damit sie beim nächsten Suchangriff gründlicher durchsucht werden.

Die heutigen Suchmaschinen frischen ihre Internet-Kataloge mehrere Male täglich auf.

Wenn die Crawler und Cacher ihre Jobs erledigt haben, beginnt die nächste Phase: die Indizierung, bei der ein Index der Wörter und Phrasen der Seiten erstellt wird, die sich im Cache befinden. Für einen Suchbegriff – beispielsweise „Google" – listet der Index alle Seiten, auf denen das Suchwort steht, mit Angabe der Web-Adressen auf – in ähnlicher Weise wie der Index am Ende dieses Buches Ihnen die Seitenzahlen angibt, wo Sie etwas über das Thema finden, das Sie interessiert.

Internet-Caches und -Indizes sind zweifellos technologische Wunderwerke, aber allein können sie das Problem des Suchens im Netz nicht lösen. Würde man dem Sucher nur alle Indexeinträge für „Google" zur Verfügung stellen, wäre er damit sicher nicht zufrieden. Schließlich sind aus den ungefähr 10.000 gebräuchlichsten Wörtern unserer Sprachen Millionen und Abermillionen Webseiten erzeugt worden. Die Suche nach „Google" ergibt jetzt (November 2013) 6 Mrd. Fundstellen, von denen vermutlich der größte Teil für den Sucher von geringem Nutzen ist.

Es ist ganz klar, dass noch ein weiterer Schritt nötig ist, um die Suchergebnisse in eine Reihenfolge zu bringen, in der man sie nutzen kann. Die berühmteste Technik, um das zu erreichen, ist PageRank von Google, entwickelt von den Mitgründern des Unternehmens, Larry Page und Sergey Brin. Die Idee ist, alle Seiten im Netz nach ihrer Bedeutung anzuordnen. Die Mathematik hinter dem Verfahren beruht auf zwei Techniken: der Netzwerktheorie und der Matrizenrechnung. Was nun folgt ist ein vereinfachter Abriss der Arbeitsweise von PageRank.

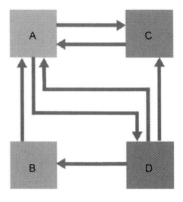

**Abb. 30.1**   Netzwerk eines Webs mit vier Webseiten. (© Patrick Nugent)

## Prinzipien von PageRank

Der erste Schritt ist, das Internet-Netzwerk mathematisch zu modellieren. Wir beginnen, indem wir auf einem Blatt Papier jede Webseite als Knoten einzuzeichnen. Um es uns leichter zu machen, versuchen wir es mit einem vereinfachten Web, das aus nur vier Seiten (A, B, C und D) besteht, die zum Teil untereinander verlinkt sind. Die Idee ist, zwei Knoten mit einer Linie zu verbinden, wenn die entsprechenden Webseiten verlinkt sind (Abb. 30.1).

Natürlich sind Weblinks nicht symmetrisch: Es kann sein, dass Seite B auf Seite A verweist, nicht aber A auf B. Statt einer Geraden verwenden wir also Pfeile zur Verbindung der Knoten, um die Richtung der Links zu markieren. Damit entsteht ein „gerichtetes" Netzwerk. Für unsere beiden Seiten A und B gibt es vier Möglichkeiten: 1) Weder A noch B sind miteinander verlinkt, 2) A ist mit B verlinkt, aber nicht B mit A, 3) B ist mit A verlinkt, aber nicht A mit B und 4) A und B sind wechselseitig verlinkt. Haben wir das Netzwerk nun auf diese Weise ausgelegt, müssen wir als nächsten Schritt diese Informationen in eine griffigere Form bringen. Dazu begeben wir uns in das Reich der Algebra von Matrizen.

Eine Matrix ist einfach ein Feld von Zahlen, das in Zeilen und Spalten geordnet ist. Die nützlichste Form ist ein Quadrat. Eine derartige $3 \times 3$-Matrix könnte so aussehen:

$$\begin{pmatrix} 1 & 2 & 3 \\ 4 & 5 & 6 \\ 7 & 8 & 9 \end{pmatrix}.$$

Ein Vektor ist hingegen eine einzelne Spalte einer Matrix, vielleicht:

$$\begin{pmatrix} 0,1 \\ 0,2 \\ 0,3 \end{pmatrix}.$$

Aus unserem Netzwerk mit den vier Knoten kann man eine Matrix bilden, die die Beziehungen zwischen den Seiten wiedergibt. Beginnen wir mit der Webseite A, können die von dort ausgehenden Links als Vektor ausgedrückt werden:

$$\begin{pmatrix} 0 \\ 0 \\ 1 \\ 1 \end{pmatrix}.$$

Die „0" in der ersten Zeile gibt an, dass die Seite A nicht mit sich selbst verlinkt ist. Diese Voraussetzung machen wir immer, denn es macht wenig Sinn, die Bedeutung einer Seite zu unterstreichen, indem sie auf sich selbst verweist. Die „0" in der zweiten Zeile besagt, dass A keinen Link zu B hat, während die folgenden Zeilen mit „1" besagen, dass A mit C und D verlinkt ist.

Wenn wir nun die Matrix in diesem Sinne um die Spalten für B, C und D ergänzen, erhalten wir als Nachbarschaftsmatrix (oder, etwas wissenschaftlicher, Adjazenzmatrix):

$$\begin{pmatrix} 0 & 1 & 1 & 1 \\ 0 & 0 & 0 & 1 \\ 1 & 0 & 0 & 1 \\ 1 & 0 & 0 & 0 \end{pmatrix}.$$

In dieser Matrix ist alles enthalten, was wir über das Netzwerk kennen müssen. Die Spalten repräsentieren die jeweils ausgehenden Links, die Zeilen die eingehenden Links. Die oberste Zeile der Matrix besagt demnach, dass sowohl B, C als auch D Links von A haben, während es laut zweiter Zeile bei B nur einen Link von D gibt. Die Nachbarschaftsmatrix liefert die Grundlage, um zu dem überaus wichtigen Ranking der Seiten zu kommen. Wir müssen aber noch etwas tiefer in die Mathematik der Matrizen einsteigen, um mit der PageRank-Story voranzukommen.

Viele wissenschaftliche Prozesse können als das Produkt eines Vektors mit einer Matrix dargestellt werden. Dieses Verfahren ist auch für das Ranking von Webseiten wichtig. Angenommen, wir wollen einen Vektor

$$\begin{pmatrix} 0,1 \\ 0,2 \\ 0,3 \end{pmatrix}.$$

mit der Zeile einer Matrix (1 2 3) multiplizieren. Dazu müssen wir nur die jeweiligen Eingänge multiplizieren und das Ganze aufaddieren:

$$(1 \quad 2 \quad 3) \begin{pmatrix} 0,1 \\ 0,2 \\ 0,3 \end{pmatrix} = 1 \cdot 0,1 + 2 \cdot 0,2 + 3 \cdot 0,3 = 1,4$$

Damit diese Methode funktioniert, muss eine Bedingung erfüllt sein: Die Zeile muss genauso viele Elemente haben wie die Spalte (bzw. der Vektor).

Um einen Vektor mit einer größeren Matrix zu multiplizieren, etwa mit

$$\begin{pmatrix} 1 & 2 & 3 \\ 4 & 5 & 6 \\ 7 & 8 & 9 \end{pmatrix},$$

müssen wir nur die Matrix Zeile für Zeile abarbeiten. Wenn wir das schon vorhandene Ergebnis für die erste Zeile (1,4) berücksichtigen, bedeutet das:

$$
\begin{pmatrix} 1 & 2 & 3 \\ 4 & 5 & 6 \\ 7 & 8 & 9 \end{pmatrix} \begin{pmatrix} 0,1 \\ 0,2 \\ 0,3 \end{pmatrix}
$$

$$
= \begin{pmatrix} 1,4 \\ 4 \cdot 0,1 + 5 \cdot 0,2 + 6 \cdot 0,3 \\ 7 \cdot 0,1 + 8 \cdot 0,2 + 9 \cdot 0,3 \end{pmatrix}
$$

$$
= \begin{pmatrix} 1,4 \\ 3,2 \\ 5,0 \end{pmatrix}.
$$

Ziel des PageRank-Algorithmus ist, jeder Webseite eine Maßzahl ihrer Bedeutung zuzumessen. Die Grundidee ist, dass Seiten mit einer größeren Zahl ankommender Links in der Rankingliste weiter oben stehen sollten, weil sie mehr Einfluss haben als Seiten mit weniger Links. Das allein genügt aber noch nicht. Wir wollen uns vorstellen, dass jemand seine eigene Website nach oben schieben möchte und daher Tausende Dummy-Seiten erzeugt, die alle einen Link auf seine eigentliche Seite enthalten. Und schwuppdiewupp verleihen die zahllosen eingehenden Links der bewussten Seite größte Bedeutung. Das ist natürlich nicht akzeptabel: Wir wollen nur Links von Seiten zählen, die selbst auch schon einen gewissen Wert besitzen.

Wir brauchen also noch ein Maß für den Einfluss der Seite, der von der Qualität der Links abhängt, die bei ihr eingehen: Links von beliebten Seiten zählen mehr. Mit ein wenig schlauer Mathematik kann man diese Idee präziser fassen. Wir wollen annehmen, eine Webseite hat den Einfluss 20 (nach irgendeinem willkürlichen Maßsystem) und hat Links zu 5 anderen Seiten. Jede dieser anderen Seiten erhält dann 20/5 = 4 Extra-Einheiten an Einfluss. Der Gesamteinfluss jener Seiten kann dann berechnet werden, indem man den Einfluss aufaddiert, den sie durch jeden ankommenden Link erhalten.

Das ist eine elegante Idee und löst zweifellos das Problem mit den Dummy-Seiten, denn die verfügen gewiss über keinen Einfluss. Es gibt aber immer noch ein Problem: Um den Einfluss einer Seite zu berechnen, müssen wir eigentlich den Einfluss aller Seiten kennen, von denen Links ankommen. Wo fangen wir aber mit der Kette der ankommenden und abgehenden Links an? Natürlich ist es unmöglich, einen Anfang zu finden. Es gibt keine „erste Seite" im Web, und darüber hinaus gibt es auch Schleifen: Wenn Seite A einen Link zu B enthält, B zu C und C zu A – wo kann man da beginnen, den Einfluss zu berechnen? Das scheint ein ernsthaftes Hindernis zu sein, aber die Mathematik der Matrizen kann uns einen Weg durch diesen Irrgarten weisen.

## Die Matrix des Internets

In unserem Beispiel haben wir den Einfluss der Webseite (20) durch die Zahl der ausgehenden Links (5) dividiert. Wir können dieses Prinzip nun verwenden, um unsere Nachbarschaftsmatrix zu berichtigen. Summieren wir den Originalvektor für Webseite A (0, 0, 1, 1) auf, sehen wir, dass es zwei ausgehende Links gibt. Unser nächster Schritt ist, jeden Eintrag im Vektor durch diese Zahl 2 zu dividieren. Das führt zu:

$$\begin{pmatrix} 0 \\ 0 \\ \dfrac{1}{2} \\ \dfrac{1}{2} \end{pmatrix}.$$

Der Clou dieses Schrittes ist der folgende: Hat unsere Webseite nur einen ausgehenden Link, trägt dieser mehr zu der Empfangs-Webseite bei, als wenn unsere Webseite wahllos unzählige Links verteilt. Die Division durch die Gesamtzahl der ausgehenden Links drückt also aus, mit wie vielen anderen sich unsere Empfangs-Webseite den Einfluss teilen muss.

Führen wir dies für A, B, C und D aus und fügen die entstandenen revidierten Vektoren wieder zu einer Nachbarschaftsmatrix zusammen, die wir M nennen wollen, erhalten wir:

$$M = \begin{pmatrix} 0 & 1 & 1 & \dfrac{1}{3} \\ 0 & 0 & 0 & \dfrac{1}{3} \\ \dfrac{1}{2} & 0 & 0 & \dfrac{1}{3} \\ \dfrac{1}{2} & 0 & 0 & 0 \end{pmatrix}.$$

Wenn wir uns daran erinnern, dass unser ursprüngliches Ziel war, jeder Seite ein Maß für ihren Einfluss, ihren Rang oder ihren Platz in der Rankingliste zuzuordnen, können wir dieses Maß nun für die vier Seiten als $r_A$, $r_B$, $r_C$ und $r_D$ angeben und zu einem Vektor r zusammenfassen:

$$r = \begin{pmatrix} r_A \\ r_B \\ r_C \\ r_D \end{pmatrix}.$$

Damit unser Ranking- oder Bewertungssystem so funktioniert, wie wir es gern hätten, muss es den Einfluss berücksichtigen, den A durch die hereinkommenden Links von B, C und D erhält – wobei wir uns erinnern, dass diese in der obersten Zeile der Matrix M notiert sind. Das führt zu einer Bedingung für $r_A$, die erfüllt sein muss:

$$r_A = r_B + r_C + \frac{1}{3} r_D.$$

Die anderen Zeilen von Matrix $M$ produzieren ähnliche Gleichungen für B, C und D. Aber was ist die genau Verbindung dieser vier Gleichungen mit der Matrix M? Es ist viel einfacher als es aussieht: Es geht nur um eine Matrix-Multiplikationen wie wir sie schon kennen. Die vier Gleichungen können zu einer einzigen einfachen zusammengefasst werden, die den Vektor $r$ mit der Matrix $M$ verbindet:

$$M \cdot r = r.$$

Diese Gleichung drückt die Grundbedingung aus, die $r$, der Vektor des Rangs der Seite, erfüllen muss. Im mathematischen Jargon heißt $r$ „stationärer Vektor" oder „Eigenvektor" der Matrix $M$, mit anderen Worten: Die Multiplikation mit $M$ lässt ihn unverändert.

Nun ist unser Ziel klarer geworden: Wir müssen den stationären Vektor $r$ berechnen. Er drückt den Einfluss von jeder der vier Webseiten aus. Die Mathematiker haben solche Rechnungen schon seit dem 18. Jahrhundert angestellt und haben eine ganze Batterie algebraischer Verfahren entwickelt, die man zur Lösung des Problems heranziehen kann. Wenn nun aber reale Suchmaschinen diese Rechnungen durchführen, stoßen sie auf eine weitere Komplikation: Natürlich ist die Zahl der beteiligten Seiten weit größer als vier. Sie müssen sich mit einer $n \times n$-Matrix befassen, bei der $n$ einige Billionen umfasst. In einer solchen Situation helfen auch die Lieblingstricks der Mathematiker nicht mehr gegen endlos lange Rechenzeiten. Es gibt aber eine Geheimwaffe, eine Art Powermethode, die verwendet werden kann, um den stationären Vektor zu finden. Die Prozedur wurde 1913 von dem in Łódź geborenen Mathematiker Chaim Müntz (1884–1956) erfunden. Das allgemeine Prinzip ist, dass man mit einem Vektor beginnt, dessen Werte sich auf 1 addieren. Wir wollen ihn $t$ nennen:

$$t = \begin{pmatrix} 1 \\ 0 \\ \vdots \\ 0 \end{pmatrix}.$$

Dieser Vektor wird dann immer wieder mit der Matrix M multipliziert. Die Mathematiker haben bewiesen, dass die Folge der Vektoren $t$, $Mt$, $M^2t$, $M^3t$ … unter bestimmten Voraussetzungen schließlich zu einem stationären Vektor konvergiert, der uns dann das Ranking jeder Webseite liefert. Für praktische Zwecke reicht es gewöhnlich, die Rechnungen bis zu $M^{100}t$ durchzuführen.

Die Methode von Müntz hat nicht nur den Vorteil, in einer vernünftigen Zeit durchgerechnet werden zu können, sie verweist auch auf ein anderes intuitives Verständnis des Rankings von Webseiten, das sich auf das Verhalten eines zufällig ausgewählten Nutzers des Internets bezieht.

# Die Irrwege der Zufallssurfer

Wir wollen uns nun vorstellen – und es ist nicht schwer sich das vorzustellen –, dass wir einige Minuten der Langeweile mit planlosem Surfen im Web füllen. Wir klicken auf Links und wandern so von Seite zu Seite, ganz und gar dem Zufall folgend. Dabei werden wir wahrscheinlich in Richtung der einflussreichen Seiten gezogen, die von überallher verlinkt werden, und nicht zu Seiten im Schatten, zu denen keine Links führen. Wir können diese Wahrscheinlichkeit auch präziser fassen: Wenn wir nur lang genug zufällig klicken, ist die Wahrscheinlichkeit, dass wir auf einer bestimmten Seite landen, exakt durch deren Ranking bestimmt.

Wir können dieses Prinzip illustrieren, indem wir wieder zu unserem Mini-Web mit den vier Webseiten zurückkehren und mit unserem Vektor t starten:

$$t = \begin{pmatrix} 1 \\ 0 \\ 0 \\ 0 \end{pmatrix}.$$

Wir können $t$ so interpretieren, dass wir völlig zufällig auf Webseite A zu surfen beginnen. Multiplizieren wir diesen Vektor mit der Matrix $M$ erhalten wir:

$$Mt = \begin{pmatrix} 0 & 1 & 1 & \dfrac{1}{3} \\ 0 & 0 & 0 & \dfrac{1}{3} \\ \dfrac{1}{2} & 0 & 0 & \dfrac{1}{3} \\ \dfrac{1}{2} & 0 & 0 & 0 \end{pmatrix} \begin{pmatrix} 1 \\ 0 \\ 0 \\ 0 \end{pmatrix} = \begin{pmatrix} 0 \\ 0 \\ \dfrac{1}{2} \\ \dfrac{1}{2} \end{pmatrix}$$

Dieses Resultat sagt uns, dass wir nach *einem* Klick mit je 50-prozentiger Wahrscheinlichkeit auf C und D landen. Multiplizieren wir nun den Vektor wieder mit $M$, führt das zu:

$$M^2 t = \begin{pmatrix} \dfrac{2}{3} \\ \dfrac{1}{6} \\ \dfrac{1}{6} \\ 0 \end{pmatrix},$$

was uns sagt, mit welcher Wahrscheinlichkeit der Surfer wo landet. Nach *drei* Klicks sieht es so aus:

$$M^3 t = \begin{pmatrix} \dfrac{1}{3} \\ 0 \\ \dfrac{1}{3} \\ \dfrac{1}{3} \end{pmatrix}.$$

Bis jetzt wird noch kein Muster deutlich, aber nach acht und mehr Durchgängen scheint sich der Vektor von Klick zu Klick nicht mehr dramatisch zu ändern. Er bewegt sich dann ziemlich schnell auf einen endgültigen Wert von *r* zu:

$$t = \begin{pmatrix} \dfrac{3}{7} \\ \dfrac{1}{14} \\ \dfrac{2}{7} \\ \dfrac{3}{14} \end{pmatrix}.$$

Wir sind an unserem Ziel angelangt: bei dem Vektor, der den relativen Einfluss unserer vier Webseiten angibt. Wenn wir per Zufall lange genug in unserem Mini-Web herumsurfen, landen wir schließlich mit der Wahrscheinlichkeit

3/7 auf A, mit 1/14 auf B usw. Es ist auch leicht zu überprüfen, dass der Vektor die Grundgleichung $M \cdot r = r$ erfüllt.
Wie zu erwarten war, ist A in unserem Mini-Web die ein-
flussreichste Seite – gefolgt von C, dann D und schließlich B.

# Der Lockruf des Geldes

„Im Grunde ist unser Ziel, alle Informationen der Welt zu
ordnen und sie für alle zugänglich und nutzbar zu machen.
Das ist unser Auftrag." Das waren die Worte von Larry
Page von Google im Jahre 1998. In der Zwischenzeit haben
unzählige Veränderungen, Abkömmlinge und Zusätze der
Suchmaschinen mit der schnellen Expansion des Internets
mehr als mitgehalten, sodass man sich nun in dieser virtuellen Welt einfacher orientieren kann. Es geht dabei natürlich
nicht nur um technische Dinge. Letzten Endes ist der wirkliche Wert einer Webseite für ihren Betrachter eine subjektive Angelegenheit. Deshalb sind Suchmaschinen nur allgemeine Wegweiser. Sie gleichen einem Bibliothekar, der
Sie zum richtigen Regal schickt, aber nicht *das* bestimmte
Buch für Sie herausnimmt, geschweige denn, dass er es für
Sie liest.

Trotzdem: Das Rennen ist eröffnet. Das Ziel ist, immer
besser zu verstehen, wie sich die Benutzer im Web bewegen, warum sie bestimmte Wege einschlagen und wohin
sie als Nächstes gehen. Hier klingen zwei weitere Themen
an. Google und seine Konkurrenten sind keine karitativen
Einrichtungen, und der Wunsch nach einem genauen Pa-
ge-Ranking und einer erfolgreichen Suche nach Schlüssel-
begriffen ist immer enger mit den Bewertungsmodellen der
Online-Werbung und dem ständig größer werdenden Um-

fang des Internet-Kommerzes verbunden. Sind die Internet-User bereit, zwischen der bequemen Benutzung und der Ausspähung ihrer Aktivitäten durch die Online-Unternehmen, die ihnen ihre Produkte und Dienste verkaufen wollen, einen Kompromiss einzugehen? Derzeit scheint die Antwort „ja" zu sein, so groß ist der Vorteil, den der Internet-Zugang bietet. Die Debatte wird aber immer wieder einmal eröffnet. Während uns der mathematische Fortschritt mit Algorithmen versorgen kann, die in der Lage sind, unser Online-Leben zu ändern, müssen Entscheidungen über das Ob und Wie ihrer Benutzung letzten Endes nach sozialen und politischen Kriterien getroffen werden.

# 31

## Bitte warten …!
## Bitte warten …!
### *Die Mathematik der Warteschlangen*

Aus alter Tradition sind die Briten förmlich süchtig danach – das glaubt zumindest, wer Spaß an solchen nationalistischen Vorurteilen hat –, und nur die Allermächtigsten können sie vermeiden: die Warteschlangen. Aber einige haben sogar Freude daran gefunden, Theorien über das Phänomen aufzustellen, die weitreichende Konsequenzen haben.

Das Schlangestehen ist eine ermüdende Aktivität, in einer übervölkerten Gesellschaft, die irgendwie organisiert ist, gehört es aber zum modernen Leben dazu. Es ist ein so selbstverständlicher Teil des Alltags, dass wir über die vielen unterschiedliche Arten von Schlangen und Staus überrascht sein könnten. Da sind zunächst die ins Auge fallenden und vertrauten Formen: anhalten bei Rot, warten an der Ladenkasse im Supermarkt, warten auf den Bus, in der Warteschleife des Callcenters hängen. Das Informationszeitalter und die Revolution der Telekommunikation haben uns aber noch weitere elektronische Schlangen beschert, die wir ertragen müssen ob wir wollen oder nicht.

Die Notwendigkeit, effiziente Systeme zur Organisation von Menschen zu planen, haben zur Entwicklung der ausgefeilten Mathematik einer Theorie der Schlangen beigetragen, deren Geschichte bis zu einer neuartigen Analyse der frühen Telefonvermittlungen zurückgeht, die in Skandinavien durchgeführt wurde. Heute ist auf der Grundlage dieser Erkenntnisse eine Fülle von praktischen Anwendungen entstanden, die von der Konstruktion paralleler Prozessoren im Computer bis zur Erhöhung der Effizienz von Fabriken reicht.

## Harmonie im Straßenverkehr

Wenn die Geschäftsführung nicht mit einer Fülle von Beschwerden überrannt werden will, werden in jedem ordentlich geführten Laden die Kunden selbstverständlich der Reihe nach bedient. Bei diesem Modell des „wer zuerst kommt, mahlt zuerst" wird zuerst bedient, wer schon am längsten wartet und an die Spitze der Schlange gelangt ist. Geht es aber um eine Schlange, in der nicht Menschen stehen, sondern seelenlose Objekte, die nicht gekränkt sind, wenn sich jemand vordrängelt, kann man sich auch andere Modelle vorstellen.

Ein Spüler in einem Restaurant nimmt immer den obersten Teller von dem Stapel, den die Bedienungen mit dreckigem Geschirr füllen. Hier wird immer das Geschirr gespült, das zuletzt kam und nicht dasjenige, das schon am längsten wartet und ganz unten im Geschirrberg liegt. Der Spüler folgt dem Prinzip „rein–raus": Der Stapel wird von oben abgearbeitet, die „Altlasten" kommen zuletzt dran (Abb. 31.1).

In der Computerwissenschaft sind Stapel seit den 1950ern gebräuchlich. Sie entstehen auf ganz natürliche Weise beim Beginnen und Beenden von Prozessen. Ein

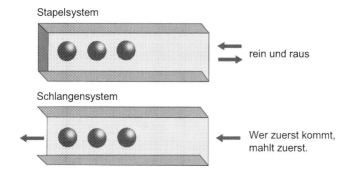

**Abb. 31.1** In Computersystemen sind Stapelsysteme häufiger als die traditionellen Schlangen. (© Patrick Nugent)

Programm A ruft eine Prozedur B auf, die wiederum eine Subroutine C benützt. A ist also die erste Aufgabe, die abgewickelt wird, dann wird B auf dem Stapel platziert und dann C. Um dann den Prozess zu beenden, geht der Computer in umgekehrter Reihenfolge vor: Zuerst wird C geschlossen, dann B und zuletzt A.

Natürlich würden in einer ideal geordneten Schlange gleich viele neue Mitglieder dazukommen, wie alte weggehen. Aber im realen Leben sind die Dinge nicht so einfach, und nirgendwo ist die Tendenz zur Bildung von Schlangen und Staus so ärgerlich wie im Straßenverkehr. Staus sind beispielsweise unvermeidbar, wenn viele Autos eine Straße entlang fahren, auf der das Überholen unmöglich ist. Aber *wie viele* Staus werden sich bilden? Die Antwort ist erstaunlich elegant. Zunächst: Das erste Auto kann so schnell fahren wie es will und wie es der Straßenzustand zulässt. Für jedes folgende Auto wird die Geschwindigkeit durch die des ersten Autos begrenzt. Auch wenn der Fahrer schneller fahren will, bleibt ihm nichts übrig, als sich hinter dem ersten Auto einzuordnen. Will der Fahrer aber langsamer fahren, kann er seine Geschwindigkeit frei wählen. Er bildet dann den Kopf einer neuen Schlange. Die wichtigste Einsicht ist, dass jedes Auto eine neue Schlange bildet, wenn es das bisher langsamste ist.

Die Frage nach der Zahl der Schlangen kann man daher so formulieren: Wie viele Autos sind wahrscheinlich die jeweils langsamsten? Das erste Auto genügt zweifelsohne dieser Forderung und führt garantiert eine Schlange an – selbst wenn diese nur aus einem einzigen Auto besteht. Das zweite ist mit einer Wahrscheinlichkeit von 50 % langsamer. Ist es wirklich langsamer, fängt mit ihm eine neue Schlange an, womit es schon 2 Schlangen sind. Ist es nicht langsamer, gehört es zur ersten Schlange, und die Zahl der Schlangen bleibt 1. Die Durchschnittszahl der Schlangen bei insgesamt zwei Autos ist also 1,5. Nach dem gleichen Prinzip ist die Wahrscheinlichkeit für das dritte Auto 1/3, das nunmehr langsamste zu sein, womit die Durchschnittszahl der Schlangen bei drei Autos

$$1 + \frac{1}{2} + \frac{1}{3}$$

beträgt. Führt man diesen Prozess weiter, ist die Zahl der Schlangen bei $n$ Autos:

$$1 + \frac{1}{2} + \frac{1}{3} + \cdots + \frac{1}{n}.$$

Dieses berühmte mathematische Objekt ist als harmonische Reihe bekannt. Bei ihr kommt ein klassisches Ergebnis zum Tragen. Eine natürliche Frage für den Mathematiker und den Verkehrsmanager ist, was auf lange Sicht passiert, wenn immer mehr Autos beteiligt sind. Wird die Durchschnittszahl der Schlangen über alle Grenzen anwachsen oder gibt es einen Grenzwert, dem sie zustrebt? Wie der Philosoph Nikolaus von Oresme (um 1330–1382) im 14. Jahrhundert zeigen konnte, wächst diese Reihe über alle Grenzen, auch wenn das nur sehr langsam vonstattengeht: Es wird immer unwahrscheinlicher, dass ein noch langsameres Auto zu der Kolonne stößt, aber wenn man nur lange genug wartet, wird es geschehen. Um einen Durchschnittswert von zehn Schlangen zu erreichen, müssten aber schon über 12.000 Autos teilnehmen.

## Spaß mit Fakultäten

In einer Autoschlange auf einer Straße, auf der das Überholen unmöglich ist, kann ein einzelnes Auto nichts tun, um seine Position in der Schlange zu verändern. In anderen Situationen kann das aber durchaus möglich sein. Wir wollen annehmen, dass fünf Freunde (Adam, Barbara, Carl, David und Edward – oder A, B, C, D und E) im Park sitzen, als ein Eiswagen vorbeikommt. Wenn alle gleichzeitig losrennen, um Eis zu kaufen, gibt es verschiedene Möglichkeiten, wie die Warteschlange aussehen wird – aber wie viele? Die Antwort gibt der mathematische Begriff der „Fakultät". Für die Pole-Position in der Schlange gibt es fünf Kandidaten: Es kann jeder der fünf sein. Ist diese Position besetzt, gibt es für Platz 2 noch vier Möglichkeiten. Das heißt, dass die Zahl der Möglichkeiten, Platz 1 *und* Platz 2 zu besetzen $5 \cdot 4 = 20$ ist. Führt man diesen Gedankengang weiter erhält man als Gesamtzahl der verschiedenen möglichen Warteschlangen $5 \cdot 4 \cdot 3 \cdot 2 \cdot 1 = 120$. Diese Rechenvorschrift nennen die Mathematiker „fünf Fakultät" oder „5!". Es gilt also $5! = 120$.

Bei der Analyse von Schlangen spielen Fakultäten eine zentrale Rolle, sie können aber auch bei der Beantwortung komplexerer Fragen herangezogen werden. Welche Konfigurationen sind möglich, wenn nicht fünf, sondern acht Freunde im Park plaudern und nur drei zum Eisholen geschickt werden? Wer geht? Und in welcher Reihenfolge warten sie auf das Eis? Am Kopf der Schlange können nun acht Personen stehen, für den zweiten Platz stehen sieben bereit usw. Insgesamt gibt es für die ersten drei Plätze $8 \cdot 7 \cdot 6 = 336$ mögliche Kombinationen.

Drückt man das in Fakultäten aus, so starten wir mit 8!, geben aber bei 6 auf. Oder anders gesagt: Es sind 8! Möglichkeiten, und auf 5! verzichten wir, also bleiben:

$$\frac{8!}{5!} = 336.$$

Die 5 taucht auf, weil 8 Personen insgesamt beteiligt sind und davon nur 3 in der Schlange stehen. Die allgemeine Regel ist, dass die Zahl der Permutationen (d. h. der verschiedenen Schlangen) von r Personen aus einer Gruppe von $n$ Personen

$$\frac{n!}{(n-r)!}$$

ist. In unserem Beispiel ist $n = 8$ und $r = 3$.

Es gibt noch eine weitere Variante des Themas, die wir analysieren wollen: Wenn die Reihenfolge in der Gruppe der drei Freunde keine Rolle spielt, vielleicht weil es ihnen einfach egal ist, wer zuerst drankommt, wir aber wissen wollen, wie viele verschiedene Dreiergruppen am Eiswagen anstehen könnten. In diesem Zusammenhang definieren wir zwei Gruppen als verschieden, wenn sie nicht aus genau den gleichen Personen bestehen. Die Reihenfolge spielt aber jetzt keine Rolle. Wie wir schon wissen, gibt es 336 mögliche Dreiergruppen, wenn die Reihenfolge eine Rolle spielt. Wir wissen auch, dass jede Dreiergruppe auf sechs verschiedene Weisen angeordnet werden kann (3! = 6). Die Antwort ist also, dass es 336/6 = 56 verschiedene *Kombinationen* von Dreiergruppen aus einer Gruppe von acht Personen gibt.

Ganz allgemein ist die Zahl der *Kombinationen* von r Personen aus *n* gleich der Zahl der *Permutationen* (die man mit der obigen Formel bestimmen kann), dividiert durch die Zahl der Anordnungen einer Gruppe von *r* Personen (also *r*!). Damit erhält man als allgemeine Formel:

$$\frac{n!}{r! \cdot (n-r)!},$$

woraus mit $n = 8$ und $r = 3$ die Lösung 56 folgt.

# „Ihr Anruf ist für uns sehr wichtig!"

Während wir alle recht vertraut mit realen Schlangen im Straßenverkehr oder am Eiswagen sind, gibt es andere Zusammenhänge, in denen wir von den anderen, die auch

Schlange stehen, nichts mitbekommen. Ein Beispiel ist, wenn wir ein Callcenter anrufen. Wenn wir unsere realen Erfahrungen einmal vergessen, glauben wir daran, dass Callcenter vorhaben, ihre Warteschlangen möglichst effektiv zu verwalten. Aber wie viele Mitarbeiter braucht ein Callcenter wirklich? Fragen dieser Art erweisen sich als mathematisch überraschend tiefgründig und wichtig. Sie gehen weit über die Bedürfnisse eines Kundendienstes hinaus.

Ein naiver Ansatz, um die Frage zu beantworten, könnte so aussehen: Empfängt das Callcenter in 8 Arbeitsstunden 8000 Anrufe, sind das 1000 Anrufe pro Stunde. Wenn jeder Anruf im Schnitt 2 min und 24 s dauert, kann jeder Mitarbeiter pro Stunde 25 Kundengespräche führen. Man braucht also 1000/25 = 40 Mitarbeiter. Das klingt alles erfreulich einfach, diese Art zu denken führt aber vermutlich zu einem Desaster, weil die Anrufe kaum gleichmäßig im Abstand von 2 min und 24 s eingehen. Es wird manchmal einen Ansturm geben, aber auch Flauten.

Ein durchdachterer Ansatz muss auf die mathematische Theorie der Schlangen zurückgreifen. Zu Beginn geht es darum, die Zahl $P$ der Anrufe zu bestimmen, die das Callcenter auf einer Leitung abwickeln kann. $P$ steht für die Wahrscheinlichkeit, dass ein Anrufer *nicht* durchkommt. Es ist die Zahl der Anrufe, die nicht durchkommen, geteilt durch die Gesamtzahl der Anrufe. (Für unsere Diskussion wollen wir annehmen, dass keine Warteschleife eingerichtet ist. Der Anrufer kommt entweder durch oder nicht). Je größer $P$ ist, umso schlechter arbeitet das Callcenter.

Der Manager des Callcenters wird sorgfältig auf die Größe von P achten und sich ein Ziel setzen: Er will, dass nicht mehr als 5 % der Kunden mit ihrem Anruf scheitern, es gilt also $P = 0{,}05$. Das sagt sich leicht, aber was der Manager wirklich wissen will, ist, wie viele Mitarbeiter er braucht, um dieses Ziel zu erreichen. Dazu muss er zwei Dinge wissen: Wie viele Anrufe gibt es pro Tag? Und: Wie lange dauert jedes Gespräch?

Dabei ist sehr praktisch, dass es ein übliches Maß für den Umfang des Telefonverkehrs gibt, das sowohl zum Ausdruck bringt, wie viele Leitungen es gibt, als auch zu wie viel Prozent diese belegt sind. Die Maßeinheit dafür ist das „Erlang" – nach Agner Krarup Erlang (1878–1929), einem dänischen Telefon-Ingenieur, dessen Analyse im frühen 20. Jahrhundert der Startschuss für die Theorie der Schlangen war. Ein Erlang ist definiert als der Umfang des Telefonverkehrs, der genau eine Leitung ständig in Gebrauch hält. Entsprechend ist ein Erlang, wenn zwei Telefonleitungen zu je der halben Zeit (bei drei Leitungen zu einem Drittel der Zeit) belegt sind.

Wir erinnern uns, dass der Manager wissen will, wie viele der Anrufer nicht durchkommen. Es geht also um die entscheidende Zahl $P$. 1917 gab Erlang einen Quotienten an, der als Erlang-B bekannt ist und den Wert von $P$ liefert.

$$P = \frac{\dfrac{E^n}{n!}}{1 + E + \cdots + \dfrac{E^n}{n}}.$$

Erlang-B wurde zur zentralen Formel in der Theorie der Schlangen und hängt von zwei Größen ab: dem Umfang des hereinkommenden Telefonverkehrs ($E$, gemessen in Erlangs) und der Zahl der Mitarbeiter des Callcenters (n).

Wir wollen im Durchschnitt 5 Erlang ($E = 5$) annehmen, d. h., es kommen so viele Anrufe, dass fünf Leitungen ständig belegt sind oder zehn Leitungen zur Hälfte usw. Unser Callcenter soll vier Mitarbeiter haben ($n = 4$). Der Zähler von Erlang-B ist der Ausdruck $E^n/n!$, was mit den Zahlen unseres Beispiels

$$\frac{5^4}{4!} = \frac{5 \cdot 5 \cdot 5 \cdot 5 \cdot 5}{4 \cdot 3 \cdot 2 \cdot 1} = \frac{625}{24}$$

und damit etwa 26,042 beträgt. Der Nenner von Erlang-B ist:

$$1 + E + \frac{E^2}{2!} + \frac{E^3}{3!} + \cdots + \frac{E^n}{n!}.$$

Mit anderen Worten: Es ist eine Reihe, in der die Potenz von $E$ wie auch die Grundzahl der Fakultät von Term zu Term um 1 bis auf $n$ zunimmt. Warum beginnt die Reihe mit $1 + E$? Das ist nur der deutlichste Weg, um die beiden ersten Terme der Reihe anzugeben, die ganz formal so aussehen:

$$\frac{E^0}{0!} + \frac{E^1}{1!}.$$

Setzen wir nun die Zahlen unseres Callcenters ein, erhalten wir:

$$1 + 5 + \frac{5^2}{2!} + \frac{5^3}{3!} + \frac{5^4}{4!} = 1 + 5 + \frac{25}{2} + \frac{125}{6} + \frac{625}{24} = 63{,}375.$$

Für unser Callcenter, für das *P* die Zahl der Anrufer angibt, die nicht durchkommen, erhalten wir mit der Formel Erlang-B:

$$\frac{26,042}{65,375} \approx 0,4.$$

Das bedeutet, dass 40 % der Anrufer auf eine belegte Leitung stoßen und nicht durchkommen. Wenn wir uns nun daran erinnern, dass unser Manager als Ziel *P* = 0,05 vor Augen hatte und nun sicher enttäuscht ist, ist klar, dass etwas geschehen muss. Eine weitere Analyse zeigt, dass erst mit 9 Angestellten der *P*-Wert unter die vorgegebene Schranke *P* = 0,05 fällt.

Es sind derartige praktische Erkenntnisse, die Erlangs Analyse so wertvoll machen. Mit Erlangs Hilfe kann man eine Faustregel aufstellen, die 1961 von John Little eingeführt wurde. Sie gibt den Zusammenhang zwischen der Zahl der Personen in einer Schlange und der Zeit an, die sie warten müssen. Ist die Zahl der Wartenden im Schnitt *A*, die Wartezeit jeweils *W* Minuten, und kommen je Minute *J* Personen neu zur Schlange, sagt uns Littles Gesetz, dass die mittlere Zahl der Personen in der Schlange durch folgende Formel gegeben ist:

$$A = W \cdot J.$$

In einem Callcenter, das moderner ist als das von uns geschilderte, das nicht einmal eine Warteschleife hat, ist *A* exakt der in Erlang gemessene hereinkommende Telefonverkehr. Littles Gesetz besagt nun, wie man diese Größe aus der Zahl der Personen, die pro Minute anrufen ($J$) und der durchschnittlichen Wartezeit ($W$) bestimmt.

# Krankenbetten und Datenpakete

Durch Ergebnisse wie die des Erlang-B-Gesetzes und des Little-Gesetzes erlangte die Wissenschaft der Schlangen zentrale Bedeutung für den reibungslosen Ablauf vieler Dinge des modernen Lebens, der Business-Welt, der Industrie und der Computerwissenschaft. Im Zusammenhang mit Callcentern haben technische Lösungen (insbesondere Warteschleifen) Erlang-B weit hinter sich gelassen, das Gesetz ist aber in anderen Zusammenhängen immer noch sehr aktuell, etwa wenn es um die Vorhersage von Staus in Telefonvermittlungen und ähnlichen Systemen geht. Das geht weit über die Telekommunikation hinaus. Ein schönes Beispiel ist das Krankenhaus-Management. Wenn die Verwalter wissen wollen, mit welcher Wahrscheinlichkeit die Betten für die Patienten knapp werden, so müssen sie gerade den Wert von $P$ bestimmen, den Erlang-B liefert.

Dem dänischen Ingenieur genügte das aber noch nicht. Er entwickelte auch noch einen ausgefeilteren und komplexeren größeren Bruder: Erlang-C, ein Gesetz, das auch Warteschleifen mit einbezieht. Wenn man von den gleichen Voraussetzungen (Umfang des hereinkommenden Verkehrs, Zahl der Mitarbeiter) ausgeht, bestimmt Erlang-C die Wahrscheinlichkeit, dass ein Anrufer warten muss. Mit unseren Zahlen ist es nahezu sicher, dass die Anrufer warten müssen, aber mit einer Aufstockung des Personals auf neun fällt diese Wahrscheinlichkeit unter 8 %.

Erlang-C feierte auch außerhalb von Callcentern Erfolge. Im Informationszeitalter wird es bei der Übertragung von Datenpaketen verwendet, die auf Computernetzwerken und 3G- und 4G-Handysystemen praktiziert wird. Die Art der Übertragung bestimmt, wie schnell wir Zugang zu unseren Webseiten haben. Statt über eine kontinuierliche Übertragung im Binärcode zu kommunizieren, verschicken und empfangen Netzwerke oft Datenpakete, die von Codes zur Korrektur von Fehlern begleitet werden (siehe Kap. 32). Diese Pakete können mathematisch wie die Anrufer in einer Telefonvermittlung behandelt werden. Die Geschwindigkeit des Netzwerks hängt unter anderem von der Wahrscheinlichkeit ab, dass sich Staus bilden, also genau von der Zahl, die Erlang-C liefert.

Von dem Netz aus Überlandleitungen und Telefonvermittlungen zum heutigen drahtlosen Netz der Handys, Smartphones und Wifi-Geräte hat sich nach Erlangs erster Analyse der demütig wartenden Schlangen viel geändert. Aber auch im 21. Jahrhundert ist sein Namen bekannt und hoch geschätzt. Erlangs Methoden sind für die Frage, wie und mit welcher Geschwindigkeit wir kommunizieren, wichtiger als je zuvor.

# 32

# Fehler beim Datenaustausch
## *Fehlersuche in der digitalen Kommunikation*

Im Informationszeitalter ist das Leben irgendwie fragiler als es in früheren Zeiten mit seinem einfacheren Alltag war. Während die moderne vernetzte Welt der Mails, Video-Links, SMS-Botschaften, der sozialen Netzwerke und des World Wide Web große Vorteile gebracht und die Welt zum „globalen Dorf" gemacht hat, hat sie uns auch davon abhängig gemacht, dass die komplexen Computersysteme immer störungsfrei funktionieren: 24 h am Tag, 7 Tage in der Woche und 365 (oder 366) Tage im Jahr. Wir übertragen immer mehr Gewalt über die Gestaltung unseres Lebens an Online-Techniken. Wenn man zum Beispiel den wachsenden Markt des Internet-Bankings betrachtet, kann heute ein falscher Mausklick die Operationen der gesamten Bank ins Chaos stürzen, während früher menschliches oder technisches Versagen vielleicht den Kontoinhabern bei einer Bankfiliale schlaflose Nächte bereitete. Für solche Schreckensszenarien gibt es durchaus einige Beispiele in der jüngsten Vergangenheit. Die Risiken werden noch größer, wenn man an Fragen der nationalen Sicherheit oder an Abläufe in der Regierung sowie im Gesundheitsbereich denkt. Wir sind inzwischen einerseits mächtiger geworden als je zuvor, andererseits aber auch verletzlicher.

Mit der Möglichkeit menschlichen Versagens müssen wir immer rechnen. Trotz aller Ausgereiftheit sind die Geräte, die wir täglich benutzen, nicht ganz perfekt: Die Software enthält Bugs, Netzwerke stürzen ab und Geräte geben den Geist auf. Und natürlich treten nicht alle Fehler per Zufall ein: Hacker, Rowdys, Diebe und Erfinder von Viren hinterlassen ihre unerwünschten Spuren auf unseren wertvollen Botschaften. Es zählt daher zu den wichtigen Zielen der modernen Computerwissenschaft, Wege zur Verbesserung der Informationsübermittlung zu finden, die gegen Fehler abgeschottet sind. In der Sprache der Computerexperten geht es bei der Information, über die wir reden, um den Fluss von Bits – und damit sind wir mitten in der Welt der Mathematik.

## Eine Welt aus Einsen und Nullen

Bits sind die Komponenten des Binärsystems der Zahlen, dem System mit der Basis 2. Ein Bit kann zwei Werte annehmen: 0 oder 1, und die digitale Information ist heutzutage in langen Ketten dieser Bits verschlüsselt. Schleicht sich ein Fehler ein, und ein einzelnes Bit wechselt durch einen Fehler von 0 auf 1 oder umgekehrt, wird aus 111001101 zum Beispiel 101001101. Das kann katastrophale Folgen haben: Stellen Sie sich vor, die Kreditkartennummer oder die Aufzeichnung medizinischer Daten ist falsch. Wie kann man dieser Gefahr begegnen?

Der naivste Ansatz ist, jedes Bit – vielleicht dreimal – zu wiederholen. Aus 101001101 wird dann 111000111000000111111000111. Wird nun ein einzel-

**Tab. 32.1**   Bestimmung der Paritätsbits

|            | Original-Nachricht | Paritätsbit |
|------------|--------------------|-------------|
| Nachricht 1 | 000101101 | 0 |
| Nachricht 2 | 101001101 | 1 |

nes Bit vertauscht, kann es der Empfänger sofort erkennen und automatisch korrigieren, indem er der Mehrheit in der Dreiergruppe folgt. Das illustriert auf einfachster Ebene, wie Fehlerkorrekturen funktionieren. Für einen exakten Mechanismus fehlt aber noch einiges. Zunächst ist der eigene Code damit nur gegen einzelne, isolierte Fehler geschützt. Schon wenn zwei Bits nacheinander umgedreht werden, bleibt der Fehler unentdeckt. Man könnte natürlich noch mehr Bits wiederholen, der Nachteil wäre aber, dass die Nachricht unverhältnismäßig lang würde.

Zum Glück gibt es auch elegantere, weniger Kummer machende Lösungen: Ein „Paritätsbit" bietet einen alternativen Schutz gegen Fehler. Dazu wird am Ende der Nachricht ein einzelnes neues Bit angehängt. Ob es 0 oder 1 ist, hängt von einer Regel ab: Ist die Quersumme aller Bits (also die Zahl der Bits mit 1) eine gerade Zahl, wird 0 angehängt, anderenfalls 1. Tabelle 32.1 zeigt ein Beispiel.

Beim Eintreffen der Nachricht überprüft die Software diese Rechnung. Auch dieses System ist weit davon entfernt, perfekt zu sein. Werden zwei Bits (bzw. eine gerade Zahl von Bits) umgedreht, fallen die Fehler nicht auf. Und selbst wenn ein Fehler angezeigt wird, sagt uns das Paritätsbit nicht, was eigentlich falsch ist. Andererseits hat das System einen beachtlichen Vorteil: Es verlängert die Nachricht nur um ein Bit. Trotzdem musste man sich etwas Ausgefeilteres überlegen.

# Die Schrecken des Checksum-Errors

Viele Benutzer von Computern sind mit dem Begriff „Checksum" (Prüfsumme) vertraut, auch wenn sie nur ungefähr wissen, was das bedeutet. Im Wesentlichen erweitert eine Checksum die Philosophie des Paritätsbits, aber sie setzt dabei an, dass der Binärcode nicht nur die Sprache der digitalen Information ist, sondern auch einen alternativen Weg darstellt, Zahlen unseres vertrauteren Dezimalsystems darzustellen. Bei der altmodischen Addition haben wir als Kinder in der Schule gelernt, Zahlen in Spalten anzuordnen: Hunderter, Zehner, Einer usw., wobei jeweils die Anzahl der Einer oder Zehner usw. mit 0 bis 9 angegeben wird. Im Binärsystem funktioniert das auf die gleiche Weise, wobei hier die Einer, Zweier, Vierer usw. in den Zahlen 0 oder 1 angegeben werden. Ein Wörterbuch zur Übersetzung vom Dezimal- ins Binärsystem würde anfangen wie in Tab. 32.2 aufgelistet.

Die Checksum bezieht sich typischerweise auf einen Block von acht Bits, der Byte genannt wird. Wenn wir einmal die Bedeutung eines Bytes für die Daten vergessen, kann jedes Byte als Zahl zwischen 0 (oder binär 00000000) und 255 (oder binär 11111111) interpretiert werden. Teilt man eine Nachricht in Bytes auf, kann man die Summe aller Zahlen, die die Bytes repräsentieren, am Ende in Binärform anhängen.

Wir können das am folgenden Beispiel nachvollziehen: Wir beginnen mit einer Nachricht, die 16 Bit lang ist: 1010011010010001. Sie kann in die zwei Bytes 10100110 und 10010001 aufgeteilt werden, die die Dezimalzahlen 166 und 145 repräsentieren. Deren Summe ist 311

**Tab. 32.2**   Dezimal- und Binärsystem

| Dezimal-system | 0 | 1 | 2 | 3 | 4 | 5 | 6 | 7 | 8 | ... |
|---|---|---|---|---|---|---|---|---|---|---|
| Binärsys-tem | 0 | 1 | 10 | 11 | 100 | 101 | 110 | 111 | 1000 | ... |

(in Binärform 100110111). Um die Menge von Zusatz-daten zu begrenzen, können wir das End-Byte dieser Zahl, 00110111, als Paritätsbyte anhängen. Mit ihm kann der Empfangscomputer die Daten überprüfen, indem er, wie schon der Name sagt, die Checksum der eingetroffenen Nachricht bestimmt und sie mit dem angehängten Paritäts-byte vergleicht.

Diese Art von Byte-Checksum ist beträchtlich robuster, wenn es um die Entdeckung von Fehlern geht, als das Pa-ritätsbit, da mit ihr weit mehr Fehler auffallen. Aber auch die Byte-Checksum ist verwundbar. Sollte durch irgendein Desaster die ganze Nachricht mit Nullen ankommen, wäre die ankommende Checksum 00000000. Der empfangende Computer wird die Integrität der Information akzeptieren, da sie ja technisch gesehen in Ordnung ist. Das könnte na-türlich verheerende Folgen haben. Ein Weg, eine doppel-te Prüfung vorzunehmen, besteht darin, beim Sender und Empfänger die Bits der Checksum umzudrehen, sodass man statt der Checksum 00110111 nun 11001000 hat. In die-sem Fall würde die Nachricht aus lauter Nullen zurückge-wiesen werden, weil als Checksum von 00000000000000 nun 1111111111 genannt wird. Das ist ein Standardver-fahren, aber wir können es für den Rest unserer Diskussion ignorieren.

Insgesamt entdecken die Checksum-Methoden die meisten Codierungsfehler. Wenn sich ein Fehler in die Daten mogelt und die Bits in einem Abschnitt der Nachricht verändert, der höchstens acht Bit groß ist, wird die Checksum den Fehler entdecken. Für längere Stücke mit beschädigten Daten findet die Checksum mit einer Wahrscheinlichkeit von 99,6 % die Fehler. Diese Grenze kann noch auf 99,998 % erhöht werden, wenn die Checksum mit einem Block von zwei Bytes Länge (16 Bit) statt mit einem arbeitet.

## Paritätsbits und Hamming-Codes

Es ist klar, dass die Checksum sehr effizient ist, und Varianten dieses Verfahrens werden üblicherweise beim Download von Files aus dem Internet benützt. Die Checksum ist aber, technisch gesehen, *kein* Fehlerbehebungscode. Sie entdeckt etwas Verdächtiges, kann es aber nicht dingfest machen. Es gibt andere Systeme, die Fehler berichtigen können, sobald sie auftauchen. Der früheste dieser Codes ist der Hamming-Code, der in den 1940ern von Richard Hamming (1915–1998) vorgeschlagen wurde, als er in den Bell Telephone Laboratories arbeitete.

Die Idee ist, einige klug gewählte Paritätsbits zu platzieren. Es ist die Mühe wert, sich ein Beispiel anzusehen, um das Prinzip zu begreifen. Angenommen, wir wollen eine Nachricht von 7 Bit Länge senden, sagen wir 1011001. In die Nachricht, die wir senden, werden Paritätsbits in den Positionen, die Potenzen von zwei sind (1, 2, 4, 8 …) eingesetzt. Wir wollen die vier Paritätsbits, die wir für unsere 7-Bit-Nachricht brauchen, $P_1$–$P_4$ nennen. Sie liefern folgende neue Reihe: $P_1$ $P_2$ 1 $P_3$ 0 1 1 $P_4$ 0 0 1.

Jedes dieser Paritätsbits gilt für eine bestimmte Folge von Positionen, wobei es in unserem Fall 11 Positionen sind. Die Zusammenhänge werden am deutlichsten, wenn wir die Positionen binär aufschreiben (Tab. 32.3).

Das erste Paritätsbit gilt für die Positionen, deren binäre Zahl mit 1 endet, das sind die Positionen 1, 3, 5, 7, 9 und 11. Wenn wir Position 1 ignorieren, die $P_1$ selbst enthält, finden wir, dass die Datenbits, die zu dieser Position gehören, 10101 ergeben. Diese Folge enthält eine ungerade Zahl von Einsen, die Parität ist $P_1 = 1$.

Ähnlich wird $P_2$ auf den Positionen berechnet, deren vorletztes Bit 1 ist, das sind die Positionen 2, 3, 6, 7, 10 und 11. Das korrespondiert mit den Datenbits 11101 mit einer geraden Zahl von Einsen, woraus $P_2 = 0$ folgt. Führt man diese Analyse weiter, so hängt $P_3$ von Positionen ab, deren drittletztes Bit 1 ist (4, 5, 6 und 7). Hier ist die Daten-Subsequenz 011, also gilt $P_3 = 0$. Schließlich beruht $P_4$ auf den viertletzten Bits mit 1, den Positionen 8, 9, 10 und 11, was zu 001 führt und $P_4 = 1$.

Sind all diese Zahlen berechnet, wird die ursprüngliche Nachricht mit ihren 7 Bits (1011001) mit den vier Paritätsbits kombiniert (1, 0, 0, 1), die rechts angehängt werden. Insgesamt hat man dann 10110011001.

Der Hamming-Code mag nach einer ziemlich ausgefeilten Methode aussehen. Der Punkt ist: Jede Position liegt nun im Bereich einer unverwechselbaren Sammlung von

**Tab. 32.3** Hamming-Code

| Position (dezimal) | 1 | 2 | 3 | 4 | 5 | 6 | 7 | 8 | 9 | 10 | 11 |
|---|---|---|---|---|---|---|---|---|---|---|---|
| Position (binär) | 0001 | 0010 | 0011 | 0100 | 0101 | 0110 | 0111 | 1000 | 1001 | 1010 | 1011 |
| Datenbit | $P_1$ | $P_2$ | 1 | $P_3$ | 0 | 1 | 1 | $P_4$ | 0 | 0 | 1 |

Paritätsbits. So fällt die Position 7 in den Bereich $P_1$, $P_2$ und $P_3$, während die Position 10 von $P_2$ und $P_4$ regiert wird. Die Paritätsbits, die einer bestimmten Position zuzuordnen sind, können direkt aus ihrer binären Schreibweise abgelesen werden: im Binärcode ist $7 = 0111$. Da diese Zahl von rechts gelesen in der 1., 2. und 3. Position eine 1 hat, können wir angeben, dass sie unter $P_1$, $P_2$ und $P_3$ fällt. Ähnlich ist $10 = 1010$, hier stehen die Einsen in der 2. und 4. Position und damit sind $P_2$ und $P_4$ zuständig. Dadurch wird die Identifizierung und Korrektur von Fehlern erheblich vereinfacht.

Wenn bei den eingehende Daten $P_1$, $P_2$ und $P_3$ Fehler anzeigen, $P_4$ aber nicht, deutet das stark darauf hin, dass das Bit in Position 7 umgedreht ist und korrigiert werden sollte. Sind andererseits $P_2$ und $P_4$ nicht in Ordnung, wohl aber $P_3$ und $P_1$, fällt der Verdacht auf Position 10.

Mit der Zugabe eines Gesamtparitätsbits am Ende, der für die gesamte Nachricht gilt, sind die Hamming-Codes ziemlich robust: Sie können verlässlich Einzelfehler korrigieren und finden auch Doppelfehler (ohne sie aber zu korrigieren). Mehr noch: Bei längeren Nachrichten ist die Zahl der zusätzlichen Paritätsbits verglichen mit der Nachrichtenlänge bescheiden. In einer Nachricht mit $2^m$ Bits gibt es nur $m + 1$ Paritätsbits. Wenn wir mit $m = 8$ eine Nachricht von 128 Bits haben, enthält diese nur 9 Paritätsbits, womit 93 % des Speicherplatzes für die „richtigen" Daten genützt werden. Diese Rate wird immer besser, je länger die Nachricht ist.

# Hamming-Kugeln und der perfekte Code

Der Hamming-Code war der erste Code zum Finden von Fehlern, und seine Eleganz und Effizienz hat zur Folge, dass er auch heute noch in Systemen verwendet wird, die anfällig für zufällige individuelle Fehler sind. Seit der Zeit Hammings hat dieses Arbeitsgebiet aber an Größe und mathematischer Spitzfindigkeit rasant zugenommen. Heute wird eine Vielzahl von Codes zum Finden, vor allem aber auch zum Korrigieren von Fehlern in allen möglichen technologischen Zusammenhängen eingesetzt: vom Schutz der Computer gegen Viren bis zu Verfahren, mit denen auch zerkratzte CDs und DVDs zum Laufen gebracht werden können.

Um die vielen Codes, die heute verwendet werden, zu analysieren, lohnt es sich, einen breiteren Ansatz zu wählen. Dabei erhält das Thema auch einen unerwarteten geometrischen Anstrich. Wir wollen mit zwei binären Worten – 1100 und 1001 – beginnen. Ihre „Hamming-Distanz" ist die Zahl der Bits, die man umklappen muss, um das eine Wort in das andere zu verwandeln. In unserem Fall ist sie 2, da das 2. und 4. Bit umgeklappt werden müssen.

Mit dem üblichen Begriff für Distanz können wir nun geometrische Objekte wie beispielsweise Kugeln betrachten. Wie eine gewöhnliche Kugel mit 2 cm Radius als der Ort aller Punkte definiert ist, die bis zu 2 cm vom Mittelpunkt entfernt sind, können wir von einer Hamming-Kugel mit Radius 2 sprechen, deren Mittelpunkt das Wort 1100 ist: Sie umfasst alle anderen Wörter, die nicht mehr als 2 entfernt sind, aber nicht Wörter wie 0111, bei denen 3 oder mehr Bits umgeklappt werden müssen.

Wann immer Wörter übertragen werden, können sich Fehler einschleichen. Wir wollen annehmen, dass sich bei einem Wort W bei der Übertragung bis zu r Fehler eingeschlichen haben, sodass das Wort beim Empfänger in einer Hamming-Kugel um W mit Radius r liegt.

Nun wollen wir annehmen, dass wir eine Nachricht aus 16 binären Wörtern senden wollen, die jeweils 4 Bits lang sind: 0000, 0001, 0010, 0011, 0100, 0101, 0110, 0111, 1000, 1001, 1010, 1011, 1100, 1101, 1110 und 1111. Um uns gegen Fehler zu schützen, wollen wir diese Nachricht nicht direkt schicken, sondern jedes Wort zuvor in eine längere Form übersetzen, beispielsweise mit je sieben Bit. Wir haben dann im Binärsystem $2^7 = 128$ Wörter der Länge 7. Es werden also nicht alle von ihnen Codewörter für eines unserer Originalwörter sein. Dieser Überschuss ist hilfreich, weil er als Pufferzone gegen Fehler dienen kann.

Da wir vorsichtig sind, werden wir keinesfalls zwei unserer Vier-Bit-Wörter den Sieben-Bit-Codewörtern 0000000 und 0000001 zuweisen, da dann schon ein einzelner Fehler fatale Folgen für die Nachricht haben kann. Wir sollten vielmehr unser Wörterbuch sorgfältig nutzen und die friedlichen, störungsfreien Bereiche zwischen den Codewörtern maximieren.

Wenn wir die oben beschriebenen Hamming-Techniken benützen, um unsere Codewörter zu erzeugen, erhalten wir 0000000, 1101001, 0101010, 1000011, 1001100, 0100101, 1100110, 0001111, 1110000, 0011001, 1011010, 0110011, 0111100, 1010101, 0010110 und 1111111. In jedem dieser Codewörter kann man an der

3., 5., 6. und 7. Stelle das Originalwort lesen, während an den anderen Stellen Paritätsbits sitzen, wie wir es oben diskutiert haben. Es handelt sich um einen (7, 4)-Hamming-Code, das heißt, dass Wörter der Länge 4 in Codewörtern der Länge 7 eingeschlossen sind.

Das Nützliche an der obigen Reihe ist, dass die Distanz zwischen je zwei Codewörtern mindestens 3 beträgt. Das bedeutet, dass nach der Ankunft eines Wortes mit einem Fehler kein Zweifel aufkommt: Es kann nur ein ganz bestimmtes Codewort sein, denn es gibt nur eines, dessen Hamming-Distanz 1 beträgt, das zweitnächste hat bereits die Distanz 2. Wir erinnern uns an die Hamming-Kugeln: Jedes Codewort hat um sich eine Kugel von Radius 1, die einen Sicherheitspuffer darstellt, da sich diese Kugeln nicht überlappen. Über unseren besonderen Code können wir sogar noch mehr sagen: Die Kugeln füllen den gesamten Raum, das heißt, jede denkbare Nachricht von 7 Bit Länge liegt innerhalb des Radius 1 von genau einem Codewort. (Es wird nicht immer so sein, dass die Kugeln, die die Codewörter trennen, den ganzen Raum erfüllen. Unser Beispiel stellt einen „perfekten" Code dar, wie das die Mathematiker nennen.)

Es ist nie schön, über Bits und Bytes zu schreiben: Nach einer Weile gehen die Ketten von Nullen und Einsen ineinander über und erscheinen dem Auge als undifferenzierter Brei. Zum Glück können wir es den Algorithmen des Computers überlassen, die Knochenarbeit zu leisten – eingeschlossen die immer ausgefeilteren Fehlerkorrekturverfahren. Die Forschung geht weiter, und die innovative Analyse, in die wir hier einen flüchtigen Blick geworfen haben, ist sogar noch weiter gegangen und hat neue und einfallsreiche Wege eröffnet, um Hamming-Kugeln in Räume verschiedener Dimension zu packen.

Am Ende ist es nicht überraschend, dass der Übermittlung von Informationen und dem Finden von Fehlern Mathematik zugrunde liegt. Aber es *ist* überraschend, welche Form diese Mathematik annimmt. Insbesondere ist es bemerkenswert, dass der Schutz gegen Fehler, die sich einschleichen, wenn man eine Mail abschickt, auf der Lösung von extrem heiklen Fragen der multidimensionalen Geometrie beruht.

# 33

# Roboter mit Hand und Fuß

## Die Mathematik der Roboterbewegung

Wir verdanken den Begriff „Roboter" dem tschechischen Dramatiker Karel Čapek, der ihn 1920 in seinem Drama *R. U. R.* prägte (*Rossumovi Univerzálni Roboti*; in deutscher Übersetzung 1922 unter dem Titel *WUR – Werstands Universal Robots*). Maschinenartige „Humanoide", die denken können, rebellieren gegen ihr Leben voll Schufterei im Dienste der Menschen. Čapeks Roboter haben ihren Namen vom tschechischen Wort *robota,* was „Sklaverei" und „Frondienst" heißt. Während Science-Fiction-Autoren über intelligente Roboter nachdenken, die ihre Grenzen überschreiten und außer Kontrolle geraten, assoziieren wir heute mit Robotern immer noch Geräte, die uns viel Arbeit ersparen und unseren Anweisungen unbeirrbar und ohne nachzudenken folgen, eben wie Roboter.

In der realen Welt wurde 1961 der erste industrielle Roboter von General Motors gebaut. Er hieß „Unimate". Heute gibt es unzählige Geräte, auf die die Bezeichnung Roboter passt. Während sie ohne nachzudenken arbeiten, gilt das nicht für die Ingenieure und Techniker, die sie schaffen und kontrollieren. Die modernen Roboter-Konstrukteure wollen die Prinzipien verstehen, nach denen kleine Kinder lernen, ihre Glieder zu koordinieren, um die exakten Bewegungen ausführen zu können, die für bestimmte Aufgaben nötig sind. Es gibt inzwischen eine eigene Wissenschaft, die sich mit dieser Kinematik beschäftigt und die voller geometrischer und algebraischer Ideen steckt, die für immer neue Fortschritte beim Verständnis der Roboterbewegungen sorgen.

## Freiheitsgrade

Wir wollen diese Ideen anhand einiger ganz unterschiedlicher Beispiele erläutern und uns dazu zunächst einen Roboterarm vorstellen, dessen Schulter an den Labortisch geschraubt ist, während das andere Ende als Greifer konstruiert ist. Diese Roboterhand ist fest mit dem Arm verbunden. In diesem Fall hat der Arm kein Gelenk, und die Hand mit dem Greifer kann ihre Funktion nur ausüben, wenn der gesamte Apparat exakt positioniert ist.

Fügt man ihm nun ein bewegliches Gelenk hinzu, ist die Kombination aus Arm und Hand schon wesentlich brauchbarer. Ist der Apparat beispielsweise mit einem Kugelgelenk am Tisch befestigt und einen Meter lang, ist der Arbeitsraum, den die Hand erreichen kann, erheblich erweitert. Der Arm kann nun durch Vorwärts-, Rückwärts-, Links- und Rechtsbewegungen alles ergreifen, was einen Meter von dem Kugelgelenk entfernt ist – also alles auf der Oberfläche seines halbkugelförmigen Arbeitsraums. Da der Arm aber in sich steif ist – er hat weder Ellbogen noch Handgelenk – kann er nur die Oberfläche des Arbeitsraums erreichen, aber nicht sein Inneres wie beispielsweise eine Stelle, die nur einen halben Meter entfernt ist. Um auch diesen Raum zugänglich zu machen, ist ein zweites Gelenk nötig, vielleicht in der Mitte des einen Meter langen Arms. Es könnte ein Scharnier sein, das dem menschlichen Ellbogen nachgebildet ist und sich nur auf eine Weise öffnen und schließen lässt. Durch Beugen dieses künstlichen Ellbogens kann nun die Hand im Raum einen Halbkreis beschreiben.

Am menschlichen Körper gibt es verschiedene Arten von Gelenken, wobei zwei grundsätzliche Prinzipien umgesetzt sind. Das erste ist die Rotation wie bei der Bewegung einer Tür. Die Rotationsachse wird in diesem Fall durch die Scharniere am vertikalen Türstock vorgegeben. Das Knie und der Ellbogen sind Beispiele für derartige Scharniere. Auch ein Bohrer arbeitet nach diesem Prinzip, er erscheint uns aber anders, weil bei ihm die Drehachse mitten durch das Gerät verläuft. In diesem Sinne führen beim Menschen auch Nacken und Schulter Rotationen aus. Das zweite Prinzip ist die Translation, d. h. eine geradlinige Bewegung. Das Ausziehen des Rohrs eines Teleskops ist ein Beispiel für Translation.

Nicht jede Bewegung kann durch diese beiden Formen beschrieben werden. Es ist aber eine grundsätzliche geometrische Tatsache, dass jede sogenannte steife Bewegung eine Kombination von Rotation und Translation ist. Wenn wir beispielsweise unseren Arm gerade halten, einen Finger nach oben strecken und einen Kreis in der Luft beschreiben, führen wir gleichzeitig zwei Rotationen aus: um eine horizontale und um eine vertikale Achse. Dagegen ist die Schraubbewegung mit einem Drillbohrer eine Kombination aus Translation (wenn der Bohrer immer tiefer eindringt) und Rotation (das Bohren selbst).

Es ist also klar, dass Gelenke und Gliedmaßen beim Menschen und bei Robotern ganz unterschiedliche Manövriermöglichkeiten haben. Das kann man präziser mit dem Begriff „Freiheitsgrad" beschreiben. Wenn wir die Hand von unserem Roboterarm abtrennen und ihn auch vom Labortisch lösen, sodass der steife Arm frei im Raum schwebt, gibt es sechs grundsätzlich verschiedene Bewegungsmöglichkeiten oder Freiheitsgrade. Was die Translation betrifft, kann er sich längs einer vertikalen Achse auf und ab bewegen und längs zweier horizontaler Achsen vor und zurück sowie nach links und rechts. Er kann auch um jede dieser drei Achsen rotieren. Es ist bemerkenswert, dass jede andere Bewegung wie beispielsweise die Rotation um eine diagonale Achse und eine Translation längs dieser Achse durch eine Kombination der sechs genannten Bewegungsmöglichkeiten beschrieben werden kann (Abb. 33.1).

Fügen wir nun in Armmitte ein Scharnier hinzu, erhöht sich die Zahl der Freiheitsgrade auf sieben, da sich zusätzlich zu den sechs Freiheitsgraden nun auch das Scharnier öffnen und schließen kann. Ein Kugelgelenk bietet sogar noch mehr Freiheitsgrade, nämlich drei: Es kann wie ein Drillbohrer rotieren, und es kann sich wie ein Scharnier in zwei Richtungen öffnen und schließen. Ein frei schwebender Arm mit einem Kugelgelenk in der Mitte hat also insgesamt neun Freiheitsgrade.

Wir wollen das noch etwas genauer untersuchen. Ist unser Roboterarm mit der Schulter am Tisch befestigt, während die Hand frei ist, kann man die Gesamtzahl der Freiheitsgrade so berechnen: Man addiert die Freiheitsgrade aller Gelenke auf und erhält als Summe beispielsweise $f$. Sind beide Enden nirgends befestigt, und der Arm schwebt

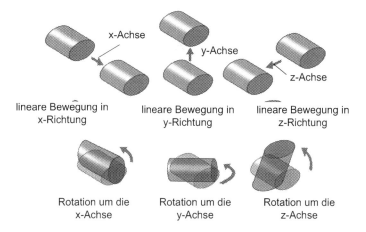

**Abb. 33.1**  Ein Körper, der im Raum treibt, hat sechs Freiheitsgrade. (© Patrick Nugent)

frei im Raum, beträgt die Zahl der Freiheitsgrade $6+f$. Das sind Beispiele für die „Mobilitätsformel", die ganz allgemein besagt, dass bei einem Objekt aus $n$ Teilen, die mit j Gelenken mit insgesamt $f$ Freiheitsgraden verbunden sind, die Gesamtzahl der Freiheitsgrade

$$6n - 6j + f$$

beträgt.

Ein Roboterarm, der aus zwei Teilen besteht, die durch ein Scharnier verbunden sind (1 Freiheitsgrad) und mit einem Kugelgelenk am Tisch festgeschraubt ist (3 Freiheitsgrade) hat somit $(6 \cdot 2) - (6 \cdot 2) + 4 = 4$ Freiheitsgrade. Befestigen wir das Kugelgelenk auf einem Wagen, der längs einer Schiene verschoben werden kann wie ein Hafenkran (1 Freiheitsgrad), wächst die Zahl der Freiheitsgrade auf

$(6 \cdot 3)-(6 \cdot 3)+5=5$ an. Kann der – ziemlich praktische – Wagen frei im Raum treiben, erhöht sich die Zahl der Freiheitsgrade auf $(6 \cdot 3)-(6 \cdot 2)+4=10$.

## Mobilität: Wie viele Gelenke braucht man?

Solche Gedanken muss sich jeder machen, der Robotergliedmaßen konstruiert. Kehren wir zu unserem am Tisch befestigten Roboterarm zurück und geben wir ihm einen Laserpointer in die Hand. Die Hand soll nun jeden Punkt im halbkugligen Arbeitsraum erreichen können, aber darüber hinaus wollen wir, dass der Laserstrahl von jedem Punkt in jede Richtung weisen kann. Das bedeutet, dass die Hand über ihre vollen sechs Freiheitsgrade verfügen soll, und wir müssen uns überlegen, wie viele Scharniere dazu nötig sind.

Ist ein Ende am Tisch befestigt, ist die Zahl der Scharniere j mit der Zahl der Teile $n$ identisch, und es ist $6n-6j=0$. Die Mobilitätsformel beruht nur noch auf $f$, der Gesamtzahl der Freiheitsgrade durch die Scharniere. Um unser Ziel zu erreichen, muss es insgesamt mindestens sechs Freiheitsgrade geben. Industriell gefertigte Roboterarme haben in der Regel Scharniere mit nur einem Freiheitsgrad und keine Kugelgelenke. Daher müssen nach dem gegenwärtigen Standard industriell hergestellte Roboterarme mit dieser Anforderung genau sechs Scharniere haben.

Der menschliche Arm hat im Gegensatz dazu sieben Freiheitsgrade: drei in der Schulter, einen am Ellbogen und drei im Handgelenk (sofern nicht Gicht und Rheuma die

Zahl der Freiheitsgrade reduzieren). Man könnte also den Eindruck gewinnen, dass der Roboterarm eingeschränkter als ein menschlicher Arm ist, in Wirklichkeit ist aber der menschliche Arm einfach nur zu üppig ausgestattet. Halten wir unseren Arm mit flacher Hand gerade nach vorn, können wir unsere Schulter um 90° drehen und unsere Hand vertikal stellen wie für einen Handschlag. Jetzt drehen wir unsere Hand mit dem Handgelenk wieder horizontal. In dieser Position heben sich die Rotationen der Schulter (auswärts) und der Hand (einwärts) gegenseitig auf.

## Kinematische Rätsel

Natürlich bekommt man mit irgendwelchen sechs Scharnieren noch keinen erfolgreich arbeitenden Roboterarm. Sechs Scharniere längs paralleler Achsen würden die Bewegungen des Arms auf eine ebene Fläche einschränken. Es genügt also nicht, nur die Freiheitsgrade zu zählen. Und das ist der Punkt, wo die hochkomplexe Wissenschaft der Kinematik in unserer Geschichte Einzug hält. Soll unser am Tisch befestigter Roboterarm aus zwei Teilen bestehen, sind vier Elemente beteiligt: das Schultergelenk, der Oberarm, der Ellbogen und der Unterarm. Legen wir die Position jedes Scharniers und die Form jedes Elements fest, stellt sich die Frage, in welcher Lage die Hand enden wird. Das ist eine Frage der „Vorwärtskinematik".

Die Gleichungen, die dieses Verhalten beschreiben, sind von der Form:

$$M = M_1 \cdot M_2 \cdot M_3 \cdot M_4.$$

$M_1$ beschreibt hier den Zustand des ersten Elements in der Kette, hier also des Schultergelenks, $M_2$ den Zustand des Oberarms, $M_3$ den des Ellbogens und $M_4$ schließlich den des Unterarms. Fügt man das alles zusammen, erhält man $M$, die Position der Hand. Je mehr Scharniere der Arm hat, umso länger wird natürlich die Kette. Wir können die geometrische Analyse ein wenig vorantreiben, indem wir festhalten, dass $M_1$ bis $M_4$ starre Bewegungen beschreiben und daher als Kombination von Translationen (z. B. $T_1$) und Rotationen (z. B. $R_1$), also beispielsweise mit $M_1 = T_1 \cdot R_1$ dargestellt werden können. Die kinematische Gleichung für einen Arm mit zwei Scharnieren sieht dann so aus:

$$M = T_1 \cdot R_1 \cdot T_2 \cdot R_2 \cdot T_3 \cdot R_3 \cdot T_4 \cdot R_4.$$

Das mag langwierig erscheinen, aber es untermalt, welch komplizierte algebraische Überlegungen in der Robotik auftreten. Die obige Gleichung gilt für *jeden denkbaren* Arm mit zwei Scharnieren (und kann leicht auf Arme mit mehr Gelenken ausgedehnt werden). Bei jedem speziellen Arm werden sich einige der Terme als trivial erweisen. Um das zu sehen, wollen wir annehmen, dass unser Arm aus zwei je 1 m langen Stangen besteht, die am Ellbogen mit einem Scharnier verbunden sind und mit einem weiteren Scharnier am Tisch befestigt sind. Wo ist die Hand, wenn die Stellung des Scharniers am Tisch so ist, dass der Oberarm 60° gegen den Tisch nach rechts geneigt ist, und sich der Ellbogen 90° nach unten öffnet (Abb. 33.2)?

Die Antwort liefert letztlich die kinematische Gleichung, aber ein intuitiverer Zugang ist, wenn wir uns eine Ameise vorstellen, die den Arm entlang krabbelt und jeweils die

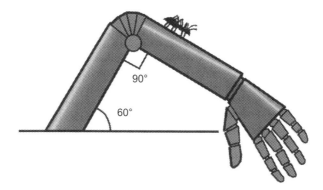

**Abb. 33.2** Die kinematische Gleichung für einen Roboterarm kann man sich als eine Folge von Anweisungen für eine Ameise vorstellen, die von der Basis bis zur Hand krabbelt. (© Patrick Nugent)

Rotations- und Translationsbewegungen an jedem Verbindungspunkt vollzieht. Sie startet an der Schulter, deren Koordinaten wir mit (0, 0) festlegen, und schaut horizontal nach rechts. Da sich die Schulter nicht zur Seite bewegt, weil sie am Tisch festgemacht ist, spielt $T_1$ keine Rolle. Aber $R_1$ richtet die Ameise mit einem Winkel von 60° nach oben aus. Als Nächstes sagt uns $T_2$, dass die Ameise 1 m weit längs des Oberarms krabbelt. Mithilfe der Trigonometrie erhalten wir die Koordinaten des Punkts, den die Ameise damit erreicht:

$$\left( \frac{1}{2}, \frac{\sqrt{3}}{2} \right).$$

Zur Reise der Ameise auf dem Oberarm gehört noch die Rotation $R_2$, da aber der Oberarm perfekt gerade ist, passiert für die Ameise nichts. Da sich der Ellbogen nicht seitwärts bewegt, entfällt $T_3$. Aber $R_3$ knickt den Weg der Ameise um 90° nach unten auf 30°. Der letzte Schritt ist nun, dass die Ameise 1 m in der neuen Richtung krabbelt, während $R_4$ wieder entfällt. Die Ameise kommt an der Hand an, wo sie unter einem Winkel von 30° gegenüber der Tischfläche nach unten blickt und beim Punkt

$$\left( \frac{1+\sqrt{3}}{2}, \frac{\sqrt{3}-1}{2} \right).$$

angekommen ist, was ungefähr (1,4, 0,4) entspricht. Wir kennen nun den Ort und die Ausrichtung der Hand.

Die Vorwärtskinematik beantwortet also Fragen nach der Position der Hand, wenn man die Dimensionen der Teile kennt und weiß, wo die Gelenke und Scharniere sitzen. Oft ist die Frage aber umgekehrt: Wir wollen, dass die Hand an einer bestimmten Stelle in eine bestimmte Richtung zeigt. Welche Kombination der Scharniere kann das bewirken? Das ist ein Problem der „inversen Kinematik" und das grundlegende Problem, das ein Roboter-Kontrolleur lösen muss, wenn er dem Roboter befiehlt, wie er seine nützlichen Aufgaben erfüllen soll.

Während die Vorwärtskinematik immer eine einmalige Antwort liefert, kann die inverse Kinematik durchaus verschiedene Wege finden, auf denen die Hand ihr Ziel erreicht. Wir haben schon einen Eindruck davon bekommen, als wir den überzähligen siebenten Freiheitsgrad des menschlichen Arms diskutiert haben. Es überrascht vielleicht auch, dass es unendlich viele Möglichkeiten gibt, die Hand vor uns in eine flache Position zu bringen, da wir die Schulter um jeden Winkel $x$ (bis zur Schmerzgrenze) nach außen drehen können und dann das Handgelenk um den gleichen Winkel nach innen. Da die Möglichkeiten für $x$ unendlich sind, hat diese besondere kinematische Gleichung unendlich viele Lösungen.

Für Roboterarme mit den standardmäßigen sechs Freiheitsgraden sind die Möglichkeiten nicht ganz so üppig, es wird vielmehr typischerweise immer eine endliche Zahl von Kombinationen geben, um ans Ziel zu kommen. Für einen Standardarm ist die Zahl der Lösungen nicht größer als 16, wie Eric Primrose 1986 bewiesen hat.

## Flugsimulatoren und das Andocken von Raumschiffen

Bis jetzt waren unsere Roboter seriell aufgebaut, das heißt, die Bauteile und Gelenke folgten aufeinander. Das ist der Standard für Roboterarme in der Industrie, aber anderswo benötigt man Roboter mit einer komplizierteren Bauweise. Einer der am bekanntesten (und nützlichsten) dieser Roboter ist die sogenannte Stewart-Plattform, die auch „Hexapod" genannt wird. Es handelt sich um einen sechsbeinigen Roboter, der eine Plattform trägt. Er wurde ursprünglich in den 1950ern von Eric Gough entworfen, seine Kinematik wurde später 1965 von D. Stewart in einem Aufsatz diskutiert.

Um die Freiheitsgrade des Hexapods zu bestimmen, müssen wir uns die Statistik seiner Gliedmaßen anschauen. Jedes Bein besteht aus zwei Teilen, die, zusammen mit der Plattform, der Maschine $n = 13$ bewegliche Teile bieten. Jedes Bein ist mit dem Boden über ein Gelenk verbunden, ein weiteres Gelenk befindet sich in Beinmitte, ein drittes an der Plattform, was zusammen $j = 3 \cdot 6 = 18$ ergibt.

Jedes der Gelenke hat zwei Freiheitsgrade, die alle auf Rotation ausgelegt sind, ausgenommen die Gelenke in Beinmitte, die nur eine Translation ermöglichen, weil es Teleskopverbindungen sind. Addiert man all diese individuellen Freiheitsgrade, erhält man $f = 2 \cdot 18 = 36$. Verwenden wir nun die Mobilitätsformel von oben, um die Freiheitsgerade der gesamten Plattform zu bestimmen, erhalten wir:

$$6n - 6j + f = 6 \cdot 13 - 6 \cdot 18 + 36 = 6.$$

Diese magische Zahl zeigt, dass die Stewart-Plattform wirklich nützlich ist: Ein Objekt auf ihr kann bezüglich aller sechs Freiheitsgrade manipuliert werden. Es kann vorwärts und rückwärts, nach links und rechts und nach oben und unten bewegt werden, und es kann nach hinten und vorn sowie nach links und rechts geneigt werden und schließlich im und gegen den Uhrzeigersinn gedreht werden. Trotz dieser Flexibilität hat die Stewart-Plattform den Vorteil großer Festigkeit: Die Plattform wackelt nicht. Mehr noch: Die inverse Kinematik dieses Roboters arbeitet vergleichsweise glatt. Um die Plattform in eine bestimmte Position zu manövrieren muss man nur die Länge der sechs Teleskopbeine justieren, die verbleibenden Rotationsbewegungen ergeben sich dann von selbst.

Flexibilität und Robustheit der Stewart-Plattformen bedeuten, dass sie für die verschiedensten Zwecke eingesetzt werden können: Stewart hat sie für einen Flugsimulator konstruiert, und größere Stewart-Plattformen werden auch heute noch verwendet, um Piloten zu trainieren. Manche von uns werden mit Stewart-Plattformen eher vom Rummelplatz vertraut sein, wo sie in spezielle Achterbahnen eingebaut sind: Der Fahrgast steigt in eine kleine Kabine auf der Plattform, nimmt seinen Platz ein und betrachtet während der Fahrt auf einem Bildschirm seine Reise zu den Sternen, in eine Kohlenmine und in die Luft, während die Plattform die entsprechenden Bewegungen macht. Ein ernsthafterer Anwendungsbereich von Stewart-Plattformen ist die Industrie, wo diese Präzisionsgeräte beim Betrieb eines Krans bis hin zum Brückenbau eingesetzt werden. Auch in der Raumfahrt spielen solche Roboter eine Rolle, so tragen sie, neben vielen anderen Aufgaben, auch zum Andock-Mechanismus an der Internationalen Raumstation ISS bei.

Bei der Schaffung von Robotern für heute und morgen benötigt man über die hier versuchte einfache Einführung hinaus höchst ausgefeilte Techniken der numerischen Analyse (siehe Kap. 17), um die besonderen kinematischen Gleichungen des Roboters zu lösen und die richtige Orientierung aller Gelenke herauszufinden. Es ist nicht übertrieben, dass eine der größten Herausforderungen für Roboterkonstrukteure ist, Roboter zu bauen, deren kinematische Gleichung schnell und leicht gelöst werden kann.

Der Einfluss der Mathematik auf die Robotik geht mindestens bis ins 18. Jahrhundert zurück, als Leonhard Euler zeigte, dass starre Bewegungen eine Kombination von Translation und Rotation darstellen. Es ist klar, dass Mathematiker und Roboter auch in Zukunft enge Freunde bleiben müssen.

# 34

# Heiße Luft und Kältetod
## Die Mathematik von Energie und Entropie

Es gibt wenige Dinge, die in so unterschiedlicher Gestalt auftreten können wie die Energie. Sie umgibt uns und verleiht uns Kraft, obwohl wir von ihr nur Notiz nehmen, wenn zu viel oder zu wenig von ihr da ist: beim Kleinkind, das durchs Haus tobt, oder der Zentralheizung, die nicht richtig funktioniert. Zu der Vielfalt ihrer Erscheinungen gehören die Hitze des Feuers, Licht und Lärm eines Gewitters, die Bewegungsenergie des Autos, die Lageenergie eines Objekts, das vom Schrank fällt und die chemische Energie des Benzins im Tank. Ein gut geregelter Energiehaushalt ist für die modernen Gesellschaften von zentraler Bedeutung, das fängt bereits bei unseren Körpern und der Frage an, ob wir ihn mit genug (oder zu viel) Energie in Form von Nahrung versorgen, und endet beim Management der Ressourcen eines Staates.

Die Wissenschaft von der Energie ist die Thermodynamik. Um sie zu verstehen, müssen wir einige mathematische Prinzipien erörtern. Von besonderem Interesse ist dabei die Entropie, deren überragende Rolle in immer mehr Bereichen erkannt wird. Der Begriff ist zu einem der wichtigsten der Naturwissenschaft geworden, denn er hilft den theoretischen Physikern, einige der seltsamsten Phänomene im Universum zu begreifen. Noch überraschender ist, dass die Entropie die Thermodynamik mit Disziplinen verbindet, die auf den ersten Blick nichts mit ihr zu tun haben, wie etwa mit der Informationstheorie, die dem Internet zugrunde liegt.

## Dynamik und Unordnung

Die Wissenschaft hat viele Wege entdeckt, wie sich die Energie von einer Form in eine andere verwandeln kann. Ein Beispiel ist der Verbrennungsmotor, dessen Technologie das frühe 20. Jahrhundert bestimmt hat. Er beruht darauf, dass die in den Benzinmolekülen gespeicherte chemische Energie in Wärme und vor allem Bewegungsenergie verwandelt wird, wenn das Benzin verbrennt. Dem Prozess liegt der 1. Hauptsatz der Thermodynamik zugrunde, der besagt, dass die Energie ihre Form ändern, aber nicht neu geschaffen oder vernichtet werden kann. Mit anderen Worten: Die Gesamtenergie des Universums ist und bleibt konstant. Man nennt dieses Gesetz auch Energieerhaltungssatz. Wie für das Universum gilt der Satz auch für jedes abgeschlossene System, also ein System, das nach außen keine Energie verliert und von dort auch keine zugeführt bekommt. Unser Planet gehört nicht zu den abgeschlossenen Systemen, denn er erhält fast alle Energie von der Sonne. Der 2. Hauptsatz der Thermodynamik ist etwas komplizierter und kann auf verschiedene Weise formuliert werden, beispielsweise als die Aussage, dass ein Prozess, bei dem Energie irgendwelcher Art in Bewegungsenergie verwandelt wird, nie hundertprozentig effizient sein kann. Ein Teil der Energie wird immer in Wärme, Licht oder Ähnliches verwandelt.

Immer wieder wurde versucht, diese beiden Hauptsätze in Zweifel zu ziehen. Die Gesetze schließen beispielsweise ein Perpetuum mobile kategorisch aus, was aber über die Jahrhunderte hinweg ambitionierte Erfinder nicht abschrecken konnte. Ein früher Typ einer solchen Maschine versuchte beispielsweise mit der Energie aus einem Wasserrad Wasser in ein hochgelegenes Becken zu befördern, das dann der Schwerkraft folgte und wiederum das Wasserrad antrieb. Ein genauerer Blick zeigt schnell den Fehler, der in diesem (und in jedem) Perpetuum mobile steckt. Da nach dem 1. Hauptsatz keine Energie erzeugt werden kann, ist die Maschine nicht in der Lage, zusätzliche Kraft aufzubringen. Der 2. Hauptsatz besagt zudem, dass es im Laufe der Zeit „abwärts" geht, weil bei dem Prozess jeweils ein wenig Energie aufgrund der Reibung in Wärmeenergie verwandelt wird. Die beiden Hauptsätze werden gern im Scherz auf zwei Sätze reduziert, die das Ganze drastisch beschreiben: „Du kannst nicht gewinnen" (1. Hauptsatz) und „Du kannst nicht einmal aus den roten Zahlen kommen" (2. Hauptsatz).

Eine alternative Formulierung des 2. Hauptsatzes hat schon 1856 Rudolf Clausius (1822–1888) vorgelegt: Es gibt keinen physikalischen Prozess, dessen Gesamtbilanz so aussieht, dass er Wärme von einem kälteren Objekt in ein wärmeres transportiert. Eine etwas tiefer greifende Variante stammt ebenfalls von Clausius. Es ist die Feststellung, dass die Gesamtentropie eines abgeschlossenen Systems im Laufe der Zeit zunimmt. „Entropie" ist ein Maß für die *Un-*

*ordnung* eines Systems. Man muss hier aber vorsichtig sein, denn die Unordnung könnte auch nur für den Beobachter existieren. Ein modernes Kunstwerk kann für den Betrachter zufällig und ungeordnet aussehen, ist aber in Wirklichkeit ein Gegenstand, der nach langen Überlegungen mit Sorgfalt hergestellt ist. Das Schlafzimmer eines Teenagers, das für die Eltern vermüllt aussieht, kann darüber hinwegtäuschen, dass der Bewohner genauestens über den Ort jeden Gegenstands Bescheid weiß: In diesem Chaos steckt also Methode. Der Begriff der Entropie hat sich im Laufe der Zeit zu einem der wichtigsten in der Naturwissenschaft entwickelt. Aber es ist natürlich für die Wissenschaft der Thermodynamik völlig unannehmbar, bei einer Interpretation von „Ordnung" und „Unordnung" auf subjektive Ansichten angewiesen zu sein.

Die Entropie kann zur Beschreibung des Makrozustands eines Objekts verwendet werden, also zum Beispiel von Gas in einem Behälter. Die Beschreibung umfasst die großskaligen, pauschalen Eigenschaften des Gases wie Druck, Temperatur, Volumen usw. Umgekehrt würde die Beschreibung des Mikrozustands des Gases, wenn man Quanteneffekte völlig außen vor lässt, Einzelheiten der Bewegung und Position von jedem Molekül umfassen. In diesem Größenbereich macht der Entropiebegriff keinen Sinn.

Die Entropie eines Makrozustands nimmt mit der Zahl möglicher Mikrozustände zu, die zu ihm beitragen. So hat zum Beispiel ein Gasbehälter, in dem alle schnellen, „heißen" Moleküle auf der linken Seite und die langsamen, „kalten" auf der rechten Seite herumschwirren, eine weit geringere Entropie, als wenn alle Moleküle gemischt sind. Das hat nichts mit der Ansicht des Beobachters zu tun, son-

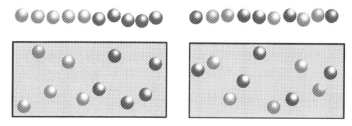

**Abb. 34.1** Die geordneten Situationen links haben eine niedrigere Entropie als die ungeordneteren Situationen rechts. (© Patrick Nugent)

dern ist eine mathematische Tatsache, denn die Zahl der Möglichkeiten für einen durchmischten Zustand ist weit größer als die der Möglichkeiten, die Moleküle zu sortieren.

Um das zu illustrieren, wollen wir uns die „heißen" und „kalten" Teilchen als fünf rote und fünf blaue Kugeln vorstellen, die in einer Reihe angeordnet sind. Die Gesamtzahl der Möglichkeiten, die Kugeln anzuordnen, kann mithilfe der Fakultät bestimmt werden (wie beim Zählen der Schlangen: siehe Kap. 31), sie beträgt 10! = 3.628.800. Innerhalb dieser Gesamtzahl gibt es nur relativ wenige Anordnungen, bei denen alle roten Kugeln auf der linken Seite und alle blauen Kugeln auf der rechten Seite liegen. Die Zahl der Anordnungen, die dieser Forderung genügen beträgt 5! · 5! = 14.400, das sind etwa 0,4 % aller Möglichkeiten. Ordnet man die Kugel umgekehrt an, also die roten nach rechts und die blauen nach links, hat man weitere 0,4 % der Gesamtzahl. Diese Makrozustände haben weniger Entropie als die viel größere Zahl der Fälle (99,2 %), in denen die Kugeln mehr oder weniger gemischt sind (Abb. 34.1).

# Das Maß der Entropie

Da der Buchstabe *E* traditionellerweise für die Energie vergeben wird, bezeichnet man die Entropie in der Regel mit *S*. Für einen gegebenen Makrozustand hängt die Größe der Entropie *S* von der Zahl der mit dem Makrozustand kompatiblen Mikrozustände ab, die wir *W* nennen wollen. Natürlich könnte man auch definieren, dass die Entropie gleich dieser Größe ist, dass also $S = W$ gilt. Es hat sich aber als praktischer herausgestellt, den Logarithmus zu wählen und $S = \log_2 W$ zu definieren. Ist also ein Gasbehälter mit $8 = 2^3$ verschiedenen Mikrozuständen kompatibel, beträgt die Entropie 3, während ein anderer mit $W = 128 = 2^7$ die Entropie 7 hat. (Mehr zu Logarithmen siehe Kap. 15). Bei all dem nehmen wir an, dass alle Mikrozustände gleich wahrscheinlich sind. Man kann auf diese Annahme auch verzichten, das führt zu einer etwas komplizierteren Formel, die wir aber außer Acht lassen wollen.

Die Einführung des Logarithmus mag nach einer unnötigen Erschwerung aussehen, sie hat aber einige bequeme Folgen. Das Wesentliche der Logarithmen, das auch der Grund für ihre Erfindung war, ist, dass mit ihrer Hilfe komplizierte Multiplikationen in einfache Additionen verwandelt werden können. Das führt uns zu einer zuverlässigen Methode, Entropien *addieren* zu können, wenn wir unterschiedliche Systeme aneinanderkoppeln.

Wenn wir die Entropie nur über die Zahl der Mikrozustände definieren (d. h. $S = W$ und nicht $S = \log W$), würde diese Addition nicht funktionieren. Stellen wir uns dazu zwei Gasbehälter vor, die nebeneinander stehen. Der erste enthält 8 kompatible Mikrozustände, der zweite 128.

Um die Zahl der Mikrozustände des Gesamtsystems zu berechnen, müssen wir die beiden Werte multiplizieren. Wir erhalten $8 \cdot 128 = 1024$. Nehmen wir stattdessen den Logarithmus und definieren $S = \log W$, so vereinfacht sich das Problem. Die beiden Behälter haben nun die Entropie $\log 8 = 3$ und $\log 128 = 7$, und der Gesamtbehälter aus beiden hat einfach die Entropie $\log 1024 = 10$. (Unten werden wir noch einen weiteren Hinweis auf die Präsenz der Logarithmen bei der überraschenden Beziehung von Information und Energie sehen.)

Die Entropie des Makrozustands ist also nun als $S = \log W$ definiert, wobei $W$ die Zahl der kompatiblen Mikrozustände ist. Es gibt aber noch zwei weitere Punkte, in denen sich das Bild der Entropie der Physiker auf den ersten Blick von dem der Mathematiker unterscheidet. Der erste Punkt ist, dass die Physiker aus historischen und traditionellen Gründen den *natürlichen Logarithmus* (auf der Basis von $e = 2,718$) vorziehen, dass also für sie $S = \ln W$ ist. Die Mathematiker lieben dagegen eher die Basis 2, wie sie auch in diesem Buch meist verwendet wird. Das Ganze ist aber nicht viel mehr als eine kosmetische Variante.

Der zweite Punkt ist, dass in jedem realistischen Szenario die Zahl der Mikrozustände $W$ gigantisch groß ist. Um daher zu einer vernünftigen Größe für das Maß der Entropie zu kommen, macht es Sinn, das Ganze zu skalieren. Die Konstante, die man in diesem Zusammenhang benützt, wird Boltzmann-Konstante oder einfach $k$ genannt. Damit ist dann für den Physiker die Definition der Entropie:

$$S = k \cdot \ln W.$$

Die Boltzmann-Konstante $k$ ist eine winzige Zahl (ungefähr $1{,}381 \cdot 10^{-23}$ J/K). Sie verknüpft die Energie eines Einzelteilchens (eines Elements des Mikrozustands) mit der Temperatur des Gases insgesamt (Merkmal des Makrozustands).

## Der Dämon steckt im Detail

Der 2. Hauptsatz der Thermodynamik stellt fest, dass die Entropie eines abgeschlossenen Systems im Laufe der Zeit nur zunehmen kann. Aber was bedeutet diese Aussage für die Mikrozustände? Wir wollen dazu zu unseren zwei Gasbehältern zurückkehren, stellen sie uns nun aber als zwei Kammern eines einzigen großen Behälters vor. Dann heizen wir die beiden Kammern auf verschiedene Temperaturen auf und beseitigen die Trennwand. In diesem Augenblick sei das heißere Gas, also das mit den schnelleren Molekülen auf der linken Seite und das kühlere mit den langsameren Molekülen auf der rechten Seite. Es ist klar, was nun passieren wird. Sich selbst überlassen wird sich das Gas durchmischen, und nach einer gewissen Zeit wird es überall eine mittlere Temperatur annehmen. Wie wir schon gesehen haben, hat der gemischte Zustand eine höhere Entropie. Der 2. Hauptsatz garantiert auch als ein statistisches Gesetz, dass es zu dieser Mischung kommen wird.

1867 hatte James Clerk Maxwell (1831–1879) eine Idee, um den 2. Hauptsatz zu widerlegen, und zwar nicht durch ein Perpetuum mobile und auch nicht durch irgendein anderes Gerät, sondern durch ein kluges Gedankenexperiment. Es fängt mit unserem Behälter mit durchmischtem

Gas an und der Trennwand, die ihn in zwei Teile teilt. Der Trick ist ein kleines, verschließbares Fenster in der Trennwand. Dort sitzt der „Maxwell'sche Dämon" wie Cerberus am Höllentor und kontrolliert das Öffnen und Schließen des Fensters, wenn einzelne Moleküle anklopfen. Er kann sie von links nach rechts oder umgekehrt durchlassen oder den Durchgang verweigern. Der Dämon öffnet das Fenster aber nur, um ein schnelles Molekül von rechts nach links durchzulassen oder ein langsames von links nach rechts. Schnelle Moleküle von links müssen dagegen links bleiben, langsame von rechts bleiben rechts. Nach einiger Zeit wird im linken Teil des Behälters heißeres Gas mit schnelleren Molekülen sein als im rechten Teil. Durch sein gezieltes Öffnen und Schließen des Fensters hat der Dämon den 2. Hauptsatz der Thermodynamik widerlegt.

Der Maxwell'sche Dämon hat über viele Jahre den Wissenschaftlern Kopfzerbrechen bereitet. Das erste Gegenargument ist, dass der Behälter nicht als abgeschlossenes System betrachtet werden kann. Die heutigen Theoretiker sehen aber den Schlüssel zu dem Paradox im Verständnis für eine andere Komponente des Systems: den Dämon selbst. Wie oder was er auch immer ist: Er muss zumindest in der Lage sein, die Geschwindigkeit der Moleküle zu bestimmen, um danach das Fenster zu öffnen oder zu schließen. Für diese Aktivitäten verbraucht der Dämon Energie. Wir können daher ganz allgemein darauf vertrauen, dass das Gesamtsystem (mitsamt dem Dämon) mehr Entropie gewinnen wird, als das gasgefüllte Gehäuse allein (also ohne dem Dämon) verlieren wird.

Es gibt aber einen interessanten Grenzfall. 1982 hat Charles Bennett argumentiert, dass der Dämon *wirklich* in der Lage ist, seine teuflischen Pflichten zu erfüllen, ohne dass die Gesetze der Thermodynamik dabei verletzt werden, solange er eine zusätzliche Komponente besitzt: ein Gedächtnis, in dem er alle Daten speichern kann, die er über die Moleküle im Behälter empfängt. Da aber jedes derartige Gedächtnis nur endliche Dimensionen haben kann, ist der Dämon nicht in der Lage, seine Aufgabe unendlich lange durchzuführen. Irgendwann muss er also in seinem Gedächtnis Platz schaffen, und in diesem Moment wird die Entropie des Gesamtsystems ganz nach den Regeln des 2. Hauptsatzes der Thermodynamik hinaufschnellen. Das führt uns zu wundervollen und ganz überraschenden Beispielen, wo sich die Wissenschaften gegenseitig befruchten.

## Entropische Exkursionen ins Schwarze Loch

Die Entropie spielt nicht nur in der Thermodynamik, dem Reich der Energie, eine Rolle, sondern auch immer mehr in einem Bereich, der auf den ersten Blick wenig mit Energie zu tun hat: der Informationstheorie, der Wissenschaft, die davon handelt, wie man Daten effizient übermitteln kann. Im Informationszeitalter ist das zu einem äußerst wichtigen Thema geworden, wobei Verfahren zur Behebung von Fehlern ein besonders schönes Beispiel für die Umsetzung der Theorie in die Praxis sind (siehe Kap. 32). Hinter der Verbindung von Thermodynamik und Informationstheorie steckt die Annahme, dass man in der Entropie eines Makrozustands das Maß für die Menge an Information sehen kann, die nötig ist, um einen einzelnen Mikrozustand zu spezifizieren. Sie bietet auch eine alternative Erklärung des Logarithmus, dem wir oben schon begegnet sind.

Um das zu sehen, wollen wir uns wieder einen Gasbehälter in einem Makrozustand vorstellen, der 8 mögliche Mikrozustände umfasst, die wir mit 0 bis 7 durchnummerieren. Es ist üblicher, diese Zahlen binär auszudrücken, was in diesem Fall so aussehen würde: 000, 001, 010, 011, 100, 101, 110 und 111. Die entscheidende Beobachtung ist hier, dass all diese Binärzahlen 3 Bit groß sind. Die Anzahl der Bits, die man zur Unterscheidung der Mikrozustände untereinander braucht, ist also 3. Das ist kein Zufall, denn das ist der Logarithmus von 8 (auf der Basis 2). (Hier beziehe ich mich wieder auf den binären Logarithmus der Computerwissenschaftler mit Basis 2 statt auf den natürlichen Logarithmus der Physiker mit Basis e.)

In der Informationstheorie kann die Entropie entweder als Maß für das Nichtwissen oder für die Information gesehen werden. In unserem Beispiel mit den acht Mikrozuständen ist die nötige Information, um die Mikrozustände zu spezifizieren, 3 Bit groß. Bei einem Beispiel mit 128 Mikrozuständen wären 7 Bit nötig. In beiden Fällen kann die Zahl der Bits als ein Maß der Unkenntnis der Situation interpretiert werden oder, ganz gleichwertig, als die Information, die in ihr steckt.

Was sagt nun der 2. Hauptsatz der Thermodynamik aus der Perspektive der Information? Er versichert uns, dass sich kein abgeschlossenes System von einem Zustand in einen anderen begibt, in dem man seinen Mikrozustand mit größerer Genauigkeit beschreiben kann. Diese unerwartete Annäherung zweier so unterschiedlicher Denkweisen ist eine der aufregendsten Entwicklungen der Wissenschaft der letzten Zeit, denn sie stellt heute den Wissenschaftlern ein grundlegendes Werkzeug bei der Untersuchung des Universums zur Verfügung – eingeschlossen einiger seiner seltsamsten Aspekte. Es gibt nämlich einen möglichen Weg, auf dem der 2. Hauptsatz der Thermodynamik verletzt werden kann: wenn Information zerstört wird. Und wo im Universum passiert das mit der größten Wahrscheinlichkeit? Die klare Antwort ist: in einem Schwarzen Loch.

Wir können selbst ein Gedankenexperiment durchführen, indem wir unseren Gasbehälter mit seiner hohen Entropie in ein Schwarzes Loch werfen. Löst sich das gesamte System in nichts auf und gehen all seine Informationen unwiderruflich verloren, hat die Entropie des Gesamtuniversums in diesem Moment abgenommen. Damit wäre der 2. Hauptsatz der Thermodynamik verletzt. Um diesen unliebsamen Schluss zu vermeiden, haben sich die Physiker in den letzten Jahren besonders für die Thermodynamik der Schwarzen Löcher interessiert. Zum Glück für den 2. Hauptsatz glaubt man nun, dass die Schwarzen Löcher doch Entropie enthalten. Das besagt nichts anderes, als dass die verschluckte Information in irgendeiner Weise erhalten bleibt. Herauszufinden, *wie* das geschieht, gehört zu den großen Anstrengungen der Forschung. Die Bekenstein-Hawking-Formel, die nach Jakob Bekenstein und Stephen Hawking benannt ist, gibt für die Entropie eines Schwarzen Lochs

$$S = \frac{A}{4l^2}$$

an, wobei $A$ die Fläche des Ereignishorizonts des Schwarzen Lochs ist, der die Grenze markiert, jenseits der es keine Wiederkehr gibt, $l$ ist die sogenannte Planck'sche Länge, die mit $2 \cdot 10^{-35}$ m sehr, sehr klein ist. Weil sie so klein ist und $A$ typischerweise riesengroß, folgt aus der Formel für $S$ eine sehr große Zahl.

Die hybride Wissenschaft aus Thermodynamik und Informationstheorie ist eines der heißesten Themen der derzeitigen Naturwissenschaft. Sie bietet neue Perspektiven, Antworten auf alle möglichen Fragen zu finden. Aber keiner ihrer Schlüsse ist beeindruckender und widerspricht unserem Alltagsverstand mehr als der, dass nach der Bekenstein-Hawking-Formel Schwarze Löcher tatsächlich reichhaltig mit Information gefüllte Gebilde sind.

# 35

# Paradoxien und ihre Auflösung

## Typentheorie und Programmiersprachen

In den ersten Jahren des 20. Jahrhundert haben der Philosoph Bertrand Russell (1872–1970) und der Bibliothekar der Bodleian Library in Oxford, G. G. Berry (1867–1928), mit einer kurzen Frage für große Aufregung gesorgt: „Was ist die kleinste ganze, mit nicht unter zwölf Worten beschreibbare Zahl?" (Im Original: „the smallest number which cannot be defined in twelve words of English") Wenn man diese Zahl finden will, wird man an eine Jagd nach einer riesigen Zahl denken, für die man mehr als zwölf Worte braucht. Die Wahrheit ist, dass es eine solche Zahl nicht geben kann. Der Schlüssel ist, dass der Satz selbst zwölf Wörter umfasst und eine Zahl beschreibt, die nicht mit zwölf Wörtern beschrieben werden kann. Deshalb wird die Beschreibung automatisch fehlgehen, für welchen vielversprechenden Kandidaten man es auch versucht.

Diese Denkaufgabe, die als Berrys Paradox bekannt ist, stellt ein Beispiel für Selbstreferentialität dar, ein Phänomen, mit dem sich Denker auf dem Gebiet der Logik, Linguisten und Philosophen im letzten Jahrhundert herumgeschlagen haben. Es gibt aber auch eine ganz praktische Seite solcher Untersuchungen. Wenn man eine mathematische Theorie oder eine Computersprache entwickelt, muss man mit großer Umsicht sicherstellen, dass sich keine Paradoxien einschleichen. Die Versuche der Forschung haben zu einigen erstaunlichen und außerordentlich nützlichen Auswirkungen auf die Suche der Menschheit nach mathematischer Wahrheit geführt.

## „Der Größte im Raum?" Selbstreferentialität und Prädikativität

Berrys Paradox ist ein Beispiel für etwas, das der Anthropologe Gregory Bateson auf einem ganz anderen Gebiet als Doublebind, als „Konfusion aus Nachricht und Meta-Nachricht" bezeichnete. Laut Bateson sind solche Phänomene für die Psychologie wichtig, insbesondere für das Verständnis der Schizophrenie, wobei aber die Theorie in der Praxis schwer zu testen ist. Die Logiker kennen das Phänomen als „Nicht-Prädikativität". Wir können es mit dem Gegenteil beschreiben, einer nicht paradoxen prädikativen Beschreibung der Art „die kleinste Zahl, die nicht durch 11 der folgenden Symbole ausdrückbar ist: 1, 2, 3, 4, 5, 6, 7, 8, 9, +, −, $x$,/ und ^". (Das Symbol ^ steht hier für das Potenznehmen, 2^3 heißt also $2^3$.) Um diese Zahl zu finden, können wir damit anfangen, alle möglichen Anordnungen der 11 Symbole zu betrachten und die größtmögliche Zahl bestimmen: 9^9^9^9^9^9. Die kleinste Zahl, die *nicht* mit den 11 Symbolen ausgedrückt werden kann, ist dann 9^9^9^9^9^9 + 1.

Natürlich kann ein solcher Ansatz für Berrys Paradox nicht funktionieren. Aber in etwas einfacherer Manier hat der Physiker John Baez eine prädikative Variante vorgestellt, die wir das Baez-Nicht-Paradoxon nennen wollen: „die kleinste ganze Zahl, die nicht mit 15 Wörtern ohne Selbstreferenz beschrieben werden kann". Im Prinzip könnte man vielleicht eine solche Zahl finden, wenn es auch eine große Herausforderung darstellen würde.

Ungeachtet des Berry'schen Paradoxons müssen weder Selbstreferenz noch Nicht-Prädikativität unbedingt paradox sein. Frank Ramsey wies zum Beispiel darauf hin, dass viele banale Aussagen wie „der größte Mensch im Raum" nicht-prädikativ sind, zumindest in einem bestimmten Ausmaß. Nennen wir diese Person T, beruht die Definition von T auf eine Analyse aller Personen im Raum, also einer Gruppe, die auch T selbst enthält. Die Mathematik ist in diesem Fall sehr einfach, man muss nur die maximalen Längen heraussuchen. Aber auf welcher Grundlage können wir den Unterschied zwischen dieser Art harmloser Nicht-Prädikativität und den unmöglichen Doublebinds der Art herausfinden, die Berry gezeigt hat? Im frühen 20. Jahrhundert wurde unter denen, die die Mathematik mit einer soliden Grundlage versehen wollten, eine heftige Debatte über solche Fragen geführt.

# Typentheorie und das Spiel im Spiel

Um einen Ausweg aus diesem Labyrinth zu finden, entwickelten Bertrand Russell und Alfred North Whitehead (1861–1947) einen neuen Ansatz: die Typentheorie. Zunächst war das eine rein mathematische Theorie, aber Jahrzehnte später erlangte sie größere Bedeutung beim Design und Verständnis von Programmiersprachen für Computer.

Die Grundannahme ist uns von erfundenen Geschichten her bekannt. Wir wollen uns ein futuristisches virtuell-reales Spiel vorstellen, das aber direkt in das Nervensystem des Spielers geschaltet wird. Es kann sein, dass in der virtuellen Welt weitere Virtuelle-Welt-Spiele existieren, in die man sich auch einklinken kann und bei denen man mitspielen kann, also Welten in Welten, was an das Spiel im Spiel bei Shakespeare erinnert oder an die Verschachtelung der Träume in dem Film *Inception* von 2010.

In unserem Beispiel können wir diesen Spielen und Sub-Spielen *Typen* zuordnen, die immer mit einer Zahl bezeichnet werden. Die Realität ist Typ 0, das Originalspiel Typ 1, das Spiel im Spiel (Sub-Spiel) Typ 2, das Spiel im Spiel im Spiel Typ 3 usw. Ähnlich gibt die mathematische Typentheorie eine strikte Ordnung vor, in der man Dinge definieren kann: Zuerst definiert man Objekte vom Basistyp, vielleicht Zahlen. Dann definiert man Objekte von höherem Typ, zu denen vielleicht Zahlengruppen gehören. Dann Gruppen von Zahlengruppen usw. Ein Grundprinzip ist, dass ein Objekt sich auf ein Objekt von niedrigerem Typ beziehen kann, aber nicht auf eines von gleichem oder höherem Typ. Es ist wie für den Spieler von Virtuelle-Welt-Spielen: Er kann von Effekten seines Levels und niedrigerer Levels beeinflusst werden, beispielsweise wenn jemand den Stecker zieht, aber er ist gegenüber den Geschehnissen von höherem Typ immun.

Russell und Whitehead haben in ihrem dreibändigen Mammutwerk *Principia Mathematica* (1910, in deutscher

Übersetzung 2008 mit dem gleichen Titel, zusammen mit Kurt Gödel) mit ihrer originalen Typentheorie einen Teil der Paradoxien in der mathematischen Logik beseitigen können. Das gelang aber nur unter beträchtlichem Aufwand, indem sie einen Riesenstapel scheinbar unnötiger technischer Überlegungen einfügten. Um zu zeigen, warum das nötig war, wollen wir zu unserem Raum zurückkehren, in dem wir die anwesenden Personen beobachten, darunter auch Nikolaus. Jeder Einzelne ist wie Nikolaus ein Objekt vom Typ 0. Die „Sammlung der Leute in dem Raum" ist dann eine Größe von Typ 1, und die „größte Person im Raum" ist von Typ 2. Deshalb erhält die scheinbar ganz simple Behauptung „Nikolaus ist die größte Person im Raum" eine ziemlich komplizierte, die Typen überspannende Struktur. Der Sieg für die Logik ist, dass bei einer solchen Interpretation der Satz nicht mehr nicht-prädikativ ist. Ob das die Mühe wert ist, ist Ansichtssache.

Bei all ihrer frühen Grobschlächtigkeit wurde die Typentheorie später zum Allgemeingut und fand auch in sich zu einer gewissen Eleganz. Diese Entwicklung lief parallel zur Frühgeschichte der Programmierung von Computern, oder, genauer gesagt, der Erfindung von Fortran 1956, der ersten Programmiersprache auf hohem Niveau, die von John Backus und seinem Team bei IBM entwickelt wurde. Dieser Durchbruch erlaubte jemandem, der einen Computer steuern wollte, Befehle in einer verständlichen und intuitiven Weise einzugeben, statt sich um das Durcheinander der binären Nullen und Einsen sorgen zu müssen, die im Speicher des Computers massenhaft herumgewirbelt werden. Die Abkömmlinge von Fortran sind so zahlreich, dass sie hier nicht aufgeführt werden können, zu ihnen gehören

C, Java, Python, PHP und Ruby, um wenigstens einige zu nennen. In diesem höchst konzeptuellen Rahmen begann die Typentheorie eine zentrale Rolle zu spielen.

In fast allen Programmiersprachen sind die Ausdrücke 2 und ‚2' zwei grundsätzlich verschiedene Dinge. Der erste Ausdruck ist eine Zahl, der zweite ist ein Objekt von anderem Typus: eine Zeichenkette oder ein „String". Dieser Unterschied entspricht dem Unterschied zwischen einem Objekt und dem Wort, das es bezeichnet: Eine Gitarre unterscheidet sich vom Wort „Gitarre". Aber in beiden Fällen gibt es eine offensichtliche Beziehung zwischen den beiden, eine Beziehung, die es möglich macht, die Zahl im String aufzufinden und umgekehrt.

Für die Programmierer von heute sind daher Typen nicht nur durch ihren Level definiert (wie bei unseren Virtuelle-Welt-Spielen), sondern durch unterschiedliche Datentypen oder „Kinds", von denen die erwähnten Strings (S) und Zahlen (N) zwei Beispiele sind. Mit S und N können wir nun einen neuen Typ konstruieren: $S \cdot N$. Die Objekte dieses Typ sind Paare $[s, n]$, wobei der erste Eintrag vom Typ S ist (d. h. es ist ein String), während der zweite Eintrag $n$ vom Typ N ist, also eine Zahl. Um ein konkretes Beispiel zu geben: [‚3', 2] ist ein solches Objekt.

Ein anderer zusammengesetzter Typ wäre $S + N$. Er enthält alles von Typ S und alles von Typ N, mit anderen Worten sämtliche Strings und Zahlen. Jenseits dieser neuen Typen können wir komplexere Typen auf höheren Levels schaffen, die mit $N -> S$ bezeichnet werden. Die Objekte dieses Typs sind Regeln oder „Rules" für die Verwandlung eines eingegebenen Typs in einen auszugebenden Typ. In unserem Beispiel von Strings und Zahlen könnte eine Regel so lauten: „Verwandle 1 in ‚1', 2 in ‚2' usw."

# „Kinds" und „Rules": Typen und logische Aussagen

Die beschriebenen Konstruktionen (und einige andere, die wir hier beiseitegelassen haben) können so oft wie nötig in allen möglichen Kombinationen wiederholt werden. Dabei werden Typen von beträchtlicher Komplexität gebildet wie Felder, Listen, Wörterbücher, Tabellen, Datenbanken und dergleichen. Alle können über die sorgfältige Beschreibung der beteiligten Typen definiert werden.

Hat man diese Methode einmal begriffen, ist klar, dass die Typentheorie zu einem effizienten Organisationsschema für viele Arten von Objekten werden konnte, die heute von Computerprogrammierern benötigt werden. Aber das ist noch nicht alles, denn die Typentheorie stellt auch den Rahmen für die wunderbare Beziehung der Programmierer zu den Mathematikern her. Während beide Personengruppen streng logisch denken, sind ihre Ziele grundverschieden: Die Mathematiker wollen Beweise und wasserdichte Argumente, die eine Behauptung unterstützen. Die Programmierer müssen eine ganz bestimmte Aufgabe lösen. 1958 haben dann zwei Amerikaner, der Mathematiker Haskell Curry und der Logiker William Howard, herausgefunden, dass Beweise und Programme im Grunde genommen das Gleiche sind, das lediglich in ganz verschiedenen Sprachen ausgedrückt wird. Ihre Entdeckung, die als Curry-Howard-

Korrespondenz bekannt ist, gibt einen Weg an, die Sprache der Datentypen in mathematische Logik zu übersetzen.

Der Ausgangspunkt ist überraschend: Datentypen stehen für logische Behauptungen. Mehr noch: Die Art und Weise, wie komplizierte Typen zusammengefasst werden, entspricht der Art und Weise, wie Behauptungen kombiniert werden können. Nach dieser Philosophie wird ein Typ A wie die Behauptung „$a$ ist wahr" interpretiert. Das Gleiche gilt für einen Typ B bezüglich der Behauptung $b$. Das Ganze wird interessant, wenn wir zu kombinierten Typen kommen: A · B steht für ‚$a$ und $b$‘, während A + B zu ‚$a$ oder $b$‘ wird. Andere Regeln beschreiben, wie die Manipulationen von Typen mit logischen Aussagen korrespondieren. Wichtig ist, dass der Typ A -> B zu der logischen Aussage ‚$a$ hat $b$ zur Folge‘ wird.

Nun können wir fragen, was für einen Gewinn wir aus dieser seltsamen und auf den ersten Blick unnatürlichen Interpretation ziehen können. Es gibt eine schlaue Antwort: Es hängt alles von der Definition der leeren Typen ab, also von Typen, denen man kein Objekt zuordnen kann. Die Hauptregel ist, dass leere Typen den *falschen* Aussagen entsprechen, während „nichtleere" Typen, die also etwas enthalten, die *wahren* Aussagen repräsentieren.

Ist der Typ A -> B bevölkert, heißt das, dass es eine Regel gibt, nach der Objekte von Typ A in Objekte von Typ B verwandelt werden können. Ist auch Typ A bevölkert, heißt das, dass wir ein Objekt von Typ A haben, auf das wir die Regel anwenden können, die uns zu einem Objekt von Typ B führt. Daraus folgt, dass auch B bevölkert sein muss. Dieses Denken geht perfekt mit der logischen Perspektive zusammen, dass, wenn sowohl ‚*a*' als auch ‚aus *a* folgt *b*' wahr sind, auch ‚*b*' wahr sein muss.

Das ist die wesentliche Verbindung zwischen der Logik der Typen und den Schlussfolgerungen der Mathematik. Bevölkerte oder leere Typen entsprechen wahren oder falschen Aussagen. Aber die Verbindung reicht noch tiefer. Schließlich ist der offensichtlichste Weg, zu zeigen, dass ein Typ bevölkert ist, ein Objekt dieses Typs herzuzeigen. Deshalb kann jedes Objekt eines bestimmten Typus als Beweis der korrespondierenden Behauptung dienen. Auf diese Weise können Computerprogramme, die Anweisungen zum Aufbau eines Objekts von bestimmtem Typ enthalten, zugleich als mathematische Beweise fungieren.

Die befriedigende und unerwartete Curry-Howard-Korrespondenz hat zu einem tieferen Verständnis der Typentheorie geführt, die hinter den heutigen Programmiersprachen steht. Sie hatte auch tiefe Konsequenzen für die praktischen Mathematiker, insbesondere, wenn es um Software zur Beweisfindung ging, wie bei „Coq", das von einem Team von Programmierern in Paris entwickelt wurde, das von Hugo Herbelin maßgeblich geleitet wurde. Coq ist in der Lage, langwierige komplexe Argumente zu verifizieren. Sein größter Triumph war der Beweis des berühmten Vier-Farben-Theorems. Diese geometrische Vermutung besagt, dass jede „Karte" (im Sinne einer ebenen Fläche, die in verschiedene Bereiche, „Länder", unterteilt ist) mit nur vier Farben dargestellt werden kann, ohne dass aneinandergrenzende Länder die gleiche Farbe haben. Diese Aussage klingt zwar verlockend einfach, aber alle Versuche, sie zu beweisen oder mit Gegenbeispielen zu widerlegen, blieben im größten Teil des Jahrhunderts vergeblich. Die Angelegenheit war bis 1976 offen, als Kenneth Appel und Wolfgang Haken von der University of Illinois schließlich den lang ersehnten Beweis führten.

Es gab aber noch einen Haken. Ihre Beweisführung war gigantisch und umfasste 10.000 Diagramme. Die Rechenzeit betrug 1000 h. Wie konnte man das verifizieren? Natürlich haben sich viele Mathematiker darangemacht und waren von dem, was sie fanden, überzeugt. Aber erst 2004 waren dann Georges Gonthier (von Microsoft Research) und Benjamin Werner (INRIA, Institut national de recherche en informatique et en automatique, Paris) in der Lage, Coq darauf anzusetzen.

Coq scheint mir die geeignete Ergänzung zu sein, um die Schlüsse aus der Reise zu ziehen, die wir in diesem Buch unternommen haben. Die Reise fand auf einigen der vielen Wege statt, auf denen die Mathematik das Denken und die Anstrengungen der Menschen untermauert und bereichert hat. Die Mathematik ist die großzügigste aller Wissenschaften, sie beschenkt verschwenderisch die Bastler von Stundenplänen und die Landschaftsmaler mit ihren Eisenbahngleisen, die medizinischen Forscher und die Astrophysiker. Es ist also nur fair, wenn die Mathematik in dieser Palette von Anwendungen auch das eine oder andere entwickeln konnte, das für sie selber von Nutzen war.

# Sachverzeichnis